# 關係管理──
## 企業的虛擬發展與人本再造

Relationship Management

居延安◎著

人，關係的總和，

組織，也是關係的總和，

關係，組織和人的立命之本。

# 序

1982年3月我從上海復旦大學新聞學院研究生畢業不久，就被選派去紐約州立大學奧本尼分校任訪問學者。中國大陸的大門儘管已經開啓，但我到美國後仍是小心翼翼，一步一個回頭，不是怕後面有賊，而是怕撞見了台灣來的同胞。是怕見了不知如何應對，萬一對方是「國民黨」怎麼辦？該不該說聲「您好」？該不該上前握手？之後漸漸發現，學校裡台灣來的同胞，看到我這個獨來獨往的「上海人」也大有「避邪」之嫌。終於有同胞開口問：「你的名字叫居延安，是否有共產黨的背景？」這眞是30年河東，30年河西。文革時，我的「居延安」的名字叫起來確實響亮，做學生的我也常爲人們把它與「革命」掛起鉤來而竊竊自喜——這是我在那個年代唯一可用的「無形資產」，儘管「居」與革命聖地「延安」這一地名的聯繫完全是子虛烏有。到了美國，站在台灣同胞的面前，這下好，文革時的「無形資產」變成「不良資產」了。我解釋說，我家父年輕時是個教書的，很少過問時事，更不敢宣揚革命，只望自己的子嗣來日能「延」續居家香火，故以「延德」、「延安」、「延民」名其三子。許多年來，大陸的、台灣的，以至美國的朋友總要問我名字的來歷。其實，名字只是個符號而已，與革命有關也好，無關也好，我的名字只是一個名字而已。

20年過去了。其間，我認識了不少台灣的朋友。有在夏威夷的

東西方研究中心一起做研究時相識的。有在我任教的中康州州立大學一起做過同事的。有在紐約的唐人街結交的。更多的卻是在上海「公幹」時或一些社交場合因談趣相宜而成為朋友的。人們很少再在乎我的名字，偶爾有人問起也常是沒話找話，並非想摸我的祖輩的底。而我自己再也沒有在我自己的名字上「投機取巧」，也不因原先的「無形資產」變成「不良資產」而感到見人矮三分。這是時代的進步。漸漸地，朋友開始問：「去過台灣嗎？」我則有了新的局促，好像做錯了什麼事似的，連說：「還沒有，還沒有，我要去的，我要去的。」這麼多年來，我對台灣的感覺是，一方面感到那樣的熟悉和親近，一方面又感到那樣的陌生和遙遠。就像一生下來就未晤過面的兄妹或姐弟。在理智上我知道，由於血緣，我們早晚會相認，但在情感上又怕草率認了而陌生依然。此種心理直到了這本《關係管理》決定要以繁體字在台灣出版時才有所釋解。

就像人未到，先送去見面禮一樣，我先向我心中的台灣讀者送去我的這部剛剛完成的作品。這是平生第一次在台灣發表專著，心裡既激動又擔憂。我對台灣的書市一無所知，對我從未晤過面的台灣讀者更是陌生無比。我擔憂的是，不知我的思路、理念、觀點和語言風格能否為台灣讀者接受。擔憂之餘，我從自己總結出來的讀書經驗中找到了安慰：好書不是「寫出」來的，而是「讀出」來的。這樣一來，我把我作者的一半責任就卸給我心中的台灣讀者身上了。書不好，可不能專怪我這個寫書的。

讓我的書告訴台灣的讀者：台灣，我要去的，我要去的！

居延安

# 目 錄

# 引　言

　　當讀者第一眼看到「關係管理」這一片語，可能會聯想到「公共關係學」。這是很自然的事，因為兩個片語裡都有「關係」一詞。80年代後期，上海人民出版社出版了我的《公共關係學導論》。2000年上海復旦大學出版社約我主持集體修訂該社1989年10月出版的《公共關係學》，這本書在整個90年代再刷了30多次，銷了60餘萬冊。2001年9月二版發行以來，依然十分暢銷。從上海人民出版社出的《公共關係學導論》到復旦大學出版社獲得了巨大成功的《公共關係學》，已經十五年。這十五年來的大部分時間我在美國中康州大學度過的。我從90年代初就開始把教學和研究重心轉向了「跨文化傳播」、「組織傳播」和「關係管理」上。從著述興趣上，也開始「移情別戀」於上述幾個領域。我感到有一種使命在催促我踏入一個新的領域——「關係管理」，一個與我原來就有涉獵的公共關係學有著姻緣聯繫，但在時代精神上更超前、在學術視野上更開闊的新的研究和應用領域。

## 寫作原始動因

　　從2000年初我就開始醞釀用中文寫一本《關係管理》的書。我的這個念頭並不是無端萌生的。

從20世紀80年代末、90年代初起，我一直在美國僅有的幾所大學裡講授「高速管理」課程[1]，也出了一些關於「高速管理」的書和文章。中國大陸的一些報章也對此有若干介紹[2]。「高速管理」講的是一個企業如何在產品周期越來越短、市場競爭越來越激烈、企業的生存發展越來越困難的經濟、商業、市場環境中，運用包括網際網路在內的資訊和傳播技術，作好環境掃描和改善企業價值鏈，以最快的速度把最好的產品或服務推向市場，保持企業的可持續競爭優勢。我在講授「高速管理」的時候，總是講組織的「關係管理」的極端重要，講如何用關係管理作為一條線把企業的上游供應商一直到下游客戶的橫向關係、從上層領導一直到基層員工的縱向關係，串連起來、管理好。我還與我80年代初在紐約州立大學奧本尼分校的導師、國際高速管理先驅學者康納德·庫什曼教授，合著出版了《高速管理中的團隊協作》一書[3]。多年來，我一直想把十年多以來講授「高速管理」一課的積累和這些年來的研究成果，冠以「關係管理」，奉獻給學界和廣大讀者。

在公共關係的研究和運用領域內，我把我的視點放在公共關係的「傳播、溝通、塑造形象」的效果上，而很少強調諸種關係的戰略管理。有人問，「公共關係是否就是關係管理？」回答是，它們歸屬同一個大家族，但又是不同的兩家。說公共關係不是關係管理，因為第一，公共關係關心的是組織形象的塑造和傳播及溝通的效果，而關係管理的根本宗旨是透過諸種關係的管理以保證整個組織的運行、生存和發展。第二，公共關係在實際操作上以對外為

主，對內為輔（儘管公關書上多有「內外並舉」的說法），而關係管理必須以內為先，內外並重。第三，公共關係指的是一個組織的「公共」關係，而關係管理包括大到國家與國家，中到各種組織（其中包括企業內部的各種關係、企業與客戶的關係、企業與企業的關係等各式各樣的經濟關係），小可以小到各種人際關係。所謂公共關係又是關係管理，也就是說公共關係可以被視作關係管理的一個面向。我認為，用「關係管理」的視野去審視公共關係中各種關係的建立、維繫、發展或終止，努力克服「一切從即時效果出發」的短視公共關係行為，將是今後的公共關係學術研究和實務操作的發展方向。我深信，關係管理將是一個研究、教學、應用的新的園地，它的觸角將伸向企業管理、行銷、公共關係、廣告，以至國際關係、組織行政管理、政府官員和企業經理的培訓等廣闊領域。這是我寫作《關係管理》的又一個動因。

　　第三個動因是我對中國大陸出版界近年來出現的新鮮氣象的呼應。近年來，大陸的出版事業可說是蒸蒸日上，氣象萬千。特別是在管理、行銷領域，可謂琳琅滿目，目不暇接。書的種類之多，不勝枚舉。有從美國來的，日本來的，歐洲來的，新加坡來的。有哈佛大學MBA類的書，有中信出版社出的《傑克‧威爾許自傳》……等。有些書，我讀過英文原版，但我對中文版的興趣更大，原因之一是我想瞭解行家對管理、行銷英文概念的漢語譯法。我前後讀了十幾種，有些書翻譯得很好，讀起來很順暢，讓我學到了漢語的許多新鮮說法。有些譯得比較粗糙。也有譯得明顯地比較吃力。我

在書店也看到了不少中國大陸、台灣和香港的專家學者寫的管理、行銷類的專著，讀起來比較輕鬆，有些書見解獨到、入木三分。我想應該承認，第二次世界大戰以來，美國的經濟一直雄踞世界之先，其市場也一直執全球之牛耳，美國的社會科學也比歐洲更加注重實證，因此，美國比任何別的國家出版的企業管理、行銷方面的書都要多得多，是極其自然的。我們當然可以實行一點「拿來主義」，可以借鑒為我所用。要指出的是，美國社科類的學術論文和各種應用領域的著作，大多是針對美國的國情發言的。但是美國人有個頑固的「習慣」：他們的眼睛裡常常只有美國，而說話的口氣則是針對全世界的。當他們想說「美國市場」該如何如何時，開卷就會把「美國」兩字省略，說成「市場」該如何如何。另外我的印象是，大部分在企業管理、市場行銷領域裡的教授或專家，對中國大陸、台灣、香港或別的哪個國家或地區在這些領域裡的發展水平，關心不多或知之甚少。因此，把美國在這方面的著作照本直譯介紹給中國大陸的讀者，而不作必要的說明，就很容易造成誤解和混亂。美國人寫的管理、行銷譯作，在中國大陸的書市上所占比例和地位之大、之高，讓我吃驚和擔憂。我這樣說不是因為我對美國有偏見。我本人就在美國教書，而且與許多美國學者有過合作研究專案，再說我在本書也用了許多我在美國的親身經歷、美國企業的成功或失敗案例及各種經驗資料，而引用美國學界的研究及相關理論和概念的情況更是比比皆是。我的擔憂是，在管理、行銷行業及其研究領域，中國人的概念、言語體系中可能有了過重的「美國口

音」，如若不予矯正，那麼對中國人自己的理論建樹，對中國大陸，以至台灣、香港的大、中、小企業的運行容易造成直接或間接的負面影響。在中國大陸改革開放初期，從美國或其他國家引進各種管理及相關學科的概念很有必要[4]。二十年已經過去了。我們漸漸地可以與美國或別國的同行平等、平行對話了。我們也可以，並應該努力創造我們自己帶有「本鄉本土」色彩的概念和概念體系了。大家正在作出此種努力。我自己希望透過撰寫《關係管理》也作一些嘗試，把包括美國在內的外國有關關係管理的理論和實踐，放在全球的大背景下考察和檢驗，以便創建具有較強通用性的、適合中國文化的關係管理學的理論和概念體系來。一來與同行們進行平等交流，二來藉此機會向同行們討教。

## 本書的重點和寫作宗旨

關係和關係管理，如上文所說，大到國家與國家，中到企業的對內、對外、縱向、橫向的各種關係及它們的管理，小到各種人際關係如家庭關係、朋友關係及其管理。可以說，關係管理的一般原理適用於各種語境，包括國際關係和人際關係。但是，本書的重點在組織，在企業。書將著重討論組織的虛擬發展和人本再造、決定關係成功的根本因素、關係管理的幾個基本層面以及組織的對內、對外關係的整合管理……等。所謂重點在於組織、企業，無非是以組織、以企業爲背景依託對上述概念進行闡述，實例分析也多用中

外企業及各種組織。

　　關係，對我們中國人來說，是個最具常識性的概念。誰不懂關係？誰不懂關係的重要？就是因為人人皆知，人人皆知其重要，才有必要來認真地進行討論。我以為，對社會、人文科學來說，關係將是一個永恆的母題。人是各種社會關係的總和。我要提出的是，組織、企業也是各種社會關係的總和。中文的「人」字不就是一撇一捺嗎？這本是人的手和足。人親莫如手足，人要有別人的支撐、輔助，以至糾纏或反對，才能成其為人。到了後工業時代、資訊時代，到了人類文明發展到可以用噴射式飛機作武器撞擊紐約世貿中心雙子星大樓、美國的飛彈可以在東歐和中東的天上飛翔的時候，人類似乎忘了「關係」二字，忘了倘若人類自身的「關係」管理不好，人類共有的地球將永不太平。組織、企業最終也將回歸於關係管理，市場環境的變化再大，新的企業管理和行銷的概念再多，最終仍然要談關係管理，特別是人的關係管理。粗略地分，關係有兩大類，一類是實實在在的關係，就是實實在在的人與人、組織與組織的關係；另一類是抽象的、虛擬的關係，如「概念與概念之間的關係」是一種抽象的關係，而電子商務裡所言的客戶關係可能是一種虛擬關係。本書談的就是這兩種關係，即實實在在的人的關係和抽象、虛擬的關係。總而言之，本書只談關係和關係管理，而著重談組織、談企業的關係和關係管理。

　　既然關係人人都懂，人人都感興趣，那麼我們是否來點概念遊戲？就來寫點教授、學者發明的「模式」？不是的。概念是必須

的，理論、模式也不可或缺，但不必做概念遊戲，更不想只談理論和模式而不問實際。我想寫本書的宗旨有三條。第一，力爭寫得簡潔明瞭，讓讀者容易讀懂，容易讀下去。時下，書市繁榮，特別是管理類、行銷類書，有翻譯的，也有國人自己的專著，讓我獲得了難得的一手閱讀體驗。我的感覺是有些書太難讀、太難懂。我自知讀書不易，寫書更是萬般艱辛。書寫得難讀難懂，一是難為讀者，二是辜負了自己的辛苦。眼下這本是關於關係管理的書，我想首先應該「管理」好與我的讀者之間的關係。我深知倘若要讀者讀得輕鬆、讀得下去，那麼我一定要寫得清楚明白，讓讀者有一目了然之感。這是我要遵循的第一個宗旨。第二，力爭寫得有趣，讓讀者讀來有味，讀來親切。要有趣，就要講故事、講案例，當然也不能光講故事、講案例。任何系統的學問都必須具備一個理論框架和概念體系。理論和概念也可以是有趣的。如何把理論和概念寫得有趣，對任何一個作者都是一個挑戰。有一度在中國大陸的書市上風行起《誰搬走了我的乳酪？》（*Who Moved My Cheese?*）一書[5]，既有故事也有概念，而且故事和概念穿插一起，讀起來都比較有趣。過去的十幾年，我寫過一些以概念、理論為主的書和文章，常常引經據典，從概念到概念，從理論到理論，寫得吃力，讀起來也乏味。然而，我寫這本《關係管理》，不以提出和闡述理論和概念為滿足，更不去用引經據典來撐書的門面。我將努力把我這十幾年來的教學、科研、學習的積累，用淺顯易懂的語言寫出來。同時我想將我的一些朋友和我本人親自經營管理美國公司、中美合作、合資企業

的過程中發生的故事和案例也寫進書裡，既讓讀者能讀到理論和概念，也能少許感覺到寫書的這個人[6]。第三，在內容上力爭做到有實用性。實用有兩層意思，一是能夠開闊眼界和思路，能讓讀者由此及彼、舉一反三。二是能夠提供「操作工具」或「範例」，能讓讀者運用於自己的實際工作中，以獲取本書的實用價值。

## 本書的框架介紹

螫清了本書的重點，有了上面三條寫作宗旨，書的框架也就容易搭了。除了本「引言」外，全書共有10章，分四個部分。第一部分有3章，寫關係管理的大背景。第1章談關係技術和關係經濟。這兩個都是新概念，如何把它們寫清楚，以防止引起誤解和導致錯誤引伸[7]，將是一個挑戰。我以為，把這兩個背景寫清楚了，讀者就能較深入地理解關係管理的重要性和對它進行研究和應用的迫切性。第2章談「組織的虛擬發展」。「虛擬發展」指的是以網際網路為主導，包括電子商務在內的各種虛擬關係的發展。企業的各種虛擬關係包括虛擬的客戶關係、虛擬的戰略夥伴關係、虛擬的網路關係……等。這些虛擬關係的發展正在影響著經濟全球化的進程，並迅速改變著企業管理、行銷的過程。中國大陸、台灣和香港的總體發展趨勢可以用「迅」和「猛」兩字來形容，但可以探討的問題不少。第3章談「組織的人本再造」。我認為，「人本再造」將在全球範圍內迅速成為各國組織、企業尋求新的發展、增長之門的一把鑰

匙。關係越是變得虛擬，就越要挖掘實實在在、有血有肉的「人」之「本」和人的關係的成功秘方來。虛擬發展與人本再造像是向相反方向跑的兩輛車，但它們可以成為任何一個現代組織成功的互補力量。

要寫清關係管理，就一定要寫清關係本身。因此第二部分的內容是「關係的價值及其成功要素」，由第4、5兩章組成。第4章談「關係：一種無形的資本」。這是從關係市場和關係經濟角度看關係的「經濟本質」。關係是一種無形的資產，關係是有價的。第5章談「關係成功的要素：6個大C」。我認為，6個大C是關係成功的基礎，有了它們，才有關係管理的真正價值。這6個大C是我結合自己的關係管理的經驗和教訓、自己的關係和關係管理研究的成果而總結出來的。

書的第三部分談「關係管理的基本層面」，由第6、7、8、9章組成。從本書開始總體構思到動筆起草，改動最大的就是這第三部分。困難點在於對所謂「基本層面」的選擇，或者說如何對關係管理的向度進行「分切」。本書所敘述的4個層面既考慮了國際傳播學界和從事關係管理理論研究的學者們常用的分法，同時也更多地注意到了應用性和可讀性。第6章談「關係的情感管理」。人們以為「情感」是在講家庭關係時候用的一個概念，殊不知情感管理對所有有人介入的關係都是相關的，其中包括國家與國家的關係。第7章談「關係的權力管理」。權力是關係中的一個普遍現象。有人，就有「人對人的影響」，而人對人的影響就是權力。有了權不一定

就有了一切，但有了權就能影響別人的行為，包括許多有利於有權的人的行為。關係中的權力都是相互依賴的關係夥伴「給」的。一個組織的領導的權力事實上是該組織的成員「給」的，他們不給，領導怎麼會產生影響呢？第8章討論「關係的衝突管理」。一位社會學家說，衝突是「社會生活的一個頑固事實」。有生活就有衝突，生活本身就是衝突的總和。關係的衝突既給關係以無窮無盡的原動推力，同時又可以動搖關係的穩定和相對平衡。如何管理好關係中的衝突是關係管理的一項最為現實的任務。第9章談「關係的變化管理」。「變化」一詞帶有越來越強烈的時代性。我們正生活在一個充滿變數、充滿危機、也充滿活力的世界裡。環境的無序造成了關係的動盪不定，這是為什麼關係管理變得比任何時候都重要的又一個原因。我要強調的是，這四個管理層面並不能涵蓋關係管理的所有層面。但我認為它們是最為重要的層面。

　　書的第四部分是「組織對內、對外關係的整合管理」。原本考慮寫兩章的，一章為〈對內關係的管理〉，一章為〈對外關係的管理〉。但分開寫恰恰違反了「整合」的宗旨。所以很快決定將兩章合為一章，即第10章，取了與第四部分同樣的標題。我理解的整合有兩層基本意思，一個是「整」字，這是個過程，有碰撞、互動、辯論、妥協、修正、調整、去偽存真、去粗取精的涵義。另一個是「合」字，「合」與「統」字、「一」字相通，比如要用同一種精神、同一種理念、同一個目標去「合」去「統」。把這兩層意思加在一起就是「整合」—— 一個內涵極其豐富的概念。我能給讀者

的只是幾個中心概念加上一些案例，希望給讀者留下廣闊的想像空間。

## 我心中的讀者

我在書稿醞釀、寫作、修改的過程中，始終感到心中在與我的讀者對話。首先他們是中國人——中國大陸、台灣、港澳，以及所有散居在世界各地的中國人，這是使我始終保持「創作衝動」的最大的原始推力[8]。我心中的讀者有這樣四個群體：

- 第一個群體是各種企業組織的管理人員，包括所有高層、中層和基層的經理和主管。
- 第二個群體是政府部門的幹部和工作人員，他們的工作對象是企業單位、學校、街道以至平民百姓，天天與各種各樣的關係打交道的。他們應該是最好的「關係管理」行家。
- 第三個群體是各大專院校的有關教師和學生、職業培訓部門的師資和受訓人員。相關的學科有工商管理、行銷、廣告、公共關係、新聞傳播、國際關係、旅館、旅遊、秘書等。
- 第四個群體是所有對關係管理感興趣的「大眾」，包括那些希望學習家庭關係管理、夫妻關係管理、戀愛關係管理、朋友關係管理和同事關係的知識和技能的人士。

## 本書的讀法

我書中的幾乎所有的理念和經驗都是社會和上面提到的各種讀者群裡的人給我的。我只不過是把他們的理念和經驗做了消化、綜合、歸納的工作。我在這裡要告訴讀者的是，假如我是讀者，那麼我會怎樣來讀這本書呢？

我在整個寫作過程中其實總是把自己放在讀者的位置上來梳理來龍去脈、權衡輕重緩急的。首先，如果我是本書讀者的話，我一定會先讀一讀「引言」。說真心話，這個「引言」既是最先動的筆又是最後收的筆。我一改再改，總想把整本書的脈絡交代清楚。讀者讀了我的這個「引言」後再去讀正文，心中就有個「底」了。

第二，本書一些比較有趣的部分可能在「注釋」裡。其實，讀書精到的人很少放過「注釋」的。比如讀歷史，光讀正史是不夠的，還應讀點野史。本書的「注釋」當然不是野史，但可能有些上不了「正文」台面的軼事閒話。而且我寫「注釋」的時候常是放下我的教授架子、說話比較隨意的時候。

第三，我是讀者的話，一定不會按順序從第1章老老實實地讀到第10章的。我會跳著讀。比如，誰如果對「關係的情感管理」最感興趣，那麼就直奔第6章。本書的寫作特點是，如果所有的章節合起來，那麼就是一本循序漸進的書，如果將書按章分拆，那麼每個章節就是自稱體系的一篇文章（儘管有些段落可能提到以前的章節內容）。如果有讀者想對「組織的對內、對外關係的整合管理」

來個先睹為快，那麼就翻到書的最後一章。讀完一章後，不想讀了怎麼辦？那麼就不讀。現代人太忙，是很少把全書從頭第一個字讀到最後一頁的。我這次寫這本書參閱了將近百來部書，我不記得我讀完過一本的：全是跳著讀。

第四，話還得說回來，如果你是哪個培訓班的學員，而本書又是被採用的教科書，那麼你就得按老師的要求來讀了。讀本書當然也可以是作為一種消遣，如出差在外，在火車上悶得慌，就可以讀上兩、三節，然後閉上眼睛睡覺。但是如果讀我的這本書是為了學習一些有用的東西，那麼就得非常認真。我一生讀書不多，但一旦看中一本自認為是重要的，就一定認真讀，不一定讀全書，但對選中的章節就會逐字逐句地讀，桌前也一定有紙有筆，書上也一定圈圈點點，遇到不知如何發音的生字也一定查一下詞典。讀書貴在認真。

第五，讀本書，讀者要放開讀、反著讀、讀出新的東西來。《關係管理》寫的不是1+1=2的數學話題。我的這本書裡根本沒有「放之四海而皆準」的真理。對關係管理來說，我幾乎以為沒有法則可以遵循，只有個案可以借鑒。讀本書，主要是讀一些概念、思路、看問題的方法和一些有用的經驗或教訓。讀者完全可以對本書的一些概念提出質疑和批評。我特別希望讀者能夠結合自己的經驗來讀，從而來深化思考、舉一反三，以相得益彰。

書一旦離開作者，就等於嬰兒離開了母體，它將開始自己的生命歷程。書一旦從作者到了讀者的手裡，作者就很難影響它的「前

程」和日後經過的風風雨雨，如何去讀它，那全是讀者的事了。讀書，跟寫書一樣，也是一種創造活動。讀書的過程往往是一個概念延伸、架構重組的創意過程。我甚至覺得，好書不是「寫出」來的，而是「讀出」來的。

# 注釋

[1] 「高速管理」爲一個新的研究領域，由原紐約州立大學奧本尼分校傳播系教授、美國傳播學界權威學者教授從80年代倡導，先後在美國、南斯拉夫、澳洲、義大利等國舉行國際研討會，並出版了幾十種專著。我在1982-83年作爲復旦大學與奧本尼分校的交流研究生，師從庫什曼教授。至今我們在這一領域已經整整合作了15年。庫什曼已經退休遷居佛羅里達。

[2] 中國大陸的《大衆日報》和《解放日報》曾有連載和文章介紹。

[3] 該書英文名爲 *Organizational Teamwork in High-Speed Management*，由紐約州立大學出版社1995年出版。該書曾多次用作「高速管理」課程的必讀課本。

[4] 在1987年由上海人民出版社出版的《公共關係學導論》，我作了創建自己論理框架的嘗試，提出了所謂「公共關係三要素」。儘管如此，這本在中國大陸公共關係熱潮剛剛掀起的早期出的書，仍然脫不了「借用」美國公共關係學科概念的明顯痕跡。那是「借鑒」時期，想是無可非議的。倘若現在仍然這樣做，那麼就要另當別論了。

[5] 2002年6月在上海時，朋友送了我一本《誰搬走了我的乳酪？》，我一口氣就讀完了，都沒讓書過夜。時下讀書，書要薄，字要大，裝幀要漂亮，價格還不能太貴，這樣的書似乎才有人讀。現代人太忙，天天疲於奔命，還要應酬，誰有那麼多時間靜下心來讀書？沒有退休就能靜下來讀書養心的，是現代社會的一大奢侈。小小的感想，就當作與讀者聊天。

[6] 這些都是我的心裡話。我寫了二十年的書，從中文寫到英文再寫回中文，寫的都是一些所謂理論、概念和模式，已經寫得精疲力竭，寫得味同嚼臘。原本也想把這本書寫成「導論」、「概論」的樣子，後來想到自己作爲「關係管理」的倡導者和作者，應該「以身作則」，要管理好「作者與讀者」之間的關係，於是決定掙脫自己給自己套上的「概念枷鎖」，放下架子，做一件讓讀者、讓我自己都高興的事。

[7]我為「關係經濟」這一概念曾苦思苦想了許多時日,儘管我在為復旦大學出版社出版的二版《公共關係學》的「二版序」裡,已經解釋了這一概念。我最擔心的是被誤解或無端引伸。以前講公共關係的時候,有些身邊的人問我:「拉關係、走後門也可以成為學問?」我再三解釋,疑團總是難以解開。希望讀者在引用或傳播這一概念時,著力講透,以免誤解。

[8]我在我的中康大傳播系辦公室的電腦螢幕上經常顯示我為之驕傲無比的方塊字,我的美國學生或同事總要湊過來問一句 "What are you doing, Professor Ju?" 我總是得意地回答:「我在寫我的《關係管理》。」他們問:「為什麼不用英文寫在美國出版?」我說我的讀者群中有許許多多中國人,我先要滿足他們的需要。

# 第一部分

# 面對關係管理大背景

● 關係技術與關係經濟

● 組織的虛擬發展

● 組織的人本再造

# 1

## 關係技術與關係經濟

　　每天上午走進我大學的辦公室，第一件事是打開電腦，打開電腦後的第一件事是讀電子郵件。有學校的電子郵件，有公司的，有私人的，還有令人頭痛滾滾而來的垃圾郵件。總是先讀學校的，然後讀公司的，最後處理私人的電子郵件。電子郵件來往，常常是即收即回──如果不即時回，很快又會有新的電子郵件要讀要回。羊毛出在羊身上，早晚得回，不如早回。這樣的處理電子郵件的習慣，不知不覺習慣成自然，也就不再感到有什麼新鮮或特別，再也不問在自己的身邊發生了什麼變化。就像一本談文化的書上寫的，魚天天在水中游，也就不問為什麼在水中游，也不知魚離了水會死。鳥在天上飛，從早飛到晚，也就忘了離開了空氣的阻力，鳥是不能飛的。人天天收電子郵件，讀電子郵件，回電子郵件，收多了，讀多了，回多了，也就不覺曉、不在乎、不理解電子郵件的奇妙、實用和巨大經濟價值了。

　　變化似乎都是在不知不覺中發生的，包括深刻的變化，正在改變人類生存方式的變化。從80年代中葉到整個90年代再到進入新千年，整整15年，像所有地球村的村民一樣，我經歷著人類生命史上最深刻的變化。當然，當巨變、突變剛發生時，人總會有震盪，會感到驚訝，會不知所措。但很快人會適應，繼而習慣，最後麻木，會像魚一樣，再不問為什麼會在水中游，像鳥一樣，再不問為什麼會在天上飛[1]。

　　過去15年來最帶革命性的變化是什麼呢？是柏林圍牆倒塌？我覺得不是。是前蘇聯解體，也不是的。是中國加入WTO？是上海

出了浦東奇蹟？都不是的。是2001年9月11日紐約世貿雙子星大樓被炸？不是的，全不是的。最深刻、最帶革命性的變化是網際網路。是全球資訊網的誕生。是一個看不見、摸不著、無邊無際的新世界的發現[2]。是一張巨大的、已經把整個地球都包裹起來的網路。是關係技術和關係經濟。是小小的矽片和細細的矽酸鹽玻璃纖維。

##  小小的矽片，細細的玻璃纖維

兩年前，為了寫一篇關於新經濟的起因和走向的文章，我去書店尋找新出版的關於新經濟的書。那時以「新經濟」命名的書還不多，我只發現了凱利的《新經濟，新規則》。[3]拿來一讀，感到有趣。凱利的書，充滿自信和激情，新概念多，新思想多，別人想說而不敢說的話也多。他說，20世紀是原子的世紀。原子獨來獨往，來無影去無蹤，是「個性」的象徵。原子的歷史已屬過去。21世紀是個網路世紀。網路無中心，無軌道，無邊無際。網路囊括了所有的通道，所有的智慧，所有的相互依存的關係，所有的經濟和產業，所有的社會和團體，所有的生態系統，所有的通訊，所有的民主，所有的家庭，所有大大小小的系統，幾乎所有人們認為有趣或重要的東西。[4]網路預示著我們的未來，網路就是我們的未來。[5]

這個神奇的網路的技術基礎就是小小的矽片、細細的矽酸鹽玻璃纖維。它們就是我們說的關係技術、關係經濟之基礎。

每一種網路有兩個基本結構因素，一是「節點[6]」，二是對節點的聯接。節點可以是任何單一物體，無生命的，有生命的，大可以大到一個組織、一個國家，小可以小到一台電腦、一封電子郵件、一個矽片。科學技術的發展使矽片越做越小，而儲藏的資訊量越來越大，價格卻越來越低。1950年，一個電晶體要賣五美元，現在的價格是百分之一美分。在不遠的將來，裝有十億個電晶體的矽片幾分錢就能買到了。這是說，矽片誰都「消費」得起了。它又可以做成很小很小，可以裝進任何一個產品或零件。在以後，各種電器開關都可以裝有矽片，每本書的書背裡也可有矽片，襯衫的領子，寫字的鋼筆，貨櫃上的所有物品，你想到什麼，就可將矽片裝到哪裡。現在全世界每年生產十萬億個產品或零件，試想一下，假如每一件都放進一個矽片，世界會變成怎樣了？也許不必，但無不可。事實上，世界上的大部分矽片不再用於電腦，而是用在各種各樣的產品上。這些非電腦用的矽片，不如電腦用的矽片「聰明」。它們是「傻瓜矽片」，以後會像垃圾一樣便宜（有的垃圾可能比「傻瓜矽片」還要值錢，現在不是的話，今後一定是）。這些「傻瓜矽片」已經開始比電腦更兇猛地向全世界的製造商發動「進攻」。好在這些「傻瓜矽片」到底是傻瓜，可以「服從命令聽指揮」。

試想把這些「傻瓜矽片」都聯結起來，形成一個網路。屋內不能移動的家具、器具可以用電線聯接。能移動的，如汽車、自行車、上學用的書包、出門帶的雨傘等等，可以無線聯接。用矽酸鹽玻璃纖維、用紫外線或無線電、用寬頻、用各種最新的「關係技

術」，把它們通通聯接起來，聯成大小不一的網路，組合成各種各樣的關係，試想結果將會是怎樣的？俗話說，三個臭皮匠，勝過一個諸葛亮。假如把三百個「傻瓜矽片」聯結起來，那麼能有多少個諸葛亮，或者說「虛擬諸葛亮」？這僅僅是在說「傻瓜矽片」，還未說電腦、資料庫的聯結，更未說到人的智慧的聯結呢！試想未來的聯成網路的農業；試想未來的網路工業；未來用無數節點聯成一片的旅遊業；未來的航空業；未來的電訊業；未來的超級市場；未來的醫療衛生事業、教育、娛樂、企業管理……等。試想它們通通地聯結起來了。這將是一個怎樣的網路世界？

誰曾預料，小小的矽片，細細的玻璃纖維蘊涵著人類命運的未來走向。

 ## 移動的天地

人其實很少去想50年以後的世界會是怎樣的。人常想的是現在，想今後十年、二十年會怎麼工作，怎麼生活。請讀者隨我走回到我在美國中康州州立大學的辦公室，我自己的能移動的小天地。

我的辦公室，或者說辦公室裡的電腦，是諸多網路中的一個「節點」。首先是我任職大學的區域網路中的一個終端，一個節點。但我同時又在另一個更大更深、更為無邊無際的網路之中。每年暑期放假，我回到故鄉上海。我這個「節點」從中康大移到了地球的

另一邊。我的大學辦公室的終端機,「轉化」成了上海家中以筆記型電腦「臨時」支撐起來的「節點」。我把中康州大學的辦公室「移動」到了上海的家中。我辦公的主要平台是網際網路。我在上海家中透過網際網路進入中康大的「學生資料庫」,可以隨時調出我要上的7或8月份暑期班已經報了名的學生名單。我還可以在家中——在地球的另一端——「更改」我的某個學生登記錯了的成績。我在這個「節點」的平台上,可以時時刻刻與正在美國佛羅里達州,或法國巴黎,或非洲尼日,或泰國,或無論在哪裡的學生、同事,與網中任何一個或一批「節點」取得聯繫,不論時間,不論地域。每當我們的節點聯通的時候,我就感到這是再自然不過的事,早已忘了時間和距離的概念。我甚至不再問:十年之前能有這樣的事嗎[7]?

2002年6月底,我從上海家中的辦公室回到了自己在美國中康州大學的辦公室。此時我有兩件事情要做,一是要上7月份暑期班的課,二是要在7月一個月中蒐集完寫作《關係管理》所需的參考書和參考資料[8]。第一件事不太難做,因為那是我已經上了十多年的一門課。第二件事,有點麻煩,因為資料既要齊全,又要新,更要能為我所用的。中康州大學圖書館藏書量一般,但它訂的雜誌之齊全,在新英格蘭地區的大學中,縱然不能與哈佛、耶魯相比,也是一流的[9]。它的一流此時對我已經不重要,因為我不願意把時間耗費在從我的辦公樓走到圖書館的這條直線上,我也不想花時間一本一本地去翻閱那麼多期刊、雜誌,我更拒絕把時間耗費在圖書館

的影印機上。我早已被小小的矽片和細細的玻璃纖維完全的俘虜！我決定過「秀才不出門，能知天下事」的神仙日子了[10]。我打開我辦公桌上的電腦——我最勤勞、最聰明、最任勞任怨的「研究助理」。我開始在我的終端上撥動鍵盤，從學校圖書館期刊資料庫裡調出我要的各種文章、文摘，一邊調，一邊在我自己辦公室的印表機上列印。三個下午的時間，讓我獲得了我要的全部期刊雜誌的文摘和文章。我可能要花三個月消化它們，但它們已經在我的書桌上不慌不忙地等著我了。接著，我開始向書籍進攻。我瞄準了網路書店亞馬遜。我是個老客戶，它那裡有我的帳號。它有關於我的各種資料，包括知道我的閱讀興趣、我常買些什麼書……等。我們是相識已久的「朋友」了。我僅僅用了兩個下午買齊了我所需要的全部參考書，一週內亞馬遜將三十本書全部運到我的家門口。看著這些書，看著那些雜誌期刊文章和文摘，再加上我近年來蒐集依然未失時效的資料，我的心稍稍有點定了。我心裡充滿了對我的「研究助理」的感激。

寫這些，不是想炫耀我研究資源的豐富和易得，而只是想與各位讀者分享我能有如此好的「研究助理」而感到的愉悅。我對矽片，對矽酸鹽玻璃纖維，對電腦、網路的硬體和軟體，可以說都是一知半解。但我總是為它們的奇妙、為它們對人類社會已經和今後將會產生的影響，感到激動。我嚮往這對我依然或許永遠是個大大的謎的新世界，企盼能探索到一點奧秘和奧妙。我一直以為，宇宙間蘊藏著一個最樸素、但又最偉大的哲學原理，那就是簡單與複

雜的關係。人類50年之前就已發現的那個「新大陸」，是既簡單又
複雜的最好例子。易言之，那不就是一個「0」、一個「1」的組合
嗎？說它又複雜無比，是因爲我一直弄不懂在網上成噸的資料、圖
片到底是怎樣傳遞的。後來依稀弄懂了，卻更感深奧無比了。就說
一封電子郵件吧，從美國傳遞到中國或者世界上任何一個地方，先
要把它「分拆」或「分解」，說分拆成一百份吧，這一百份要「裝
進」一百張「信封」裡，然後讓這一百封「信的成分」找到最快最
暢通的通道，「先後」到達目的地。各個到了目的地後，再合併復
原成原來寫的信，等待電子郵件的收信人開啓閱讀。作爲一個學文
科的、對數理、物理不甚瞭解的人，我要問的問題實在太多了：假
如我的電子郵件附了一張彩色照片呢？色彩怎麼分切呢？傳遞的通
道到底在哪裡、有多少呢？有沒有「總指揮部」？我不具備一個科
學家的精靈頭腦，感到很難假想下去。當然，自然有解脫的辦法。
我看天上的星星，開始安慰自己，世界那麼大，怎麼可能全部知道
呢！我開始爲自己製造解脫根據：知道了二進位的原理，知道「0」
和「1」的無窮無盡的簡單組合，就算知道了矽片和矽酸鹽玻璃纖
維的功能，就算知道了關係技術的眞諦。這當然是自做阿Q了。確
實，簡單是大道理，簡單管複雜。一切高精密的技術都是建立在簡
單的基礎之上的。關係技術──包括電腦技術和通訊傳播技術──
能發展如此之神速，就是靠了簡單的二進位！也就是這個二進位，
讓我的教學、研究生涯變得如此豐富多采，讓每個人的工作、生活
天地變得如此日新月異[11]。

我看著我的見方不大、已經完全數位化的、能夠隨意「移動」的辦公室，感到奇妙無比，這不都是在玩0和1的簡單遊戲嗎？

 關係技術：登陸、開發「新大陸」

人類50年以前已經發現了一個新大陸，但一直等到大約15年以前才開始「登陸」開發。國際知名策劃家、戰略家、前麥肯錫（日本）諮詢公司總裁大前研一曾出版過幾本在經濟全球化、企業管理等領域裡產生過不小影響的書[12]。2000年，他出版了新著《看不見的新大陸》[13]。在這本新著中，他用了「新大陸」一詞來比喻電腦和包括網際網路在內的電腦網路所代表的一個新世界，亦即「數位世界」的另一種表述。他討論了這新大陸的四大面向：一、有形面向；二、無邊界面向；三、網路面向；四、高倍增長面向。在他所列的面向中，網路面向或許應該是第一面向。缺了網路面向，討論其他面向就失去了意義。而這個網路面向，就是人類15年來對50年之前發現的新大陸進行開發的最重要的前提。所謂的新大陸，與哥倫布發現的美洲大陸相比，有著本質的區別。區別就是這個新大陸，是一個看不見、摸不著、無邊無際的地方，一個沒有土地的地方。在舊大陸上，有國家，而且每個國家都不一樣。有國家經濟和區域經濟，而且每種經濟也不一樣，比如有的是國營的，有的是集體的，也有私人的。有受國家或省、州法律管制的公司，及各國、

各省、州的管制方法。有國有的或私有的土地，及政府對土地擁有和使用的各種管制等等。當然，在舊大陸上，還有許多許多的「勞力」，藍領的、白領的都有。而這個「新大陸」沒有土地，沒有傳統意義上的自然資源，但卻有著無窮無盡的知識、資訊和對它們的超越時空的分享。

我們先從「新大陸」的網路面向上來看。由無數電腦網路[14]組成的網際網路最具我們所要討論的網路的標誌。首先，網路無中心，無上無下，無遠無近，無邊無際。[15]比如說，一個電子郵件發到北京與發到台北，發到台北與發到紐約，對於時間和距離來說是一回事。這是說，網路世界超越了時空的限制。這為中國大陸和港台的企業走向全球、為全世界的投資商瞭解中國大陸和港台市場的行情，為它們建立全方位的「關係」創造了前所未有的機會。

第二，資訊分享的充分和及時使關係趨向扁平、趨向平等，這將使走向全國、全球的企業可以相對容易地建立平等互利的關係，其中包括與合作夥伴的關係、與競爭對手的關係、與各級政府的關係、與客戶和消費者的關係等等。

第三，網路上交換、獲取的資訊量將是巨大無比。90年初在「新大陸」誕生的全球資訊網，已經徹底改變了資訊儲存、分享、處理的方式，逼得人們必須重寫企業管理、行銷、廣告、公共關係的規則。消費者購物總要談到價值或附加值，那麼在當今世界「買」什麼可以獲得最大的附加值呢？「買」網際網路！「價值連城」已經不能形容一位「電腦＋上網權」擁有者的「身價」，至少他能擁

有世界上最大、最全、最好的圖書館！從美國矽谷訪問回來的人，總以為當初靠做電腦或電腦網路硬體或軟體發了財的、一夜之間變成百萬富翁的創業者比誰都幸運。是的，這些成功者是很幸運。但成千上萬的網路用戶已經受惠於他們的創造！能先人一步登陸、開發這新大陸的都是幸運的。

第四，說到價值，應該接著說「網路面向」的又一個標誌性特徵，那就是網路的幾何級數的價值增長可能。由於有上述幾個方面的標誌特徵，所以無論對個人來說，還是對組織、團體來說，網路有著自身的、尚未被人們普遍認識的價值。網路之所以有價值，因為它能創造價值。網路的價值就來自「關係」──它所帶來的幾何級數般的「關係效應」。我們知道一個人是不能建立關係的，兩個人可以組成一對關係。三個人，假如一對一相互做朋友，那麼可以組成三對朋友。四個人就有可能組成六對關係。五個人的關係組合一下跳到了十對。六個人呢？就有十五種關係組合可能。試想，你高中或大學畢業時，班上有五十個同學，那麼這五十個同學相互可以組成多少對關係呢？可以有一千二百二十五對潛在關係！這將是多大的關係資源。假如不是五十個同學，而是五十家公司，那麼他們當中就蘊藏著一千二百二十五種潛在的商業關係。看到這樣的關係幾何級數的增長，我就在想現在哪些生意人最聰明、哪些公司最會算帳？應該是那些懂得網路的關係資源的人和公司。

解釋大前研一關於新大陸的「網路面向」，是為了幫助理解關係技術的內涵。IT （Information Technology） 是一個熱門名詞，

意思是「資訊科技」。人們都在說從事IT行業的能有出息，能賺大錢，但總是忘了另一個更重要的概念，那就是Communication一詞。因此有人說，IT應改為ICT（Information and Communication Technology），意思是「資訊和通訊技術」。更有人為了說明「通訊」技術的重要，甚至說：「電腦已經死了」；「電腦是屬於上個世紀的發明」；「光有電腦，而沒有電腦的互聯，人類仍然處於原始」[16]。確實，對「新大陸」的登陸、開發，只有到了網際網路和全球資訊網的時代才真正開始和實現。所以必須要加進Communication（通訊）技術，才能表現「關係技術」的精髓。IT概念缺的是「關係」因素。電腦本身不能導致關係。電腦，如果不予聯結，就是一個死的「節點」。有了通訊技術——無論是有線的，還是無線的，無論近距離的，還是遠距離的、全球的——單個的電腦，才能真正地「活」起來，才能成為「新大陸」的驕子。有了通訊技術，才能把一台台電腦聯結起來，才能產生和引出各種各樣的關係，才有關係技術概念最終的提出。登陸、開發新大陸要靠資訊技術和通訊技術的整合，改造舊世界也要靠這種整合，從舊世界走向新大陸要的就是資訊和通訊技術——即關係技術。

 關係經濟：關係管理理念提出的大背景

包括所有資訊和通訊技術在內的關係技術，顧名思義，是可以

用來建立、維繫、管理關係的技術。那麼，關係技術怎麼引出了關係經濟呢？面對中國大陸和港台的特殊情況提出關係經濟這一概念，有著一種難以說清楚的感覺。「關係經濟」在中國大陸和港台的報章雜誌早就出現過，但它是帶引號的，有著明顯的貶的意思。比如說中國人有極具規模的餐飲業，誰不請客吃飯？哪家公司每隔三、五天不擺一、兩桌？為什麼？為了關係。再說禮品業，為了關係，請客送禮，人之常情，古往今來，誰能違反規矩？再說娛樂業、旅遊業、保健藥品，每年要花多少億在「關係」上？單說餐飲業，就說為了拉攏關係而請客吃飯，每年要吃掉多少億[17]？之後，消費刺激了生產，每年能創造多少個就業機會？為農副產品生產、加工行業作多大貢獻？為國庫、省市地方財政創造多少億的稅收？這不就是「關係經濟」嗎？是的，是「關係經濟」，道道地地的「關係經濟」。但對這種「關係經濟」要具體分析，有的當然不能提倡，有的則可以引導，更重要的是對一些帶戰略性的經濟問題要深入探討。比如最近許多有識人士提出了「休閒產業」能不能像房地產和汽車行業一樣成為國民經濟的主導產業？這些都是值得探討的問題。

　　人們可以寫專著、專文來討論上述那種帶引號的「關係經濟」，但這種帶引號的「關係經濟」並不是本書所要討論的。本書討論的是一種不帶引號的關係經濟，是一種建立在關係技術、關係市場和關係資本基礎上的關係經濟。這裡討論的關係經濟，首先基於資訊和通訊技術亦即關係技術，基於關係技術導致的虛擬關係或

現實人際關係。這就是在關係技術、「新大陸」層面上的關係經濟。另一個層面上的關係經濟是傳統或新經濟中的「服務經濟」。所以本書說的關係經濟就是這兩個層面的相加。近年來出現了許多新的經濟概念，「關係經濟」是最新的一批中的一個。新概念的好處在於可以用一個新的範疇去概括現象，關係經濟這一新概念可以作為一個嶄新的範疇來概括正在或早已出現的經濟現象。比如關係技術、關係市場（「關係」作為資本在市場上的流通）、關係資本、關係行銷等等，是正在出現的經濟現象。有些經濟現象早已出現，如作為第一產業的農業經濟、作為第二產業的工業經濟、作為第三產業的服務經濟（服務產業如金融產業和休閒產業只是服務經濟的一部分）。首先，服務經濟是以關係為主導的經濟，理應歸入關係經濟。其次，第一、第二經濟中的所有服務成分無疑地也可以劃歸不屬於服務產業的服務經濟，因此也可以歸入關係經濟的大範疇。

先來說「服務經濟」層面上的關係經濟。如上所說，服務經濟是關係經濟的一個重要的組成部分。服務，顧名思義，是為顧客或客戶服務。粗略地說，服務經濟可以包括金融業、零售業、文化事業、公用事業、醫院、學校、各種各樣的政府組織、餐飲業、旅遊業、娛樂業、諮詢及各種資訊通訊服務業[18]……等。這些都是「服務產業」——只要是與人直接打交道的都可以包括在服務產業之中。我們來繼續討論本章開卷就提到作為典型服務產業的的休閒產業。中外經濟學家從歐美經濟發達國家的經驗中得出結論：一個國家的經濟的迅速發展要靠幾個龍頭（即主導）產業，如鋼鐵、建

築、房地產、汽車行業,這些主導行業都帶有資金密集、技術密集、勞動密集的特徵,可以帶動一大批相關產業,只有這樣才能從需求和供應兩個方面來拉動一個國家或地區經濟的持續增長。休閒產業正是帶有這樣的資金、技術、勞動密集集於一體的產業,可以涵蓋農業、工業、服務業和資訊產業的國民經濟的各個組成部分。有報導說,未來15年內已開發國家將進入休閒時代,發展中國家也相繼跟上,以旅遊渡假、體育健身、文化娛樂和社區服務為主的休閒經濟將成為又一個經濟大潮。休閒產業將在2015年前後主導世界勞務市場,並占有世界GDP的50%的占有率,從而成為名副其實的世界支柱產業[19]。我把休閒產業作為中國大陸和港台方興未艾的關係經濟的一個重要組成部分,因為它是一種典型的服務經濟。作為中國大陸正在興起的休閒產業A級樣板的「觀瀾湖模式」就向我們顯示了關係經濟的巨大威力。亞洲最大的高爾夫球會觀瀾湖球會以其為中心正在形成一個集居住、商務、休閒和文化於一體的國際性社區。由於高爾夫是國際通行的「商業社交語言」(可以讀作「關係語言」),一些香港、台灣、韓國等地的外商因為觀瀾有一個國際球會而選擇在周邊投資,並把觀瀾作為商務談判、社交休閒的基地。這幾年,富士康、富士施樂、和記黃埔等國際大企業已經在觀瀾落戶,形成了觀瀾的體育休閒業、物流倉儲業、高科技產業優勢,並大大增加了觀瀾的整體經濟實力[20]。

　除了本身屬於服務經濟的服務行業外,各行各業中都有「服務成分」,如房地產中的物業管理、公用事業中的修理服務、飛機發

動機生產廠商對已經售與航空公司的發動機的定期維護保養……
等。這些「服務成分」無疑問地同樣歸屬於服務經濟。美國的服務
經濟已經占了整個國內產值的三分之二。中國大陸和港台經濟在過
去的二十年中取得了震驚世界的成就，它的服務經濟成分已經占了
國內產值的相當比例。國別經濟差不多都是沿著從農業經濟到工業
經濟到服務經濟再到資訊產業的軌道發展的。農業經濟整天與土
地、糧食、老天爺打交道，可以「雞犬之聲相聞，老死不相往
來」。市場化的工業經濟更關心的是資源、資本、勞動力和利潤。
那麼，服務經濟與農業、工業經濟的最根本的區別在哪裡呢？就在
「關係」二字。服務經濟是建立在客戶或顧客關係上的一種經濟。
沒有客戶或顧客關係，就失去了服務的對象，服務經濟也就不存在
了。可以這樣說，如果觀瀾湖高爾夫球會沒有源源不斷的休閒客
人，觀瀾湖只能自觀其湖了。服務經濟只是關係經濟的一個組成部
分，另外一個組成部分是「新大陸」層面上的關係經濟。

在大前研一所說的「新大陸」層面上的關係經濟這一概念，與
網路經濟的概念有很大的重疊，儘管它們強調的側重點不一樣。網
路經濟強調是網路，以網路為基礎的經濟。關係經濟著眼於關係，
其中包括虛擬關係和現實人際關係。因此，它有著寬廣的涵蓋性。
比如，所有的關係技術產業，即ICT 產業，就可以歸類於關係經
濟。以ICT或網際網路為工具的電子商務，以虛擬關係為基礎，自
然地可以歸入關係經濟。ICT或網際網路，不僅能導引出各種各樣
的虛擬關係，而且可以幫助推動、發展「現實」關係——其中包括

企業與企業的關係，或現實的銷售人員與客戶之間的關係，如ICT和網際網路對WTO的發展已經或將要發生的巨大作用。再者，企業和各種組織對ICT和網路的投資正在改變企業或組織的總體投資結構，使企業或諸多非營利組織快速「增值」，與此同時又可以大大降低運行成本。這一增一降也應該算在關係經濟的帳上。更具體的例子有電訊產業，如行動電話本身，或與網際網路的聯網使用，一併可以歸入關係經濟。提出關係經濟這一概念不僅因為它本身產生的產值或價值，對每個國家的國內產值和全球經濟的影響，而且──更重要地──它代表著全球經濟的未來走向，代表著舊世界向新大陸的必然過渡。

大前研一說的除了網路面向之外的其他三個面向，都反映了關係經濟在「新大陸」的發展軌道和表現特徵。大前研一列舉的「有形面向」強調，有了新經濟，並不是可以拋棄舊世界。他說的是如何引導傳統經濟走上「新大陸」。量子物理誕生並不等於地球引力對現實生活作用的消失。有了電腦、手機、數位相機，不是說農民可以不種糧食了，人可以不吃飯了。有了網際網路，發展了那麼多的虛擬關係，我就可以不去探望年邁的老母親了？我還得坐飛機──20世紀發明的偉大交通工具──回上海看望她老人家。因此，米廠仍然要有，酒廠、煙廠仍然要辦，餐盒仍然要送，東家串到西家的門仍然要串。舊世界不能沒有。舊世界不僅要繼續存在，而且要舊顏換新貌。關鍵是如何換，如何走向虛擬，如何走向網路，如何走向關係經濟，如何走向新大陸。從某種意義上說，關係經濟的

持續增長必須依賴傳統經濟的循序漸進的改造，這對海峽兩岸的中國人今後的幾十年的發展，將是一個最大的挑戰，同時又提供了一個必須牢牢把握的最好機遇。關於這一點，我將在〈組織的虛擬發展〉一章中詳細敘述。

大前研一提出的無邊界面向，在過去的二十年中，取得了長足的進步。中國（大陸）加入WTO，對無邊界面向添了姿加了彩，具有特別重要的意義。由於資訊和通訊技術——亦即關係技術——的突飛猛進的發展，地球已經變得越來越小，物流、人流、資訊流在更大程度上突破了國界的限制，虛擬地走出國門，虛擬地把各種商機引進國門，已經成為時尚，成為必須。1980年，我第一次踏上美國的領土，中國（大陸）剛剛開始邁出改革開放的步伐。那時，「中國製造」的商品在美國市場上仍然寥若晨星。22年之後，再來看看美國市場，除了汽車，幾乎什麼都是中國人製造的！假如這句話現在仍然是誇張，那麼就看十年以後美國市場的情況吧。這是一面。我們不能忘了另一面，那就是跨國公司登陸中國大陸的那一面。最可怕的一幕是，十年之後寵物貓狗都是外國品種了。但許多人的賭注押在中國人一邊，認為中國人吃美國市場與美國人吃中國市場相比，中國人的勝數要大於美國人。所謂「無邊界」，只是相對而言。邊界總是會有的，而且還是有的好。倘若真的哪天來個世界大同，是否全人類全吃肯德基，那日子還怎麼過？然而，世界確實是變了。從經濟全球化的發展趨勢來看，國家對物、人、資訊的邊界控制將越來越放鬆。再等十年甚至五年，我們就能看到海峽兩

岸的巨大變化。1999年11月，世界貿易組織在美國西雅圖開會時，尚有美國人示威反對，但與二十年之前相比，要「溫和有禮」多了。在80年代早期，美國克萊斯勒汽車公司總裁曾公開把美國與日本貿易自由化，說成是一種新的「黃禍」的降臨[21]。接受變化，接受「相對」無邊界，是第一步。之後是利用無邊界，走出去，請進來，發展自身，造福人類。在「無邊界面向」上，關係經濟，靠著關係技術，孕育著無限的發展潛力。

新大陸的另一個面向是高倍增長面向。這是一個充滿了高增長、高風險的面向。在這個面向上，你可以一夜之間成為百萬富翁，也可以即刻之間傾家蕩產。這個面向有的就是不確定。這裡說的是一家公司市場定價或借款與公司實際價值的比例問題。20年代時，美國股票市場興旺一時。當時有一種基金叫「股票經紀人基金」，屬於現在所說的「高風險，高回報」的那種基金，它的借款數是基金擁有的現金的五倍，就是有一美金現金在手，就可借五美金。後來據說這種「投機」是造成1929年股票市場崩潰和以後的美國經濟大蕭條的原因之一。事實上，這種五倍比例投機與80年代美國股票市場的二十五倍（股票市價除以公司利潤）差遠了。日本股票市場在那時的泡沫高峰年代曾到達過七十五倍。當然，這跟美國90年代末的泡沫經濟更是小巫見大巫──那斯達克上的有些科技股曾到達一千倍數！假如，公司是負增長，那麼就是「無窮大」倍了。順便告訴讀者：就在我寫本章的這幾天（2002年7月15日至19日），美國紐約股票市場狂跌，道瓊指數已跌到1997年7月17日的水

準，那斯達克已經從最高時的5000點跌到1200點左右。這顯然是繼續在對90年代末的泡沫、對美國企業界做假帳成風、公司最高管理層的腐敗的懲罰，也是對高倍數投機的最嚴厲的警告。有人會說，這難道不是對登陸所謂「新大陸」的諷刺嗎？難道不是對「新經濟」、「網路經濟」，以及本書所談到的「關係經濟」的嘲弄嗎？不是的。絕對不是。

中國人有句古語：水能載舟，也能覆舟，船在水中覆沒了，不能說水不好。舟能載人，也能沉人，船沉海底，人葬魚腹，要看船是怎麼沉的，比如我們都知道鐵達尼號（Titanic）是因為與冰山相撞而沉入北大西洋的。農業經濟靠土地，靠種糧食，靠山吃山靠水吃水，靠老天爺。哪年天災人禍，穀粒不收，你能說是「農業」不好？大家都知道要查原因的，包括政府農業政策的原因，而「農業政策」不是「農業」。一樣道理，道瓊指數狂跌，那斯達克下滑，不能怪罪關係技術，甚至不能怪罪股票市場，要追究的是背後的公司[22]，追究玩股票族股票、玩「高倍增長」投機的人。關係經濟與傳統經濟有著諸多區別。區別之一，關係經濟相對不確定，而傳統經濟看得見摸得著，相對地比較確定。區別之二，關係經濟孕育著「高倍增長」發展的巨大潛力和與之俱來的高風險，而傳統經濟今後的發展餘地要靠前者去開發。區別之三，關係經濟代表「新大陸」，而傳統經濟屬於「舊世界」。關係經濟方興未艾，像所有新生事物一樣，一開始總要有一番曲折，有一番艱難，有一番誤解乃至反對。唯其曲折和艱難，才應不屈不撓堅持前行。因為被人誤解遭

人反對，才應該面對現實忠於理念。我堅信，關係經濟將推著舊世界，走出低谷，走向卓越，走向新大陸。

　　綜上所述，關係經濟有兩頭，一頭是傳統經濟中的服務經濟，一頭是建立在關係技術基礎之上的新經濟——亦即「新大陸」經濟。服務經濟由農業、工業經濟發展而來，從北美國到東亞，從北歐到澳洲，從西非到拉美，必將在新經濟的推動下，成為全球經濟舞台的支柱。新經濟，儘管已經飽經滄桑，今天依然處於低谷，但它畢竟是一種嶄新的經濟形態，它的發展是不可阻擋的。

## 本章提要

· 15年來世界範圍內發生的最深刻的變化是全球資訊網的誕生，是一個看不見、摸不著、無邊無際的「新世界」的發現，是一張巨大的、已經把整個地球都包裹起來的網路，是關係技術和關係經濟。

· 20世紀是原子的世紀。原子獨來獨往，來無影去無蹤，是「個性」的象徵。原子的歷史已屬過去。21世紀是個網路世紀。網路無中心，無軌道，無邊無際。

· 小小的矽片，細細的玻璃纖維蘊涵著人類命運的未來走向。

· 簡單是大道理，簡單管複雜。一切高精密的技術都是建立在簡單的基礎之上的。關係技術——包括電腦技術和通訊傳播技術——能發展如此之神速，就是靠了簡單的二進位。

· 大前研一所謂的「看不見的新大陸」沒有土地，沒有傳統意義上的自然資源，但卻有著無窮無盡的知識、資訊和對它們的超越時空的分享。

· 網路世界超越了時空的限制。這為中國大陸和港台的企業走向全球、為全世界的投資商瞭解海峽兩岸市場的行情，為它們建立全方位的「關係」創造了前所未有的機會。

· 90年初誕生的全球資訊網已經徹底改變了資訊儲存、分享、處理的方式，逼得人們必須重寫企業管理、行銷、廣告、公共關係和關係管理的規則。

・登陸、開發新大陸要靠資訊技術和通訊技術的整合，改造舊世界也要靠這種整合，從舊世界走向「新大陸」要的就是資訊和通訊技術──即關係技術。

・關係經濟是一種建立在關係技術、關係市場和關係資本基礎上的經濟現象。

・服務經濟是建立在客戶或顧客關係上的一種經濟。沒有客戶或顧客關係，就失去了服務的對象，服務經濟也就不存在了。

・提出關係經濟這一概念不僅因為它本身產生的產值或價值，對每個國家的國內產值和全球經濟的影響，而且──更重要地──它代表著全球經濟的未來走向，代表著舊世界向新大陸的必然過渡。

・由於資訊和通訊技術──亦即關係技術──的突飛猛進的發展，地球已經變得越來越小，物流、人流、資訊流在更大程度上突破了國界的限制，虛擬地走出國門，虛擬地把各種商機引進國門，已經成為時尚，成為必須。

・關係經濟將推著舊世界，走出低谷，走向卓越，走向新大陸。

## 注釋

[1] 在文化學裡，這指的是一種集體無意識。作為一種文化現象也無所謂好或壞。但是對個人來說，這種集體無意識可以使人處於惰性，喪失進取，是非常可怕的。

[2] 我本人對這場革命的認識可能不過十年的時間。我記得這是我在感到自己的工作和生活再也離不開電子郵件的時候才開始漸漸認識到這場革命的。

[3] 該書的英文名為：*New Rules for the New Economy: 10 Radical Strategies for a Connected World*，1998年由 Penguin Books Ltd. 出版。此書或許寫得過早，作者未能料到美國新經濟進入新千年後的崩潰性的命運。但新經濟的精神依然在，它所缺乏的正是本書要強調的「關係管理」。

[4] 見《新經濟，新規則》第9頁。

[5] 我自己對網路的直觀認識也是從電子郵件傳送的快速、高效和廉價等諸種特徵中獲得的。

[6] 英文是node，為這一概念的漢譯，我曾請教了許多行家，有的說應譯「接點」，有的說就譯「終端」，我想都可以。又有人說能譯為「節點」，我以為這比較接近原英文單詞的意思，所以就採用了這一譯法。

[7] 在今天讀這樣的內容似乎覺得這是再自然不過的事了，但在10年之前真是不可想像的。記得我1988年7月到達美國夏威夷要與上海的朋友聯繫時，只能用電話，而當時用公用電話撥國際長途每分鐘的價格就是高達三美元。從經濟學角度來看，這樣的電話是談不上現在我們談的關係經濟的。

[8] 此前我曾蒐集了大量的資料，但由於環境變化的迅速，資料的貶值之快讓我感到我必須有一個截止期，不然我會永遠有一種被時間追趕的巨大壓力。現在寫書，資料來得容易，但像泡沫一樣消失得也快。

[9] 美國傳播學、高速管理理論權威、我的導師和研究合作夥伴庫什曼，常從佛羅里達州專程飛來中康大，查閱我校圖書館的期刊室的各種期刊雜誌。他誇張地說：「這是全美最好的。」

[10] 說過這樣的神仙日子顯然是誇張。說句實在話，我是被逼得那麼做的。所以說自己秀才不出門是自尋得意感。

[11] 讀者可能對我的坦白不以爲然。我的苦衷在於，我無法像一個科學家一樣用最通俗的語言把最深奧的數理、物理說個一清二楚。於是我只能說些宏觀的、哲學的道理了。

[12] 其中包括《戰略家的思想》、《三權鼎立》、《無邊界世界》和《單一民族國家的消亡》，這些都是我的中文譯法。這幾本書的原著都是英文版，其原名分別爲：*The Mind of the Strategist, Triad Power, The Borderless World, The End of the Nation-State.* 讀者可以從亞馬遜網路書店買到這些書。

[13] 這仍然是我自己從英文原著譯過來的中文書名。該書的英文原名是：*The Invisible Continent*。

[14] 電腦網路的英文就是Cyber。

[15] 網路有的是Space，即「空間」，而不是Place，即「地方」。

[16] 見《新經濟，新規則》。

[17] 2002年12月讀資料發現這一年中國大陸的餐飲業年收入到發稿時的統計數爲五千億元。

[18] 資訊、通訊服務產業是總的「資訊產業」的一部分。

[19] 參閱2002年11月15日《人民日報》海外版第5版〈中國休閒產業與「觀瀾湖模式」〉一文。

[20] 同上。

[21] 參閱大前研一的《看不見的新大陸》第5頁。

[22] 如已經破產的安然公司。

# 組織的虛擬發展

　　「虛擬」二字最早引起我興趣的是上中學時。那是在英語課上，老師講「虛擬語氣」。比如有這樣一句句子：「假如昨天他來了，我就一定跟他談那事。」[1]這是一句虛擬句子，因爲昨天已經過去，「他」不可能再在「昨天」來了。老師說，在這句虛擬條件句裡，一定要用過去完成時態，我就永遠地記住了。虛擬的語境很多，不是學會一種就萬事大吉了。後來自己當老師了，就對學生說：「誰學通了『虛擬語氣』，誰就算學通了英語語法。」到美國後，這句話傳給了美國的大學生。[2]這幾十年來，「虛擬」二字一直銘記在心。90年代時候，遇到了 Virtual Reality 這一概念，開始時如何譯爲漢語沒有定論，後來約定俗成都譯作「虛擬實境」。我立即就試圖在英語的「虛擬語氣」和「虛擬實境」之間建立聯繫。聯繫並未找到。「虛擬實境」中「虛擬」二字與英語「虛擬語氣」中的「虛擬」，其實是兩回事。「虛擬實境」如今應用於許多領域，也用到了行銷領域。比如在房地產商推銷預售屋，推銷預售屋的困難是沒法讓顧客實地親身體驗要買的房子，因爲房子尚未造好。提供「虛擬實境」可以克服這一困難：顧客戴上「虛擬實境」的護目鏡[3]，讓他隨著「虛擬」的講解員去感受客廳的「虛擬」寬敞、臥室的「虛擬」溫馨、廚房的「虛擬」實用和洗手間的「虛擬感覺」。顧客會驚歎「幾乎[4]跟眞的一樣！」組織的虛擬發展是不是指這種虛擬呢？不完全是。那麼，什麼是組織的虛擬發展呢？

# 什麼是組織的虛擬發展？

　　組織的虛擬發展指的首先是「虛擬關係」[5]的發展。以在亞馬遜網路書店買書為例，顧客第一次在亞馬遜網路書店購書的時候，必須在網上作一個登記，回答一些基本問題，有些必須回答，有些可以隨便。比如說，姓名、性別，就必須填入表格，出生年月，可填可不填，年薪，填個「幅度」即可，然後是填興趣愛好……等。誰給了顧客登記的表格呢？誰都沒有，是「機器」。是機器跟顧客「對話」了。機器與某顧客首次對話的同時，也在與別的首次或常客進行對話。我第一次在亞馬遜書店購書是在將近午夜的時候──「機器」是沒日沒夜的，不必吃飯，不必睡覺，也不會像人一樣需要休息，一天24小時，一年365天，天天如此，年年如此。一年下來，新顧客，老顧客，一個一個加起來，就能有幾百萬，乃至上千萬！亞馬遜的客戶資料庫裡早已存入了關於每個顧客的「檔案資料」。它的銷售策劃家們、顧客服務部的經理們，在公司裡也不停地與「機器」對話，命令「機器」把我們這些顧客逐個分類，進行分析，從而決定或改變公司的銷售、服務方法。顧客一般可分五類或四類（看你怎麼命令機器），如果某顧客每個季度買十多本甚至幾十本書，金額在二百至五百美元之間，那麼機器大約會把他分在第一類，亦即第一個20%或25%的顧客，對這第一類可不能怠慢，

因為他們代表了公司總營業額的80％！亞馬遜的經理們，對這第一類的客戶的背景，可以說瞭如指掌。他們讓機器常給這些「一類」顧客送去特別服務。所有這一切都是機器做的，都是亞馬遜的伺服器、資料庫裡的「小小的矽片」做的！亞馬遜的老闆們似乎知道這些顧客，又根本不知道他們。亞馬遜似乎知道所有的一類，或二類，或三類，或四類，或五類的顧客，又根本不知道。亞馬遜公司的銷售策劃家們和顧客服務部的經理們似乎早就認識這些顧客了，但又根本不認識。真正知道、認識顧客的是機器，全是機器！很少亞馬遜網路書店的忠實顧客知道書是從哪裡發來的，也根本不知道書店的老闆或經理是男是女，是老是少，但是他們與亞馬遜為友已久了。這些讀者與亞馬遜──不管是機器還是操作機器的人──已經建立了一種看不見、摸不著的虛擬關係。這「幾乎是」一種與真人面對面一樣真切、一樣現實的關係。「組織的虛擬發展」就包括了這樣的一種虛擬關係的建立。但它不是虛擬發展的全部。

　　本書中所說的「虛擬發展」指的是所有為登陸和開發「新大陸」、為完成從傳統經濟向新經濟的過渡所必須的資源開發和過程發展，其中包括關係技術資源和人力資源的開發，包括組織的對內、對外的傳播溝通過程的發展。換句話說，組織的虛擬發展也就是它的生產、服務及組織管理過程的電子化、網路化和數位化。比如，在關係技術資源開發方面，指的是組織的基礎結構（如生產和辦公設備）在硬體和軟體兩個方面逐步達到電子化、網路化和數位化。在人力資源方面，指的是如何透過培訓和再學習，來改變人的

習慣和觀念，以適應組織發展的需要。企業的管理、行銷、客戶關係管理（CRM）等方面的「虛擬發展」，指的是這些系統的電子化、網路化和數位化。「虛擬發展」中的「發展」二字絕不是說說而已。要發展，就要有計畫地進行投資，有計畫地進行人員培訓。

上面這兩段話，是在對虛擬發展的一片懷疑聲和責難聲中寫下的。有人說「虛擬發展」是「虛空發展」、「泡沫發展」、「空手道發展」、「坑人發展」。從2000年4月美國網路公司開始崩潰起，有幾家是贏利的？那些僥倖存活下來的網路公司，眼睜睜地看自己的股票從幾百美金一股一路落到幾分錢一股。上文竭力推崇的亞馬遜網路書店，不也是一路虧損下來的嗎？美國在線和時代公司的合併，兩年前被視作代表著新經濟與傳統經濟的最具發展潛力的結合，之後，美國在線的股票狂跌，首席執行長被迫下台，一時間竟然成了商界的一椿笑柄。讀者或許剛剛讀過第1章，這一章一股勁地讚美「細細的矽酸鹽玻璃纖維」，但是人們會問「玻璃纖維」的境遇又是如何呢？2002年末期，傳來了美國環球電訊公司的破產消息。這是一家全球性的光纖電纜網路企業，它的「細細的玻璃纖維」連接了美、歐、亞三洲二十七個國家和地區的二百多個城市。據報導，環球電訊的股價「曾在2000年夏天達到九十美元左右的高位，公司市值四百七十億美元，被《福布斯》讚譽為『以光的速度致富』。而環球電訊僅僅去年一年就大幅度縮水96%，該公司的四百多億美元市值已經被蒸發」。[6]有一位華僑新移民，艱苦創業，省吃儉用，積攢了八萬美元，全買了環球電訊的股票，想好好發一筆，

結果是美夢變成噩夢，「新移民」變成了「新貧民」。從今以後，還有人敢買跟「小小的矽片」、「細細的玻璃纖維」有關的公司的股票嗎？「虛擬發展」果然是「坑人發展」嗎？

不是的。當然不是的。讀者請讀本書在下面為「虛擬發展」的辯解。

## 虛擬發展是場革命，而革命從來不是一條直線

虛擬發展是一場偉大的技術革命和觀念革命。任何革命都不可能是一條永遠向上的直線，虛擬發展也不例外。近代影響了整個人類生產和生活方式的技術革命有蒸汽機的誕生，有鐵路，有電話，有汽車，有飛機，有電腦，有網際網路。它們的發展都不是一帆風順的。比如150年之前的鐵路的發展，很像今天的網際網路。鐵路，在一個半世紀之前，是比以往任何時代都要先進的運輸工具，它能大量地、高速地、安全地把人和物資從甲地運往乙地。19世紀40年代中期，鐵路就像今天的網際網路，成了大熱門。一時間，幾百家鐵路公司在英國註冊成立，小鎮與小鎮之間，相距不過十英哩，也照樣可以造鐵路，可以成立公司，發行股票。鐵路尚未建造，股票已經發行，然後就是大炒特炒鐵路股，越炒越熱，越炒越漲。炒到1847年（就像網路公司股炒到了2000年），英國的鐵路股

終於全線崩潰！85%的鐵路股值被縮水，幾百家鐵路公司宣布破產，被捲入「鐵路熱」的銀行也未能倖免。1848年是相對平靜的一年。鐵路公司的破產，鐵路股票坑了成千上萬的英國股票族，但並不等於鐵路不好——鐵路並沒有坑任何人。鐵路，依然是當時的最先進的交通工具。之後的20年成了英國鐵路大發展的20年，濫竽充數的小公司倒閉了，投機鑽營的商人銷聲匿跡了。達爾文部分地也受到了當時的英國鐵路市場競爭的啓發，提出了他的「適者生存」的理論[7]。到1870年的時候，鐵路公司只剩下了幾家最有實力的。到那時，年客流量已經達到三萬二千二百萬人次，是1850年的四倍。以後的歷史證明，鐵路對工業、商業和整個社會產生了最持久、最深刻的影響。別忘了，光從蒸汽機的推出到英國出現「鐵路熱」，就經歷了20年。兩個20年，再加頭加尾，就是半個世紀。

每種劃時代的新技術，都要經過一番艱難的歷程。比如，技術本身的成熟可能就會曠日持久，各種不測都可能發生。技術本身成熟了，還要有其他技術的配套。有了技術只是開頭，所有對社會會發生深遠影響的技術或經濟革命，都要有社會的支援，或許還要政府的財政支援，要有各種立法對公司或個人行為的規範和約束。再就是人的觀念更新之難、之慢、之曲折。歷史一次又一次地證明了這個規律。18世紀末期的英國工業革命，19世紀末年的美國鋼鐵工業、電力工業及其20世紀初的汽車工業，都有十幾年的醞釀準備，然後開始繁榮，接著往往來個突然的、似乎是災難性的「崩潰」，然後又是調整、反思和重整旗鼓，最後才是穩步的發展。儘管網際

網路早已誕生，但電子商務是從1995年才開始真正發端的。1995年之後有個表面的大繁榮，到了2000年4月份，美國網路公司的股票開始狂跌。一下子，烏雲密布，天好像要塌了。但是在世界範圍內，網際網路的用戶數仍在穩步地上升。有資料顯示，實際上在2000年，網際網路的用戶增加了48％，2001年又接著增加了27％，到2002年上半年，總數已經超過五億戶。由於網路公司的股票自2000年4月後大大縮水，風險資金就大軍後撤，2001年猛降71％，但全世界的網上交易卻漲了73％，總量將近五千億美元，網上零售在十年來最不景氣的一年竟然上跳了56％，高達一千多億[8]。這真是進了城的想出去，沒進的還想往裡擠，有進有出，有悲有喜，頗為熱鬧。人們的一個錯覺是，全世界都在嚷嚷著做網上交易了。事實上遠遠不是：電子商務占了總貿易量的2％還不到。

「虛擬發展」這場革命，看來真是要經過50年才能完成它的成熟周期。英特爾公司早在33年之前的1971年就推出了名叫「4004矽片」的第一個微電腦。過了10年到1981年，微軟公司創始人蓋茲推出MS-DOS作業系統，首次在IBM的PC上運用，轟動一時，第一年就銷了二十萬套。1983年是網際網路成為全球網路標準的一年，至今已經有20年。而以全球資訊網為標誌的網路革命在90年代初的到來，已經讓世界等了足足40年，因為資訊高速公路的種子在1946年美國成功研製世界上第一台電子電腦、1948年發明電晶體時就孕育了。假如要追溯到那個時候，那麼已經超過半個多世紀了！假如我們以1995年作為電子商務開始正式掀起的一個里程碑，又接受50年

是個成熟周期的說法的話，那麼我們還有40年的不平坦的路要走。中國大陸在改革初期說的一句話，叫「摸著石子過河」，在電子商務的摸索上似也適用，每在河裡前行一步就掂掂深淺。但河是一定要過的。現在仍然是電子商務的迷漫茫期，一個「上也不是下也不是」的時期。有的下不是真下，只是改頭換面而已，實際上仍然沒下。比如美國通用汽車公司，原來有個「電子商務部」，叫e-GM，由於運作不靈，到2001年的第四季度把它併入了「資訊技術部」，以後「電子商務」的概念也不用了，改叫「數位」商務。這是一個世界級公司在「迷茫時期」的一種痛苦求索。電子商務如何走出迷茫、走出低谷，是擺在全世界面前的一個挑戰。

 ## 虛擬發展，「改變遊戲規則」

在這種撲朔迷離、曲折前行的曲線發展的背景下，人們謹慎從事是可以理解的。但成功的例子也比比皆是。且不說亞馬遜網路書店是怎樣一步一步站穩腳跟的，也不說雅虎網路公司走過的路而風光一時、繼而慘澹經營的艱難歷程。就說說一個地地道道的世界傳統工業經濟的成功代表，那就是GE（奇異）──大名鼎鼎的通用電器公司。執掌GE牛耳20年的傑克‧威爾許2001年退了下來，不久就出版了他的自傳[9]，在商務書壇轟動一時。我先睹為快，先讀了英文版，回上海時看到了中文譯本，就對照起來又把書翻了一

遍。本書對我啓發最深的是第四部分從第19至22章的4章，其中的內容很值得中國大陸、台灣和香港的大中小企業領導、主管經濟的政府官員以至各種組織的成員參考。威爾許的自傳別的章節可以不讀，但這第四部分很值得一讀。

「改變遊戲規則」是《傑克‧威爾許自傳》一書第四部分的標題。這部分共有4章，說明了經濟全球化對GE的衝擊，GE如何把服務業看作公司持續增長的一個轉機，品質管理對一個傳統工業企業的極端重要性，以及GE是怎樣嘗到電子商務的甜頭的。我在第22章「電子商務」的字裡行間獲得了最大的閱讀快感。我驚奇地發現，這位我爲了做自己關於「高速管理」的研究而追逐了十幾年的世界級企業家，這個爲GE企業帝國連續20年創造了巨大財富的奇才，在人類快要踏入21世紀的時候，竟然連英文打字都不會打，連電子郵件都不會發，連網路都未上過！威爾許是到1999年4月才開始學寫電子郵件、學著上網路、學著在網上看新聞的。這真是奇了！但他對網路的激情幾乎是一夜之間迸發出來的，而且一發不可收拾。他意識到，「改變遊戲規則」已是必然。同時，他把網路看得異常簡單：在網上買賣商品，「正如人類100年前在馬車上交易一樣」，「唯一不同的是技術」。他說的很對，唯一不同的是技術——關係技術！當威爾許意識到爲GE建立商務網站「並非像獲得諾貝爾獎那樣困難時」，他開始真正地鑽進去了，開始「大張旗鼓地」進入網際網路領域，並迅速訂立新的「遊戲規則」。

這20年來，GE年年贏利。與GE打過交道的人都知道，GE對所

有供應商要求之嚴、壓價之「殘酷」，要超過任何一家公司。GE的高效率也早在全世界的企業界傳為佳話，似乎很難與其匹比。人們認為要GE再提高效率幾乎不可能了，有人問威爾許，在GE「這顆檸檬還有沒有可以榨出來的汁」？威爾許寫道：「網路給了我們一顆全新的檸檬。」GE利用網際網路在「採購、製造和銷售」三個方面榨出了新的汁水。GE作為一家企業帝國，其集團採購數額巨大，每年要採購的商品和服務高達五百億美元。網上採購每年為GE節省開支5%到10%，折合成美元數額就是二十五億到五十億美元。GE透過網路讓製造「數位化」，就2000年一年的收益就是一億五千萬美元。威爾許在寫他的自傳的時候還在2001年，他估計2001年的製造業的節支金額將到十億美元。在銷售方面，威爾許說，有了網際網路，GE可以進一步提高它的服務，能更快地兌現承諾。2000年，GE在網上的銷售額達到七十億美元，那時估計2001年可達一百四十億到一百五十億美元。這些「億」數加在一起，就成了威爾許的「全新的檸檬」榨出的「汁」，說明了一個傳統型企業，一旦把握住了新的遊戲規則，是可以再創奇蹟的。

　　值得一提的是，「改變遊戲規則」說到底是人的改變，這需要新、老兩代人的結合和相互幫助，而且主要來自新一代的年輕人的幫助，威爾許深知其道。他深知，老一輩如果不學習、不跟上，就會很快被淘汰出局，因為，如他自己所說，要麼「成千上萬的年輕人在等著」將他們「除名」，要麼讓這些「又大又肥、麻木不仁的傢伙，坐在那裡等死」。威爾許自己請了兩名網際網路「顧問」，同

時要求GE公司的五十名最高職位的領導人請來年輕的網際網路顧問,「最好是三十歲以內的。」到了2000年初,威爾許將網際網路培訓計畫擴大到GE公司內的三千名高層經理。他在書中寫道:「這是將公司弄個『底朝天』的好辦法。我們那些聰明而精力旺盛的年輕經理們來與公司的高級經理層見面。是的,他們在教授領導們因特網[10]的知識。但是,透過許多次因特網課程期間輕鬆的交談,經理們也同時在發現新的人才,對於在公司裡眞正發生的事情有了更好的瞭解。」[11]威爾許用自己心中燃燒起來的對網際網路的一團火,燒著了GE的高層、中層經理和成千上萬的基層管理人員,同時也感染了GE王國的幾乎所有「臣民」。我爲威爾許的下面這段話深深感動:「1999年6月,我發出了公司內部的第一封電子郵件(我知道我遲到了)。在四十八小時內,我在我們單獨建立的一個網站上收到了將近六千封回覆。世界各地的每一個公司的員工,包括工廠的工人和高層管理人員,透過他們回覆的電子郵件,告訴我他們的想法、印象、反應、抱怨、擔憂和興奮。每個人都『入局』了。」[12]一旦每個人「入局」,「新的遊戲規則」也就變成了經理和員工們的共同規則。

我們能從GE的這個案例中引出哪些關於虛擬發展的有益啓發呢?威爾許1999年時已六十四歲,功成名就即將退休,再學什麼打字、學電子郵件,學那些「虛擬」的新鮮玩意,這不是等於「八十歲學吹打」?是的,是這種「八十歲學吹打」的精神讓人欽佩。在虛擬發展方面,威爾許眞是來了個「大器晚成」或者說「大器老

成」。人們在政界、商界、學界經常聽到的一句自謙的話就是「老了，不行了」，意思是「學習」是年輕人的事了。假如一個人知道自己快要退休的話，那麼誰還想去做吃力不討好的事呢？有這種思維的人不僅在中國大陸有，在台灣、港澳也有，在美國也遍地都是。所以，威爾許的精神值得倡導發揚。再者，對組織、企業來說，關鍵不僅在首腦（第一把手），而且在各級管理層、各級幹部或經理，他們不動，就算喊啞了嗓子也無濟於事。特別是在中國大陸，整個「虛擬發展」的氣氛仍然比較淡薄，很需要各階層的經理、幹部全心全意地來推動。他們或許不必都去請年輕的網際網路顧問，但可以辦一些基礎的培訓。第三點，推動「虛擬發展」，一定不能來「虛」的。如果只是為了撐門面，那麼產生的副作用比不做還壞。威爾許要GE建網站的目的非常明確，那就是為了「錢」──要麼省錢，要麼賺錢。他的自傳裡說到GE的電器業務部門曾開發了一個名叫「攪拌湯勺」的娛樂性網站，「網站做得很好：有食譜、討論欄、優惠券下載、購物忠告」，問題是：他們根本不賣電器。他把話說得很徹底：「如果你不能將網站──無論是直接的商品還是間接的更優質服務──變成錢，那麼當初就不應當建立。」 當然，開發、建立新網站不會都是為了「錢」，組織的目的可以多種多樣，要牢牢把握的就是如何運用網際網路的種種優勢實現自己的目的。達不到既定目的就應算為失敗。第四點，或許是最重要的，那就是如何克服對以關係技術為基礎的「虛擬發展」的恐懼感。縈繞在人們胸中的一個疑團是，為什麼作為一個聞名全球的

企業帝國的總裁，一個化學博士（他不是一個中學逃學者！），又身處新經濟發源地的美國，威爾許竟然能居高位近20年，而連發個電子郵件都不會發、連上網查新聞都不會查！這怎麼可能呢？威爾許在他的書中沒有透露。可以假定的原因很多，可能是因為他太忙，也可能是因為有太好的助手和秘書代勞……等。或許另有一個因素難以否定，那就是對網際網路的一種恐懼感。有些人是學文科出身（威爾許是學化學的），對數理有天生的恐懼，對電腦、對網際網路也曾「嚇」得不敢動。以後可能出於工作需要，非學不可，只好硬著頭皮學，其實很快也就學會了。當人們一旦嘗到自己的「虛擬發展」的甜頭，就會奮然向上，成為威爾許第二也是不無可能！

 ## 虛擬發展：戴爾模式

　　眾所周知，戴爾電腦公司有著難以學到的網上銷售的本領。美國的好多公司要學戴爾，但學不像。中國大陸的許多公司也想學，但學不好。戴爾的虛擬發展的模式怎麼會那麼成功呢？GE是屬於傳統工業經濟的，而戴爾是地地道道的新經濟陣營裡的一員大將。戴爾模式的成功經驗到底是什麼呢？簡單的說就是：戴爾把網際網路和電子商務的「快速、準確、高效」發揮極至，可謂用得淋漓盡致。戴爾模式的成功主要表現在三個方面。

　　第一方面是網路銷售。戴爾設計的網上互動系統能讓顧客在網上訂貨，特別是能讓顧客在訂貨之後可以追蹤自己訂的貨在每個生產和配送階段的詳細情況。戴爾的網上訂貨，與傳統意義上的訂貨很不一樣。顧客在戴爾的網上商店訂貨，可以提出自己對電腦的特殊要求，換句話說，顧客可以按自己的意思來自行「設計」電腦讓戴爾來生產。戴爾在其網上商店提供三萬多種電腦零件的規格，任憑顧客按自己的需要來選擇。為了瞭解顧客的不同需求和他們的背景，戴爾系統記錄監視著網上的所有互動過程，在資料庫裡逐漸形成和儲存了每個顧客的特徵描述：如對自己電腦的設計思路、對電腦的功能要求、購買習慣……等。這一張張「顧客特徵圖」就成了戴爾如何改善為每個不同顧客服務的依據。以後，技術上一旦有新的突破，產品上一旦有新的零件要推出，服務上一旦有新的專案要介紹，戴爾都可以透過電子郵件或網上「公告欄」，與顧客進行溝通。隨著顧客的回饋資訊的增加，這一張張「顧客特徵圖」也在不斷地修正。顧客的回饋經過綜合和分析，就會變成極其有用的情報，它可以告訴戴爾顧客需要的變化趨勢，戴爾轉而便通報給它的供應商，與他們商討如何為適應顧客需要的變化而作出評價和反應。戴爾的網上商店還專門設有「聊天室」，讓顧客與顧客，顧客與戴爾的管理或電腦維護人員，橫向交流互動。戴爾的另一絕招是在網上就各種最新電腦技術的發展，給顧客上課，並讓顧客有互動回饋的機會，這種網上的電腦課每週一次。就這樣，戴爾與顧客建立了不同尋常的「虛擬」關係，為公司的電腦銷售的穩定上升、為

顧客的忠誠度產生了積極的作用。

第二方面是戴爾的顧客服務。顧客服務與網上銷售密切配合，互為依託。與網上銷售一樣，顧客服務也是互動的。首先是免費的800電話，每天24小時，面對全世界，接線員是多語言的。然後是網上的互動系統。戴爾公司即時蒐集和研究與顧客的互動回饋資訊，以獲得電腦的各種組件、系統、零件運行的詳細資料，儲存於資料庫，同時編寫出它們的各種性能表現。這些資料對問題預測、擬訂解決問題的各種可行方法，以至對透過顧客回饋資訊掌握生產線上的品質管理問題，都能產生良好作用。

第三方面是戴爾的價值鏈管理。從零組件供應商一直到產品用戶的每一個負責部門和組織運行過程，構成了一個組織或企業的價值鏈。在每個環節，部門也好，個人也好，不是給價值鏈增添價值，就是給它減少價值，一個產品或服務的最終價值是每個部門和個人的價值之加加減減的總和。俗話說，牽一髮而動全身，價值鏈說的也是這個意思。戴爾用最先進的電腦、通訊技術，用網際網路，把整個價值鏈中的有關部門和人員一一連接起來，讓他們及時互動，而公司則密切關注著價值鏈上發生的一切。一旦發現情況，便記於「報告卡」上，及時轉到某供應商，或某經理，或某工人，或某流通環節，以便及時將問題糾正過來。戴爾還定期或不定期地舉辦網上互動培訓班，交流情況和經驗，以保持價值鏈的最佳運行狀態。除了網路教學，戴爾還利用網上「聊天室」讓價值鏈上的各個環節交流互動，改善團隊合作。

# 「網」事多多，「網」而生畏

　　上面舉的兩個例子都是來自美國的。翻閱了中國大陸出版的企業管理和行銷的案例書，寫企業在「虛擬發展」方面成功或失敗的案例的很少。但有一本復旦大學2000年出版的書——《對話與夢想：上海交大點擊中國十大網站》，書中談到許多關於中國大陸的「虛擬發展」的來龍去脈。從書的出版到今天，已經整整兩年了。2001年是全世界網路公司的剋星，中國大陸的眾多網路公司——特別是那些只是撐門面的——都無可奈何地落幕了。倖存下來的也度日艱難，那些從來沒進過城總想見見城裡風光的，也就不敢冒然提腳進城。真是「網」事多多，「網」而生畏！

　　在過去十年中接觸到過中國大陸從省政府一直到鄉鎮企業的許多領導和管理人員，經常向他們問起在「虛擬發展」方面的情況，大家都覺得步履維艱、難成氣候。年歲大些的對《對話與夢想》裡報導的情況一般知之甚少。網路公司從2000年4月以來的全球性滑落，對中國大陸本來未成氣候的電子商務和整個虛擬發展可以說是雪上加霜。那時，談網路，談電子商務，會被視作腦子有了病。上海有間公司在兩年前想一試逆水行舟的滋味，來了個「英雄」之舉：做了一件人人那時已經都說「不」的事情——成立一家以招商引資為經營範圍的網路公司。這不是瘋了？但他們有新的策略，策

略是「上天與落地」相結合。「上天」者，上網也。「落地」者，
就是組織人員在地面接應，透過人與人之間的直接接觸，把網上的
交易落實到戶。這似乎正是本書的主題：虛擬發展和人本再造的相
結合。既然網站的宗旨是幫助中小型企業招商引資，那麼似乎總有
人會感興趣。網站很快就建立了，接著就是就是去跑市場，去說服
各行各業在這新建立的網站上設立網頁，用虛擬的方法將資訊向全
世界發布──該網路公司還特地與美國的一家國際投資諮詢公司聯
合。收費的原則是「跑量」，因此也算公道。消息很快從各個管道
發布出去。銷售隊伍同時全面出擊，企圖來個大獲全勝。一週過去
了，沒有動靜。一個月過去了，仍然沒有動靜。回饋漸漸送到網路
公司總經理的辦公桌上：「網頁有何用？花五百、一千的還不如請
你吃頓飯來得實在。」三個月過去了，有些雷聲，卻無雨點。半年
過去了，客戶未過十數。作為「英雄」壯舉而成立的網路公司只能
進入冬眠。當然，這已成往事。

中國大陸的「網事」真是不少。2002年1月18日，中國互聯網
路資訊中心（CNNIC）公布了由網路用戶評選出的「1999年度中國
（大陸）網際網路十佳網站」。入選的十佳網站依次是：

第一，新浪網（www.sina.com.cn）；第二，網易（www.163.
com）；第三，搜狐（www.sohu.com）；第四，163電子郵局（
www.163.net）；第五，首都在線（www.263.net）；第六，中華
網（www.china.com）；第七，21CN（www.21cn.com）；第八，
東方網景（www.east.net.cn）；第九，上海熱線（www.online.

sh.cn）；第十，CPCW網站（www.cpcw.com）。

《對話與夢想》為其中幾個網站的「網事記」做了充滿激情和浪漫的標題：「新浪網：全球最大華人網站橫空出世」；「網易：輕鬆上網，易如反掌」；「搜狐：生活從此精彩」；「首都在線：先進中國人的網上家園」；「世紀龍：引領時尚潮流」；「上海熱線：主頁瀏覽人次將突破1億」。這些曾經帶領風騷的中國網路公司都像它們的創始人一樣年輕，如「新浪網」是1998年12月四通利方併購海外華人網站公司「華淵資訊」而成立的，成為當時全球最大的華人網站。搜狐成立於1996年8月，網易1997年5月，首都在線1997年12月，上海熱線1996年9月，世紀龍特別年輕，於1999年2月出世。這些橫空出世的新聞、文摘、搜尋、電子商務合為一體的綜合性網站，版面設計都堪稱一流，內容也精彩紛呈。但仔細查閱這十大網站，比較一下，又覺得很難說出各自的特點。這或許不重要──只要它們有各自的忠誠用戶就好。但是要問的一個問題是威爾許的那個叫人又喜愛又討厭的「錢」字：這些網站賺錢了嗎？

倘若不賺錢，那麼就是燒錢。這就是當今的中國「網」而生畏之處。

毫無疑問，這十大網站所代表的中國的網路公司，都是行業龍頭，是行業的旗幟，是代表中國大陸的「虛擬發展」的未來趨勢。它們的成功經驗或失敗教訓是千千萬萬個組織和企業的仿效榜樣或前車之鑒。對中國大陸來說，更重要的是各行各業的組織和所有的

大中型企業，它們代表的才是真正的經濟命脈所在，海峽兩岸的未來禍福所依。如何幫助它們走上「虛擬發展」之路，如何像GE前總裁威爾許所說的：利用電子商務，讓企業省錢、賺錢，省更多的錢，賺更多的錢，這才是要認真思考的事。電子商務，電子只是技術和手段，商務只是要在網上買賣產品或服務，賺錢才是電子商務的最終目的。

#  虛擬發展空間廣大

　　過去的五年來，「網」事多多，現在則是「網」而生畏。在虛擬發展方面，中國大陸與經濟開發國家相比，差距到底有多大？根據聯合國統計，在全世界的人口中，收入最高的20%占了網際網路用戶數的93%，而收入最低的20%只占了0.2%，其鴻溝懸殊之大，令人吃驚。然而中國大陸的網際網路用戶在2000年全球總數中僅僅占了2.67%，這說明，第一，中國（大陸）仍然是數位「窮國」；第二，中國大陸的虛擬發展空間廣大。對於組織、企業來說，一方面對內，一方面對外，然後是把內外連接起來。

　　就對內而言，以企業為例，著力解決組織、企業管理的電子化、網路化和數位化，可以從以下幾個方面考慮：

　　　‧生產本身向電子、數位方向發展。

‧用網際網路搜索關於生產過程、製造的最新技術、最新發展趨勢。

‧用網際網路在全球範圍搜索原材料、零組件或半成品及其性能、品質、價格比較；逐步擴大、增加網上採購種類和數量。

‧R&D迅速走向電子化、網路化和數位化。

‧企業管理應從辦公自動化下手，逐步向電子化、網路化和數位化過渡。

‧在企業價值鏈的管理上，應充分利用先進的資訊和通訊技術，利用網際網路進行多向互動，以便及時回饋、迅速決策，達到最佳協調。

就對外而言，企業走向電子化、網路化和數位化的最大空間就是電子商務。讓我們再回到《對話與夢想》一書。書中摘錄了中國聯想電腦公司總裁楊元慶在2000年7月7日行業大會上的發言，顯示他對電子商務的透徹理解。他認為，一般地說，電子商務有兩種，一種叫B2B，一種是B2C。B2B，便是企業對企業，B2C，即企業對終端客戶。

B2B，「是企業透過內部資訊系統平台和外部網站將面向上游的供應商的採購業務和下游代理商的銷售業務都有機地聯繫在一起，從而降低彼此之間的交易成本，提高滿意度。」[13]這其實僅僅是B2B的一種，主要是在原有的企業自身與供應商和銷售商之間，

把傳統的交易和結算方法改為網上交易和網上結算。上文提到GE的電子商務，其中的網上採購多數應屬於此類B2B。另一類B2B是一種網路公司，專於某一行業，為行業中的商家進行買賣搭建平台，自己本身沒有廠房，沒有倉庫。當一方供應商與另一方的採購商在他們的平台上完成交易之後，貨物將直接從供應商一方發往採購商一方，專業的B2B網路公司只收取交易費或其他的增值服務費。

B2C，「是透過電子化、資訊化的手段，尤其是網際網路技術把本企業或其他企業提供的產品和服務不經任何渠道，直接傳遞給消費者的新型商務模式。」[14] 上文提到的亞馬遜網路書店就是一種B2C，另外，大家比較熟悉的有網上購買機票、網上購買電腦（如上文介紹的戴爾公司的電子商務）、網上買房屋或人壽保險……等，都用B2C的交易方式。

是不是用三、五千人民幣建一個電子商務網站就可以從事B2B或B2C了呢？不是的。「沒有一定的管理基礎，包括確定的組織結構、工作流程、工作規範的企業不是電子商務企業；有管理但沒有資訊化的企業（也）不是電子商務企業。只有網站而沒有管理和資訊化的所謂電子商務，是高速公路連著了小胡同，沒有不塞車的。」[15] 企業要做電子商務，就必須要具備一個「企業資源計畫系統」，即所謂ERP[16]。楊元慶對ERP有個很簡單扼要的解釋，他說，「這個資源計畫系統是企業開展業務的基礎平台，用戶的訂單在經過公司商務部門的過濾之後進入這個系統，成為系統最主要的

輸入，系統另外的輸入是當前庫存的實際情況（包括材料、成品、產品的數量和地域分布），輸入在固定的時間運行一次（聯想是每二小時），每次運行得到的輸出結果是：一份用戶訂單的確認情況表、一份採購計畫、一份生產計畫、一份配送計畫。其中用戶訂單確認結果將直接回饋到每一個定單用戶，告訴他能不能供貨、供貨的確切時間、供貨地點、運輸方式等資訊，這些資訊是系統根據企業制定的明確的供貨優先次序模型和一定的邊界條件計算出來的。」[17]所以，「真正電子商務的實質是企業經營各個環節的資訊化過程，並且不是簡單地將過去的工作流程和規範資訊化，而是依新的手段和條件面對舊有的流程進行變革的過程。」[18]

中國大陸幅員廣大，企業多，發展又不平衡，絕大部分企業尚未涉足電子商務。我想應該分兩步走，先應該建立一個獨立的網站，把「虛擬門面」撐起來。「門面」在中國大陸的市場環境中，不無重要。就說交換名片吧，你說你的公司的規模為行業之首，但名片上連個公司的網址都沒有，那麼人家會怎麼想呢？事實上，網站在過去的幾年中已經建立了許許多多，而且大多確是為了撐「門面」，而真正的用途沒能表現出來。假如就是為了撐門面，那真埋沒了網站的真正用途了。我在美國前前後後共接待過幾十個中國大陸派出的招商引資的代表團，在交換名片時發現幾乎每個代表團成員的名片上都列了自己組織或公司的網址，但在交談中又得知，幾乎沒有一例在自家的網站上上載為自己的招商引資專案製作的資料。中國大陸1979年初開放以來，特別是整個90年代以來，已向國

外派出了不計其數的招商引資的代表團，為什麼都是收效甚微呢？除了所有人們已經討論過的原因外，就是沒有充分利用網際網路和自己公司建立的網站。有一個值得學習借鑑的作法是，那些將要出訪的公司，在出訪前兩個月事先將招商引資的專案上載到自己的網站上，並預先通知潛在的合作或投資方，徵求對專案的回饋意見，然後根據回饋資訊，及時作出必要修整或調整。一到出國，筆記型電腦來到潛在的合作或投資方會議室，可以當場上網，在自己的網站上點擊專案，呈現經過對回饋資訊消化吸收以後的最新專案報告，那或許會是另外一番景象。但這種情況絕無僅有。僅僅建立一個網站，還不能說是在做電子商務了。在進入電子商務階段之前，應該先建一個板式、內容俱佳的網站，是現代企業的一門必修課。

現在在美國的大學教書、做研究，就「虛擬發展」這點而言，對教授的工作和生活發生影響最深的，可能並不是獲得了一個無限廣、無限深的網路資訊世界，不是獲得了價值連城的電子圖書館，而是電子郵件（E-mail）。沒有電子郵件的收、發、轉、存，教授們已經無法工作。有人說，美國哪天斷了石油的供應全國就要癱瘓，美國人離開了汽車，那麼全「死」了。現在看來更可怕的是哪天網際網路停止運行，那時候全世界都要癱瘓了。從1972年電子郵件發明以來，到2002年已經整整30年了。在最初的20年間，除了一些關於電子郵件的新奇報導以外（諸如英國伊麗莎白女王1976年發出了她的第一封電子郵件這樣的消息），幾乎無多大動靜。真正的發展巔峰始於90年代中期。1995年，全世界共發出過一千億封電子

郵件，到2000年時全世界的電子郵件升至二萬六千億封。估計到了2005年，全世界的電子郵件的總量將達到九萬二千億封。這都是些驚人的數字。海峽兩岸的大大小小的組織、公司幾乎都已經加入了E-mail大軍。中國大陸終將會成為E-mail「超級大國」。許多公司、企業漸漸地意識到電子郵件的無可估量的經濟效益。但是，一種習慣的養成、一個社會對一種新媒介的經濟價值的認識，依然要經過一段很長的時間。美國中康州州立大學在2001年和2002年接待過兩批從中國大陸派出的短期訪問學者。他們學習了MBA的課程，也學習了組織、公司「虛擬發展」的重要性。這些學員來美國前差不多都已學會收發電子郵件，在中康州州立大學學習期間更是天天上網。現在兩批學員都已按時學成回國。我在2002年9月和10月做了兩個小試驗。9月時，我給2001年回國的學員按他們原來留下的E-mail位址同一天發了一封電子郵件，結果回函率是7%。回函率如此低的原因可以包括電子信箱改了，或者出差在外，或者終端機故障未能收到，或者沒有養成回覆電子郵件的習慣⋯⋯等。10月份，我發了一封電子郵件給2002年回國的學員，結果回函率有30%，顯然是提高了。總體來說，兩個實驗結果讓我吃驚，因為這兩批學員來美國大學的目的就是為了接受「虛擬發展」的教育的。受過「虛擬發展」薰陶的人尚且不能充分利用電子郵件這一嶄新的電子媒介，那麼更何況是組織的一般人士了。傳統習慣確實比較頑固，改變這一狀況需有長期的準備。但誰都會同意，中國大陸（以及台灣和香港）的虛擬發展的空間將是無比巨大的。

　　微軟公司創始人比爾‧蓋茲2002年11月18日在美國拉斯維加斯會議中心召開的「2002年資訊技術秋季展覽會」上作了精彩演講，預計今後10年個人便攜數位設備的開發將給世界資訊和通訊市場、爲組織的虛擬發展作出新的貢獻。2000年以來美國經濟的衰退，特別是技術股票的一跌再跌，已經使得資訊技術圈內、圈外人士對未來的虛擬發展變得相當悲觀。蓋茲的演講讓人們再次充滿信心。蓋茲說，在今後的10年中，智慧化的個人便攜數位設備不論是裝在口袋裡的還是戴在手腕上的，都將給人類的生活帶來振奮人心的深刻變革。蓋茲說，在不遠的將來，人們將不會再過於依賴桌上型電腦，而將會大量使用個人便攜數位設備，透過無線技術與網際網路連接，發揮原來必須用電腦才能發揮的功能，從而使人們從桌上型電腦的限制中解放出來。蓋茲對未來組織、個人虛擬發展的熱情和浪漫，讓人們對一位深刻地影響了人類生存方式的巨人再次敬禮。未來的虛擬發展將向無線技術、移動通訊、大容量儲存技術開發發展，其發展空間之廣、發展速度之快將一次又一次地把人們的預見甩在後面。

## 本章提要

· 組織的虛擬發展也就是它的生產、服務及組織管理過程的電子
化、網路化和數位化。

· 虛擬發展是一場偉大的技術革命和觀念革命。任何革命都不可能
是一條永遠向上的直線，虛擬發展也不例外。

· 電子商務如何走出迷茫、走出低谷，是擺在全世界面前的一個挑
戰。

· 改變遊戲規則說到底是人的改變，這需要新、老兩代人的結合和
相互幫助，而且幫助主要來自新一代的年輕人。

· 美國戴爾公司把網際網路和電子商務的「快速、準確、高效」用
到了家。戴爾模式的成功主要表現在三個方面：網上銷售、顧客
服務和價值鏈管理。

· 各行各業的組織和所有的大中小企業代表的才是中國大陸、台灣
和香港的經濟命脈所在、中國人的未來禍福所依。

· 中國大陸仍然是數位「窮國」；中國大陸（以及台灣和香港）的
虛擬發展空間廣大。

· 企業走向電子化、網路化和數位化的最大空間就是電子商務。一
般地說，電子商務有兩種，一種叫B2B，一種是B2C。

· B2B是企業透過內部資訊系統平台和外部網站，將面向上游的供
應商的採購業務和下游代理商的銷售業務都有機地聯繫在一起，
從而降低彼此之間的交易成本，提高滿意度。

- B2C是透過電子化、資訊化的手段，尤其是網際網路技術把本企業或其他企業提供的產品和服務不經任何渠道，直接傳遞給消費者的新型商務模式。
- 今後10年個人便攜數位設備的開發將給世界資訊和通訊市場、為組織的虛擬發展作出新的貢獻。
- 未來的虛擬發展將向無線技術、移動通訊、大容量儲存技術開發發展，其發展空間之廣、發展速度之快將一次又一次地把人們的預見甩在後面。

# 注釋

[1] 英文句子應該是：“If he had come yesterday, I would have talked to him about it.”

[2] 我的印象是，美國的大學生英語語法不「通」的遍地都是，用「虛擬語氣」一般不太規範。主要原因是美國的中等教育未能讓學生打好堅實的語法基礎。

[3] 這種眼鏡叫goggles，它不是騎摩托車戴的那種護目鏡，而是專門用來感覺「虛擬實境」的眼鏡。

[4] 「幾乎」這詞用對了！英文Virtual Reality 中的 “Virtual” 一詞就是「幾乎」的意思。換句話說，「虛擬實境」就是「幾乎是現實的現實」。

[5] 虛擬關係，英文就叫Virtual Relationships，也就是「幾乎是關係的關係」，就像 Virtual Reality指「幾乎是實境的實境」。

[6] 參閱中信出版社2002年出版的由鄒永忠、章彰編著的《安然之死》第62-69頁。相信讀者在讀了這幾頁後，會同意環球電訊之落難與「細細的玻璃纖維」無關。

[7] 達爾文的《物種起源》是1859年出版的。

[8] 關於這一節運用的資料，請參閱2002年5月13日的美國《商業周刊》。

[9] 英文原著的書名是：*Jack: Straight from the Gut*，可以譯為《傑克：直接從心中吐出的話》。

[10] 中信出版社出版的《傑克·威爾許自傳》（以下簡稱《自傳》）都將Internet譯為「因特網」。本書全部譯作「網際網路」。

[11] 見《自傳》第316頁。另外，之前所引關於GE的資料大多出自《自傳》的第22章。

[12] 見《自傳》第318頁。

[13] 見復旦大學出版社2000年出版的《對話與夢想》第364頁。

[14] 見上書第362頁。

[15] 見《對話與夢想》第366頁。

[16] ERP 即 Enterprise Resources Planning 的縮寫。

[17] 見《對話與夢想》第366-367頁。

[18] 見上書第367頁。

# 3

## 組織的人本再造

　　當全世界的組織都在關係技術的推動下逐步走向網路、走向虛擬的時候，人們也逐步地把注意力放在組織的結構調整、系統設計、戰略發展、技術投資和經濟全球化的總體構想上了，而逐步地忘了組織、公司的人本再造問題，亦即人的問題。為什麼要提人本再造，而不提人們所熟悉的人本回歸？原因有二，一是用「人本回歸」很容易造成「人性回歸」的感覺，這種感覺會讓人聯想到歐洲的文藝復興時期，這與我想要說的話就大相逕庭了。二是「人本再造」已經不是簡單地強調人對組織、公司發展的重要性，而是要討論在當今世界的組織、公司已經並且正在表現出來的諸多問題的大背景下，「人」或者「組織的人」，如何「再造」自己，其中包括制度再造和人的自身再造。

 ## 當今世界的組織和公司

　　用這樣的言辭、泛泛的小標題來展開本章的討論，給自己出了一個難題。範疇定得太廣，很難抓住要領。就先說點「故事」吧。我對組織、對公司發生興趣是在80年代中期。那時剛從美國紐約州立大學奧本尼分校尚未學成而回了上海復旦大學新聞學院，帶回的是國內正缺的傳播學，想以學到的一些新鮮概念一試學界的反應，希冀結合中國大陸當時的情況，把這個學科引進並「改造」好，能為學界和實際工作部門所用。但由於自己對「國情」吃得不透，竟

然把西方的或者說美國的傳播學理論和概念生吞活剝地用到了一些敏感領域，如新聞出版領域，一開始就「觸」著了「新聞自由」這一敏感話題的「礁」。於是趕緊收兵，掉轉頭來鑽進了「組織傳播」這一比較中性的研究領域。與此同時，中國大陸方興未艾的經濟體制改革帶來的經濟市場化趨勢，正呼喚著一門新興研究和應用學科──公共關係學──的誕生。組織傳播學和公共關係學，是一對孿生兄弟，前者主內，後者主外，美國大學的傳播系大凡都是這樣劃分的。我則來了個「中和」，講組織傳播時也講對外的公共關係，講公共關係時也講組織內部的傳播。但80年代中期更需要的是公共關係學，因為計畫經濟在向市場經濟過渡的過程中，組織、公司必須面對市場，面對社會，必須疏通好與各個公眾群體的關係，如與顧客的關係，與媒介的關係，與政府的關係……等。所以，我就在公共關係的領地上「插隊落戶」，成了一個耕作頗為勤奮的「農夫」。[1]我開始大談組織、大談公司。當時有人問：「組織怎麼啦？公司怎麼啦？」回答是：「改革、開放，面對社會，面對市場，做好溝通，做好服務。」「溝通」和「服務」現在是老生常談，但在那時候還是非常新潮的，確實產生了開拓組織領導者、公司經理們思路的作用。也確實的，80年代推行的大多是「美國製造」的公共關係學理論和作業系統。美國的組織和公司的管理及傳播、公關模式一一成了我們的仿效榜樣。所以自然地，說到組織、公司，就會聯想到美國。

　　15年過去了，在寫這第3章的時候，美國的組織、公司連續揭

露了幾個大醜聞。中國人、美國人那時都在問：美國的「組織」怎麼啦？美國的「公司」怎麼啦？ 其實美國人自己都知道：美國的組織犯事了，美國的公司也犯事了！人們突然發現： 一個正面的模範15年後成了反面的教材。正好一年之前[2]，美國紐約世界貿易中心雙子星大樓被恐怖分子劫持的飛機作為飛彈所炸，造成了震驚世界的「911恐怖事件」，人們又問， 美國的CIA[3]怎麼啦？FBI[4]怎麼啦？事發數月後，美國移民局仍然把其中已死的恐怖分子作為移民申請者來處理，INS[5]又怎麼啦？90年代末期，美國經濟出現了從30年代以來的最大泡沫化，到2000年4月先在股票市場上出現網路股的縮水和大幅度下滑，一直到2002年安然公司（Enron）事發，美國老牌會計事務所安達信被告上法庭，面臨的幾乎是不可思議的厄運。之後，全世界最大的通訊公司之一美國環球通訊公司被發現做假帳，也遭破產「頭彩」。然後是美國大名鼎鼎的花旗銀行集團被發現有營私舞弊的嚴重情況。在此前後，美國副總統切尼也被立案調查以前經營公司時可能的違法事實。正當美國的職員、工人大批失業的時候，又有媒介揭露公司的首席執行長們非法攫取巨大財富，為飽其私囊而無所不用其極。一時間，美國的政府組織、美國企業界發生了前所未聞的信譽危機，道瓊、那斯達克股票指數一跌再跌。美國的政府組織真犯事了？美國的公司真犯事了？是的，真犯事了。

那麼中國大陸、台灣和香港的組織怎麼樣？中國大陸、台灣和香港的公司怎麼樣？

也是犯事多多。五花八門。

寫這一章不是來揭犯事的，而是想提出一個問題：世界到了新千年，到了一個嶄新的世紀，有沒有新的章法可以幫助組織——不管是美國的組織還是中國大陸、台灣或香港的組織或者任何其他地方的組織，可以幫助公司——不管是美國的公司還是任何其他地方的公司？組織、公司的對內、對外管理和關係管理，根本之根本到底是什麼？為回答這一問題，讓我們來簡單回顧一下將近一百年來組織、公司的對內、對外管理和關係管理的章法，及其演化過程。

 ## 組織管理理念的歷史演化：簡單回顧

在過去的十年，在美國講授「組織轉播」和「傳播與高速管理」這兩門課時，幾乎總要回顧歷來組織對內、對外管理的理念及其演化過程。政治、經濟、文化組織，贏利性的或非贏利性組織，與一般的社會群體有著不一樣的特性。組織，包括公司和政府，具有如下五大特性：

第一，每個組織都有它的功能。比如煤礦是生產煤的，鋼鐵公司是生產鋼鐵的，貿易公司是做貿易的，工商管理局是管理工商企業的，軍隊是打仗的，政黨是代表民眾或某個利益集團的政治主張和利益的，學校是教學生、做研究的……等。為了實現組織的不同功能，它們必須建立自己的一整套長期和短期的目標，制訂實現目

標而必須遵循的政策、規則、紀律、各種工作程序。

第二，每個組織都有它的結構。縱向的有階梯、有層次，假如是一家工廠的話，那麼就有廠長，廠長之下有負責生產的副廠長、負責行政的副廠長，每個副廠長之下又有他（她）的部門，如工廠主任。每個工廠主任之下，有生產組長等。橫向的機構可以有各個平行的職能部門，如廠長辦公室、人事部或勞資科、財務科、後勤部門……等。

第三，每個組織都由人組成。組織可以小到只有兩個人，也可有很多人，如我曾訪問過的上海金山石化公司，員工就有好幾萬，是個「石化城」。有了人，就有了人與人的關係，有了關係管理。有些人組合在一起，可以成為行為協調一致的團隊，有些人湊合在一起，可能會導致無窮無盡的「關係問題」。

第四，每個組織都有它的年齡或「壽命」。美國的通用電器公司（GE）、通用汽車公司（GM）和SEARS百貨公司曾被稱為「三大恐龍」，因為這三家公司都有百年歷史。老了，就要改革，但如何改呢，這三家公司一度曾經是美國企業界的三大話題。中國大陸的海爾、澳柯瑪公司，原來都是無名小卒，經過這十幾年的運作，都成了名揚四海的國家級企業。海爾總裁張瑞敏成了中國大陸企業界的驕子，比較低調的澳柯瑪總裁魯群生，也可謂年輕有為、頗多風采。

第五，每個組織都有它的生存、發展環境或空間。中國大陸、台灣和香港今日的組織和公司與50年代、60年代、70年代時候相

比，就不可同日而語了，因爲它們所處的環境完完全全地變了。中國2001年底成爲WTO的成員之後，給大陸的企業帶來的機遇和挑戰，更足以表現環境對組織或公司的生存和發展的巨大影響。[6]

代表西方組織管理理念的重要人物有德國的韋伯[7]、法國的費爾[8]和美國的泰勒[9]。我們知道，韋伯是西方19世紀末20世紀初以來的最有影響的社會學家之一，他一生曾發表大量關於社會組織的文章和著述。他的關於「官僚體制」（bureaucracy）[10]的理論主要是圍繞權力（power）、權威（authority）和合法性（legitimacy）這三個概念展開的。韋伯認爲，權力的運用對維繫所有的社會或組織關係都具有極端重要性。權力是推行組織秩序的先決條件。但只有當權力具備了合法性，組織成員的服從和對秩序的尊重才能變得有效和完整。權威就是權力加合法性。韋伯的所謂「官僚體制」是建立在一整套原則基礎之上的，首先是組織的各種規章制度。韋伯認爲，規章制度有助於問題的解決、組織程序的標準化，同時也能促進組織內部的平等。第二是組織部門和成員的合理分工，每個職位都要有明確規定的職責和相應的許可權，他認爲，這樣的組織才能運行自如。第三是等級分明，要有明確的「報告關係」，誰向誰報告，誰對誰負責，須清清楚楚。第四，管理者須量才錄用，不必靠選舉來選拔管理者，更不能用「兒子」頂替「老子」的世襲繼承方法。第五，官僚體制中的成員不應是組織的擁有者或部分擁有者。第六，管理者應享受充分的分配組織資源的權力，外界的干擾應予以排除。第七，所有的官僚體制都應有嚴密保管的書面檔案資料，

以保證各種決定、政策、規章、程序有案可查，這對組織的有序運行具有重要意義。反顧今天的組織，韋伯的這七條原則似乎仍然在運用。這些原則及論述歷來是被西方的組織行為學者視為組織管理的「經典」章法。但韋伯的這些所謂「經典」章法的提出畢竟已經有一個世紀，他強調的是組織的功能和結構、權力和權威、規章和原則、秩序和程序，這對他當時所處的相對穩定的環境可以說是「對症下藥」的。

如果韋伯關心的主要是原則和原理，那麼費爾和泰勒的努力是在「經典」原則和原理的運用和操作上。中國大陸在80年代曾有多種關於泰勒的所謂「科學管理」的書籍出現，談泰勒主義一時成為時髦。這對剛剛從計畫經濟體制的鬆動中呼吸到些許市場經濟空氣的企業，不失為一帖有趣的新鮮藥方。當然，在韋伯、費爾和泰勒的家鄉歐洲和美國，韋伯的官僚體制理論、費爾的一般管理和泰勒的科學管理，已成學術古董，儘管在組織和公司的實際操作中仍不乏韋伯、費爾和泰勒的身影。

「經典」管理理念的核心是一切為了實現組織的目標，其他都是第二位元的。作為對「經典」管理章法的反動，從50、60年代開始「人際關係論」和「人力資源論」成了西方另一股與「經典」學說並駕齊驅的組織管理思潮。所謂「人際關係論」與本書說的關係管理是兩回事，前者講的主要是對組織成員的尊重，強調三點。一是管理人員的基本任務是要使每一位下屬感到他（她）自己的「重要」，二是管理人員應與下屬分享資訊並傾聽他們的包括反對意見

在內的各種意見，三是管理人員應賦予下屬一定的自主權和對日常工作的自控權。「人力資源論」要比「人際關係論」前進一步，它不以組織成員感到「重要」、「愉快」爲滿足，而是儘量去挖掘他們的「潛力」和「能力」。「人力資源論」也強調三點，第一，管理人員的基本職責是去挖掘尙未挖掘出來的人力資源；第二，他應該努力創造一個良好的環境，以鼓勵組織成員最大限度地去發揮自己的能力；第三，他應該激勵他們對組織重要事務的參與並進一步擴大他們的自主和自控權。

從80年代開始，特別在汽車、電子領域內，美國和西歐工業開發國家日益感到日本的威脅。不知不覺地，「日本製造」成了「品質」、「價值」的代名詞。那時候，日本汽車的製造成本普遍地要比美國的三大汽車公司低，性能又好，價格又低，造型又新潮，GM、福特和克萊斯勒公司眼睜睜地看著豐田、本田和日產的牌子毫不留情地刮分了它們多年不變的市場占有率。美國人感到震驚，以爲自己的組織管理章法已經很難解釋日本企業的高效、日本組織成員的敬業，美國的學界和實業界都覺得，地處東亞的日本一定有其獨特的「法寶」。這個「法寶」據說被找到了，它就是日本獨特的「企業文化」。於是乎，「企業文化」迅速成了美國管理學界的熱門話題，關於這一話題的專著、專論、專題研究如雨後春筍般湧現出來[11]。中國大陸、台灣和香港的管理學界也積極跟上，參與了這曲「企業文化」的大合唱。後來有人提出，企業文化都處於某一個國家或地區的大文化中，相互之間的互動是不可避免的。因此，

他們假定日本企業的高效和組織成員的敬業與日本文化不無關係。從理論上說，這一假設完全能站得住腳。然而，過去十年日本經濟的衰退、蕭條又使學界重新檢討曾被作為「萬金油」使用的「文化論」。漸漸地，對企業文化的研究，也像一條拋物線，從起始到發展到高潮，再從高潮開始降溫，然後慢慢地下落，最後又開始尋找新的綠洲。

到80年代中期，一個新的研究綠洲已在地平線上顯現。從90年代初開始，隨著新經濟現象的出現和市場的混亂不堪和動盪不定，庫什曼和一些國家的學者，抓住時機，一反「經典」、「人際關係」、「人力資源」諸種管理理念，提出了「高速管理」的新說，我作為庫什曼在紐約州立大學奧本尼分校的弟子和摯友，也被拉進了陣營[12]。高速管理，籠統地說，就是在混亂無序、變幻莫測的現代市場環境中，以資訊傳播為工具，實現企業的再次整合、協調和控制，以最低的成本創造市場所需的最好產品和服務，從而獲得企業的持續競爭優勢。高速管理是資訊和通訊革命為主導的高技術革命、經濟全球化和市場競爭的空前激烈和難以預測等世界性趨勢匯合的一種結果。高速管理最關心的是企業的持續競爭，企業只是忠誠於自己的利潤，別的一切都可以放棄和犧牲。儘管我在庫什曼的「陣營」中，我卻始終「身在曹營心在漢」，以為高速管理在價值層面和關係管理層面上，一出世就得了「小兒麻痺症」，可謂先天不足。假如一個企業只是忠誠於利潤而其他的一切都可以犧牲，再加上企業的CEO和其他高層管理人員的貪婪，那麼企業就很容易滑向

安然、美國環球電訊公司的行列中去。2002年暴露出的美國公司做假帳、營私舞弊、CEO的不法行為，是使我與高速管理陣營進一步拉開距離、開闢「關係管理」新領域的一個重要因素。

上面列舉的從「經典」管理理念到「高速管理」新說，只是代表了美國和西歐工業開發國家一百年來的管理理念發展過程的幾個橫段，無論在橫向還是縱向遠遠不能涵蓋全部。2002年，中華工商聯出版社出版了鄭金剛主編的《世界四大經商模式》，列舉了猶太人、中國人、美國人和日本人的經商章法，特別是中國人的，竟然有整整一百條！讀來很有趣，儘管所列章法大多難以把握模式的要旨。書的「前言」對這四種「經營模式」有很好的概括。在說美國人時，有這樣一段話：「兩次世界大戰造就了美國經濟，尤其是第二次世界大戰後的美國，成為了無可非議的世界經濟商業中心。在世界商場的每一個角落，如今都活躍著美國商人的身影，鐵路、汽車、飲食速食，一直到今天的資訊商業，美國商人用自己的雙手編織了一個又一個商界神話。」「美國商人的成功既來自於傳統的商業背景（新教理論），更來自於近現代的商業心理與美國人的創新意識。富有挑戰精神、創新意識、競爭意識的美國現代商人既是現代商戰規則的制定者，更是它的最大的得益者。無可非議，美國人的商業文化、商業精神、經營管理理念是現代商業理論的重要組成部分。」[13]在寫猶太人時說道：「在世界商業史上，猶太人擁有其他民族難以相比的眾多第一：它是第一個建立起全國銷售網路的民族，第一個創造傳銷理念的民族，擁有世界上第一部完備的商

律。」「猶太民族商業英才輩出，遍布全球，百折不撓的進取精神與精明的商業頭腦，使猶太人在人類的商業史上長久地占據著領先的地位，成爲了當之無愧的『世界第一商人』。」[14]當然在現代寫世界的經商模式是不能忘了日本人的：「第二次世界大戰後的日本，滿目瘡痍，百業俱廢，日本一度徘徊在赤貧的邊沿。但是令人驚歎的是，在不到五十的時間裡，日本成爲了世界商界老大美國人最強大的競爭對手，最有力的挑戰者。日本人的成功既有得益於自己獨有的文化的一面，也有得益於借鑒現代西方先進管理理念的一面，是傳統與現代、東方與西方完美結合的典範。」[15]

中國大陸自80年代初改革開放以來，在組織、企業管理方面，在很多方面借鑒了西方工業開發國家（特別是美國的管理理論和經驗），但中國近現代人的經商理念、章法、地方模式、種種酸甜苦辣的經歷，也值得好好琢磨。比如，中國近代的徽商、晉商及其他地方商幫，中國現代的商業巨子王永慶、李嘉誠、霍英東、包玉剛等的創業史，都是一部部代表中國的精彩商業典籍。

從一百年之前的韋伯開始，一直到2001年威爾許自傳的出版，已在世界範圍內問世的關於組織、企業管理的著述林林種種，無計其數。百年輝煌的企業、舉世讚歎的商界奇人，也是層出不窮，一代勝過一代。從資本主義，到社會主義，再到「具有中國特色的社會主義的市場經濟」現象的出現，從美國經濟的霸主地位的建立，到日本的崛起，到包括台灣在內的亞洲四小龍的橫空出世，到蘇維埃共產主義聯盟的解體，再到華人經濟作爲「第四種經濟力量」[16]

的主力在世界經濟舞台上的雄偉登場，這一百年來，有多少組織、企業的成功管理經驗可以學習和借鑒，有多少失敗的錯誤乃至犯罪的教訓應該牢記和吸取，然而，爲什麼時至一百年之後的今天，美國的公司企業出現了如安然公司、安達信會計事務所、環球在線的敗局、敗類和徹底的失敗？問題縱然有千千萬萬，歸結起來就兩個：一是制度問題，一是人的問題。制度是人制定的，所以極而言之，制度的問題最終還是人的問題。這也正是本章提出組織的人本「再造」的理由所在。什麼是人本再造呢？爲什麼要人本再造呢？

 ## 人本再造的內涵和理由

簡單扼要地說，人本再造首先是制度再造。

在柏林圍牆被德國人自己推倒以後，在蘇維埃共產主義聯盟解體以後，在中國大陸向原有的社會主義計畫經濟體制進行開刀以後，中國人、外國人似乎都以爲社會主義已經無路可走。當美國成了唯一的軍事、經濟超級大國，當美國的飛機和汽車、美國的IBM和微軟、美國的MTV和好萊塢電影、美國的麥當勞和肯德基，還有綠色的美鈔，在全世界滿天飛的時候，人們充滿了對資本主義的敬仰，以爲資本主義是人類能有的最完美的社會制度。無疑地，社會主義有許多缺陷和內在的難以克服的弊端，但資本主義固有的對財富的貪婪和對人性的異化，從未因爲社會主義的「落難」使自己

變得更美麗一點。當然，現存的社會制度（包括社會主義和資本主義）和組織制度並不完美，而且永遠不能完美，問題是作為制定制度的人應該如何面對現實，勇敢地對制度進行自我審視、自我批評、自我否定、自我再造。太平洋的兩邊似乎都要這麼做，或者早已這麼做了。如何對社會制度實行再造，不是本書所關心的。本書要宣揚的是組織、企業制度的再造。我只是「宣揚」，而不是、也不可能去詳細描述各種組織、企業制度再造的圖畫。從中國大陸改革開放以來取得的舉世公認的成就和已經或正在暴露出來的問題（如各種組織及其管理人員的弄虛作假、營私舞弊、巧取豪奪、貪贓枉法等等）來看，中國大陸、台灣和香港的各種組織、公司企業正面臨著再造的緊迫任務。資本主義也不乾淨，美國那頭一樣凶一樣黑一樣髒，原本自稱全球領先企業的上市公司「安然」，一直是「德高望重」的「安達信」，還有電信界大老「環球通訊」，都能肆無忌憚地做假帳，那麼美國哪家公司沒有做假帳的嫌疑？不是常聽人說，美國人最老實，美國公司最講誠信、最按法規行事，因為美國是個法制國家，美國有包括公司法在內的各種規範商業行為的法規？既然是，為什麼會做假帳呢？其實，美國的組織，在美國這個法律法規相對比較完備的國家，仍然有許許多多的漏洞可鑽，這是因為美國的公司、企業的制度同樣跟不上美國和世界經濟、商業、市場環境的快速發展和變化，舊的制度還沒來得及修訂，新的情況又發生了。此外，組織不僅要與外加或自立的制度打交道，而且還要與人周旋，或者更確切地說，還必須受到人的左右或控制。無論

哪個國家、地區、文化的人，當一有人介入，事情自然就變得複雜了。

因此，很自然地，組織的人本再造，不僅是制度再造，而且是「組織的人」的再造。韋伯一百年之前就知道，組織要完成自己的既定任務，要有條不紊地進行生產，要在各個部門之間有所協調，那麼就要有控制、有秩序、有規則，凡事要有「章」可循。誰循規蹈矩、完成任務，誰就可能有獎。誰犯紀律、誤時誤工，誰就有可能受到懲罰。這就是韋伯代表的「經典」管理模式的精髓。假如韋伯、費爾和泰勒在20世紀早期尚能代表西方的先進管理思想，那麼到了上世紀中期就有感捉襟見肘了。因此，在美國就冒出了諸如「人際關係」、「人力資源」為核心的管理理念。「人際關係」、「人力資源」論者說，「經典」管理理論只注重組織目標的實現，把人看作「機器」或機器上的一個「零件」，對人的個性、人的個人需要、人的主觀能動性粗暴地忽略了。這種強調人的個性的組織理論與美國的「個體主義」文化一拍即合，很快成為組織管理界的一種主流理念。但市場競爭的你死我活，組織對秩序和控制的本能內在需要，「人際關係」或「人力資源」的管理模式，在實踐上，從未走得太遠。美國的組織、企業的管理一直是在「經典」管理模式與「人際關係」、「人力資源」模式之間左右擺動。組織的人的問題事實上從來沒有解決好——無論是對組織的一般成員來說，還是對高層管理來說。

綜上所述，組織的人本再造包括制度再造和人的再造兩個方

面，無論從道德層面上講還是從實際需要角度上講，都是放在當今社會所有組織面前的一個不能不去面對的課題。本書的主題是組織的關係管理，但關係管理不能不把人放在第一位來考慮，因為關係主要是人的關係，關係管理則主要是人的關係管理。如果組織「人」的問題沒有解決好，那麼關係管理就無從談起了。

多年來一直在思考組織的人本再造問題，感到無論是「經典」管理章法，或是「人際關係」或「人力資源」理念，還是企業文化的眼光，還是高速管理的視野，個個似乎氣數已盡，已經不堪擔負人本再造這一劃世紀命題的挑戰。在理論層面上提出一些新的概念或理論假設也不是不可能，但那頂多只是聰明靈巧的概念遊戲，用途有限。我想尋找一個或一組有說服力的案例，特別是嚴肅的、以實證資料為依據的研究案例。中國人的，美國人的，無論哪個國家或地區的都無所謂，因為組織的人本再造是一個跨國界、跨制度、跨主義、跨文化的普通命題。整個2002年暑假，即在6月、7月、8月三個月，我穿梭於太平洋的兩側，在茫茫書海中不斷來回搜索。快要到9月開學時，我在絕望之餘，終於「柳暗花明又一村」！我「鎖定」了柯林斯研究。柯林斯研究沒有直接給出組織人本再造的所有鑰匙，但它至少指出了實行組織人本再造的一個標準、一種思路、一條簡單但又艱巨的路。柯林斯研究是我至今讀到的最可信的案例之一。

##  柯林斯研究：組織人本再造的可信案例

柯林斯[17]2001年出版了他的力作《從優秀到卓越》[18]，這是柯林斯和他的二十名研究助手花了整整花了5年研究心血的成果。柯林斯的第一本力作是《創建以期持久》，曾連續暢銷5年，總共銷售一百萬冊。他的研究興趣一直環繞公司、企業如何創建自身的持久卓越。他的第一本書講的是企業如何能從一開始就向創建持久的優秀而努力。當第一本書獲得巨大成功後，他開始提出一個新的研究課題：一個已經優秀的企業怎樣才能從「優秀」跳向「卓越」，他要知道爲何有些優秀的企業能跳入「卓越」的行列，而大部分則不能，他更要知道，在公司管理中，有沒有「放之四海而皆準」的、帶根本性的、亦即「人本」的「物理」[19]——「物」（應包括人）之「理」。柯林斯說他有這一新的研究興趣，只是因爲對這些問題充滿了「好奇」。

好奇使他決心從1996年開始實施這一龐大的研究計畫。首先是人，即研究人員。他組建了連他在一起共二十一人的研究小組。研究的第一個任務是要找出「從優秀到卓越」的公司來，首先用的標準是，公司從「跳躍」的轉捩點開始，它在股票市場上的股值必須連續15年至少是平均股市增長幅度的3倍。這15年的時間幅度非常重要，因爲股值連漲15年，就很少可能是偶然因素造成。股值增長

之所以要是股市平均增長幅度的3倍，是因為從1985年至2000年的15年間，股值增長在股市平均增長幅度2.5倍的公司有：3M、波音公司、可口可樂公司、通用電器公司（GE）、英特爾這樣一些赫赫有名的大公司。哪家公司能超過上述公司的業績應該在「卓越」之列了。研究小組查閱了從1965年開始排列於「幸福雜誌500強」的所有公司，結果發現了僅僅十一家公司[20]能上柯林斯的「從優秀到卓越」的苛刻名單。使全體研究人員吃驚的是，這十一家公司大多是些名不見經傳的公司。

找到了這十一家「從優秀到卓越」的公司後，研究小組面臨的又一個難題是：把它們跟哪些公司來相比呢？柯林斯感興趣的不是找出這十一家公司的共同點，而是找出它們與「比較公司」的不同處。「比較公司」選了兩類，一類是「直接比較公司」，即同行業的、在當時具有相同機會和資源但未能實現從優秀向卓越跳躍的公司（也是十一家，每個行業一家[21]）。另一類是「未能持久的公司」，即有過一段從優秀向卓越跳躍的歷史但未能堅持下去的公司，共選了六家[22]。因此，十一家「從優秀到卓越」的公司，十一家「直接比較公司」，再加上六家「未能持久的公司」，一共二十八家公司。

接下來的任務就是對研究資料的蒐集和分析。研究小組蒐集了所有發表的關於二十八家公司的六千篇各種各樣的文章和資料，然後逐個予以分類。他們採訪了十一家「從優秀到卓越」的公司的大部分首席執行長，共整理出二千頁採訪紀錄。有了資料，就可以開

始對資料進行分析。分析時就免不了在研究人員之間要進行對話。這種對話可以是平心靜氣的討論，也可以是提高嗓門的爭辯。柯林斯的這一研究，事先沒有理論假設，因爲他不想證明什麼，也不想否定什麼。他只是想發現。放在他和他的研究助手們面前的是一個「黑盒子」，他們不知道裡面究竟是什麼。好奇使全體研究人員對這個「黑盒子」充滿了神奇的感覺。

黑盒子終於打開。他們對在黑盒子裡發現的和沒有發現的內容同樣地感到震驚。下面是讀了柯林斯的著作之後立即引起我注意的幾個例子：

第一，十一家「從優秀到卓越」的公司的領導人除一例外都選自公司內部。從外面聘用大名鼎鼎的人來管理公司，往往出現不了奇蹟。十一家「直接比較公司」不少是從外聘用領導人的。

第二，很多人以爲，公司業績的好壞與公司領導人的報酬有直接關係。研究發現，兩者之間沒有直接關係。

第三，就公司的長期戰略、計畫而言，「從優秀到卓越」的公司與「直接比較公司」沒有區別。換言之，戰略的謀劃和制訂，不是一個公司從優秀向卓越跳躍的決定因素。

第四，對「從優秀到卓越」的公司來說，重要的不是「做什麼」，而是「不做什麼」。

第五，技術能夠「加速」公司從優秀向卓越的轉化，但不能「引起」轉化。

第六，公司合併或兼併並不能引來公司從優秀向卓越的轉化。

兩個平庸的公司相加永遠不會等於卓越。

第七，十一家「從優秀到卓越」的公司都是在一些不起眼的行業內，沒有一家是坐「火箭」跳向卓越的。卓越不是環境使然，而是一種自覺的選擇。

柯林斯把他的發現分成三組，每組有兩大發現，所以一共有六個發現。這六個發現是柯林斯研究的重要成果。對這六個發現的分析和學習，我想應該可以成為實現自己公司人本再造的一個有益的參考。這是我要花較多篇幅來寫柯林斯研究的初衷所在。三組的標題是：「自律的人」、「自律的思想」和「自律的行動」[23]。「自律的人」之下的兩個發現是：「謙遜低調、毅力非凡的領導」和「先定人，後定事」。「自律的思想」之下的兩個發現是：「正視殘酷的現實」和「三個圓的簡單相加」。「自律的行動」之下的兩個發現是：「建立自律的文化」和「運用技術加速轉化」。下面請讀者來讀一讀對這六條發現的概括和解釋。

## 一、自律的人

### (一) 謙遜低調、毅力非凡的領導

柯林斯對十一家「從優秀到卓越」的公司的領導有如下的概括和評語：

　　·十一家公司中每一家都有一個「5級領導」[24]。

- 這種5級領導一方面謙虛低調，一方面毅力非凡。他們都雄心勃勃，但都是為了公司，而不是為自己。
- 5級領導都為下一代的領導（即他們的繼承者）取得更大的成功而作好準備。
- 5級領導都表現出一種特有的謙虛謹慎、不好張揚的品格（形成鮮明對照的是，十一家「直接比較公司」的領導有三分之二狂妄自大，這是導致他們的公司死亡或停步不前的主要原因）。
- 5級領導個個都是蓬勃向上，不惜一切努力為公司追求持久業績。他們追求的是卓越，而不滿足於好的現狀。為爭得卓越，再大再困難的決策他們也敢作。
- 5級領導個個積極勤勉、日夜操勞。他們是耕地的牛，不擅作秀。
- 5級領導都把業績歸功於他們之外的其他因素，一旦出了問題則主動承擔責任（「直接比較公司」的領導正好相反：成績歸功於自己，錯誤歸咎於別人）。
- 美國企業界近年來最有破壞性的一個趨勢是，公司的董事會常去選擇背景響亮、名聲雀躍的人來做公司的舵手，而對那些不起眼的，但具有5級領導潛力的人則不惜一顧。
- 柯林斯認為，具有5級領導潛力的人就在我們身邊，只要我們知道要的是什麼。
- 十一家「從優秀到卓越」的公司有十家是從公司內部選擇自

己的首席執行長的,而「直接比較公司」的CEO多數選自外
界。

· 5級領導把他們的成功都說成是「運氣」,從不談自己個人如
何了不得。

· 柯林斯和他的研究小組在他們的研究過程中,並未去尋找什
麼5級領導,或類似那樣的領導。5級領導的發現是研究的結
果。這是一個實證資料導致的發現,而不是一種先驗思想導
向的發現。[25]

我想,「謙虛低調、毅力非凡的領導」聽起來,並不是什麼了
不得的發現。但如柯林斯上面所說,「這是一個實證資料導致的發
現」,所以變得不同凡響、極其珍貴了。這些年來,我來回奔忙於
大洋兩岸,親身接觸了中、美兩國各級政府的許多官員和公司、企
業的不少高層管理人員,其中有些是多次接觸或同事多年。我的感
受是,謙虛低調、毅力非凡,談何容易!我在實際生活中,看到更
多的是像柯林斯研究中的「直接比較公司」裡的那些領導。但我深
信柯林斯概括的「5級領導」是組織、企業應該尋找的。組織的人
本再造能否實現,首先要看組織有沒有一個「5級領導」。

(二) 先定人,後定事

聽來簡單輕鬆,但這似乎與古今中外許多成功的公司的作法並
不一樣。經常的作法是,先定事,後定人。柯林斯發現的可貴正在
於它的不同尋常,在於是一種以沒有先驗定勢影響下而獲得的過硬

資料爲基礎的發現。讓我們先來讀一讀柯林斯的解釋和評語：

- ‧「從優秀到卓越」的公司的CEO在領導公司開始「跳躍」轉折之前，先是把「對的人」請上車，把「錯的人」請下車，然後大家一起來討論車子往哪裡開。

- ‧問題的關鍵並不主要是如何把「對的人」請到團隊中來，而是「定人」的問題必須在前解決，「定事」的問題在後解決。所謂「定事」，大凡是公司的發展前景問題、發展戰略問題、組織結構問題、具體操作問題……等。這些問題在決定用誰的問題還沒有解決之前，不必過多操心。對公司的CEO來說，先定人，再定事，是一條必須長期遵守的紀律。

- ‧「直接比較公司」遵循的是「一個天才加一千名凡人」的模式。天才定方向，追隨的助手專事執行。但天才一旦離開公司，天就可能塌下。

- ‧5級領導在用人方面，儘管嚴格，但十分惜才。他們並不依賴解僱和機構緊縮的方法來提高公司的績效。但「直接比較公司」常用的作法則是解僱。

- ‧在用人方面，「從優秀到卓越」的公司有三條自律作法：第一，寧缺勿濫：對被應聘的對象倘有疑惑，絕不草草僱傭（公司的發展速度必須建立在人力資源充足的基礎之上）；第二，當機立斷：當你已經意識到有關人員必須調整時，就應該立即調整（首先當然要掌握住不用錯人的第一關）；第

三，用人得當：最強的人應用於最重要的工作崗位上。

· 「從優秀到卓越」的公司的管理人員，為了找到解決問題的最好方法，必須暢所欲言，不看上面臉色行事。一旦決議形成，即使有違一己私利，也堅決執行。

· 研究發現，公司給予管理人員的報酬與他們的行為表現之間並沒有直接的聯繫。報酬並不能達到讓「錯的人」改變行為的目的；報酬主要應該用於找到和保留賢才能人。

· 「人是你的最寶貴的財富」這句話沒有說完全。光說「人」，是沒有說到點子上；應該說「人才」是最寶貴的財富。

· 所謂「人才」，首先指的是人的品格和與生俱來的那種素質，其次才是知識、背景或技能。[26]

我想，柯林斯的這九條發現，用最直接的語言為本章的「人本再造」的主題作了注解。我再添加筆墨就是畫蛇添足了。

## 二、自律的思想

### （一）正視殘酷的現實

這不是我們中國人說了多少年的「實事求是」的原則嗎？對一個組織或企業的領導來說，最可怕的是，說的是「實事求是」，而做的卻是弄虛作假，自欺欺人。開公司，與做人一樣，最難的其實

就是「正視殘酷的現實」了。我們來看柯林斯是怎樣解釋和評論這
一發現的：

- 所有「從優秀到卓越」的公司，他們做的第一件事就是面對
「殘酷的現實」，是什麼情況就是什麼情況。
- 當你開始用誠實的態度看待你所面臨的真實情況時，作出正
確的決定就在情理之中了。好的決定必須建立在現實的基礎
之上。
- 要讓自己的公司從「優秀」跳向「卓越」的行列，要完成的
一個重要任務，就是要建立一種「人人說真話」的企業文
化。
- 要讓人說真話，必須做好四件事：第一，要用「問題」來領
導，而不是用「答案」來領導；第二，要提倡對話和辯論，
而不是用脅迫叫人就範；第三，要提倡對問題開膛解剖，而
不是相互責難；第四，有了問題，就及時「插紅旗」，以引
起警覺。
- 「從優秀到卓越」的公司，跟「直接比較公司」一樣，也會
遇到逆境。不同的是，前者一遇到逆境，就迎頭而上，他們
這樣做的結果就是變得越來越堅強。
- 首先要有必勝的信心，與此同時要有勇氣面對最殘酷的現
實。
- 領導有較強的個性是好事也是壞事，領導個性太強，會讓人
嚇得不敢講話。

・好的領導不是先去描繪公司發展的前景，而是先能讓人面對
　殘酷的現實，然後去改變現實。

・花時間和精力去「激勵」人是一種浪費。真正的問題並不是
　「怎樣去激勵我們的員工」；當你用對了人，他們自己會激
　勵自己。關鍵是不要讓他們「洩氣」。世上最讓人洩氣的事
　是叫人不要面對殘酷的現實。[27]

柯林斯說得太好了！

（二）三個圓的簡單相加

　　說到「簡單」不由得會讓人激動起來。比如寫文章就要寫得
「簡單」，主題要「窄」要「小」，才能把問題寫得深寫得透，才能
出好文章。再比如做演講也總要強調「簡單」的重要：一個主題，
一個觀點，而不是兩個，更不是三個，越多越壞，越複雜越無力。
好的演講一定要簡單，一定不能複雜。明代風格的家具和瓷器因為
簡潔明快灑脫，所以是最美的。偉大的理論都是簡單的，如愛因斯
坦的相對論、佛洛伊德的「潛意識」理論、老子的關於「水」最有
力的道理，都是最偉大的理論，然而又是最簡單的。管理組織、企
業也一樣，也要簡單，公司越大越要簡單。威爾許曾經執掌的
GE，號稱「企業帝國」，比誰都大，所以威爾許特別崇尚「簡單」
的管理章法，正因為他管得「簡單」，所以一個企業帝國能管得那
樣順手。組織的人本再造的必由之路是從「複雜」回歸「簡單」。

毫不誇張地說，「從優秀到卓越」的公司一個共用的管理理念也僅僅是兩個字：「簡單」。讓我們來看柯林斯是怎樣解釋和評論「三個圓的簡單相加」：

- 一個公司要從優秀跳向卓越，必須從三個圓的相加中引出發展自己企業的簡單理念。這三個圓是：第一，什麼是公司的「世界第一」；第二，什麼是公司的經濟引擎的驅動力；第三，公司對什麼懷有激情。

- 公司從優秀跳向卓越的關鍵，不僅要理解自己組織的「世界第一」是什麼，而且要知道什麼不可能成為自己的「世界第一」。這不是「要不要」的問題，因為「世界第一」是「要」不來的。「簡單」的理念並不是一種「目標」，不是一種「策略」，也不是一種「願望」，而是一種「理解」，對自己的理解。

- 假如公司的核心產業不能成為「世界第一」，那麼核心產業不能成為公司「簡單」發展理念的基礎。

- 「世界第一」的要求比一個公司的所謂「核心能力」嚴格得多。公司可能具有某種核心能力，但不等於公司能成為「世界第一」。

- 要理解自己公司的「經濟引擎」的驅動力，就必須找到公司獲取利潤的最重要的因素。

- 「從優秀到卓越」的公司是根據對自身的理解來制訂目標和發展戰略的，而「直接比較公司」往往是一種虛張聲勢。

· 尋找公司發展的「簡單」理念是一個不斷反覆的過程，成立
  一個小組經常進行研討可能不失為一個好辦法。

## 三、自律的行動

### （一）建立自律的文化

2002年9月11日，美國總統向美國和全世界發表911一週年紀念
演講[28]。布希的背後右邊是自由女神像，左邊是美國國旗。這樣的
安排是為了表示一種象徵涵義：「911恐怖事件是對美國所代表的
『自由』的仇恨襲擊；美國為了捍衛『自由』的理想，必須與恐怖
主義針鋒相對鬥爭到底」。布希在演講中特別說明了要向全世界
「推展自由的祝福」[29]。一年來，美國人似乎沒有對911作過真正的
歷史反思，沒有在歷史、政治、經濟以至情感層面上來反思它的包
括中東政策在內的整個對外政策。美國人由於長年受「自由」思維
的心理定勢的影響，更沒有想一想：天天掛在嘴上的「自由」是否
讓美國人都犯了「自由綜合症」的病？不少美國人確實犯了「自由
綜合症」的病，這種病的第一症狀就是對「責任」的本能排斥。
「自由綜合症」病者都以為，「自由」是自己的，「責任」是別人
的。所以有人問，美國的東部有個「自由女神像」，應該不應該在
美國的西部豎立一尊「責任女神像」？

中國人對「自由」與「責任」的辯證關係，應該說研究得比誰

都要透徹，因為中國的近、現代文化為批判封建禮教從五四以來就提倡「自由、解放」，50年代之後中國大陸的基調是以講紀律、以講責任為重，文革幾年有過無法無天的、砸爛舊世界的「徹底自由」，改革開放以來的二十多年，好多人對責任的觀念漸漸地淡化了，要自由的呼聲大大地提高了。在豎像方面，中國人不必學美國人，因為中國人在兩千年之前就懂得如何豎像了。中國人既不必豎「自由女神像」，也不必豎「責任女神像」，但中國人，應該跟美國人和所有其他國家的人一樣，不僅在理論上能善談「自由與責任」的辯證關係，而且在行為上要知道如何按這一辯證關係來「自律」：責任要自律，自由也要自律。就人的行為而言，只有自律才能做到自由與責任的平衡並舉。因此，美國人柯林斯向企業和各類組織提出了要「建立自律的文化」。確實，美國的組織需要自律，中國大陸、台灣和香港的組織也需要自律。中國文化不是「自律」的文化嗎？中國人不是講了兩千年的克己復禮嗎？是的。但中國人的自律是為了「修身齊家」（「齊家」是核心，「修身」、「平天下」最終都是為了「齊家」），中國人克己或律己而要「復」的「禮」，也是「齊家」的「禮」。中國歷來「齊家」第一，也正因為「齊家第一」，所以在為他人、為集體、為組織、為社會方面就不得已而降其為「次」了。中國大陸、台灣和香港的組織和公司要建立自律的文化，要走的路我想應該是把那種為「小家」的行為自律轉化成為「大家」的行為自律。最好、最有效的組織管理，就是做到組織成員人人行為自律。沒有天天「管」和夜夜「理」的管理，是比哈

佛管理叢書講的那種管理強上十倍的管理。

現在我們來看柯林斯是怎樣來歸納「從優秀到卓越」的公司「自律文化」的建立：

- 公司的持續的績效是奠基在公司是否建立了自律的文化，員工是否都是「自律」[30]的人。

- 假如公司的人即無能又不講紀律，那麼就會滋長「官僚主義文化」。所以，首先要解決人的問題，如果一開始就用對了人，把不該上車的人請下車，你就不必擔心「官僚主義文化」的滋長。

- 自律文化有兩層涵義，一方面它要求公司員工能自覺堅持照章辦事，另一方面它在公司制度架構內既規定責任約束又給予足夠的自由度。

- 建立自律的文化，不僅僅指自律的行為，主要地是要用「自律的人」，即那種既有「自律的思想」又有「自律的行為」的人。

- 乍一看，「從優秀到卓越」的公司都顯得平淡無奇，但深入探究一下，你就會發現公司裡都是些嚴格自律、極端勤奮的人。

- 自律的文化與「專制文化」完全是兩回事，自律文化能導致顯著的績效，專制文化只會造成人心渙散。

- 在企業語境裡談「自律」，談為了公司績效的「自律」，就必

須強調對「簡單」理念的自覺堅持，自覺杜絕與上文提到的「三個圓的簡單相加」無關的所謂機會。[31]

精彩，精彩。

## （二）運用技術加速轉化

電子、數位、網路技術對現代組織、企業的運作和管理的重要，在上一章也有闡述，這裡講的技術當然包括電子、數位、網路技術在內的所有技術。但是有了技術，不等於有了一切。沒有技術，可以引進，可以學習，可以跟上甚至追過競爭對手。柯林斯講了作為十一家「從優秀到卓越」的公司之一的連鎖藥店沃格林的故事。1999年7月28日，美國最早成立的網上藥店之一drugstore.com（讓我暫且把它叫作「網上藥店」）向公眾發售股票。那天一開市，網上藥店股票猛漲三倍，變成六十五美元一股。四個星期以後，網上藥店的市值高達三十五億美元。網上藥店成立剛剛九個月，員工不到五百人，能有如此業績，不能不讓藥界刮目相看。一時間，沃格林方便藥店受到了市場的巨大壓力：在短短幾個月內它的市值縮水一百五十億美元，每股股價下跌將近一半，更有甚者，網路藥店緊接著提出了要收購沃格林。在網際網路這一嶄新技術挑戰面前，沃格林的前途似乎撲溯迷離，頗有點人心惶惶。沃格林的管理高層內部進行了冷靜的反思、對話和辯論：如何在網際網路與方便藥店的「方便」理念之間建立一種聯繫？結論是，沃

格林堅信能在網際網路世界再創輝煌，與此同時也必須面對網際網路這一嶄新技術的挑戰的殘酷現實。下了決心後，沃格林開始行動。他們立即著手讓它的庫存和配送系統全線聯網，使所有的沃格林分店獲得庫存和配送資訊的「方便」。同時，顧客可以「方便地」在網上配藥方，然後直接去當地的沃格林方便藥店取藥。不久，沃格林成立了自己的最純粹的網路公司。網際網路技術使方便藥店變得更「方便」了。一年之內，沃格林的股值上漲了一倍。與此同時，那家網上藥店的原先泡沫式的輝煌業績早已煙消雲散。因此，柯林斯說，技術不能讓你從優秀跳向卓越，但它可以加速你的轉化。

柯林斯對技術作爲「跳越」加速器的發現有如下歸納：

- 「從優秀到卓越」的公司對技術和技術變革有獨特的思考。
- 它們避免去趕技術的時髦，也不去與別人一起起哄，而是對要用的技術精心選擇，一旦選定，就立即運用。
- 對任何技術要問一個關鍵問題：它是否符合公司關於企業「三圓相加」的簡單經營理念？如果是，那麼就立即用，如果不是，就不用。
- 「從優秀到卓越」的公司都把技術看作公司發展的加速器，而不是發生器。一旦它們發現有關技術與「三圓相加」的關聯，就立即認眞運用。
- 如果你把他們運用的同樣的先進技術，免費送給那些「直接

比較公司」，後者也不會把技術用好。

· 看一家公司如何對待技術變革，可以看出它有沒有追求卓越的內在動力。卓越的公司既處事謹慎又富有創造性，平庸的公司常常丈二和尚摸不著頭腦，只知道為趕不上潮流而擔憂。

花這麼多筆墨來寫組織的人本再造，只是為寫關係管理打一個比較堅實的基礎。上文已經強調，關係管理主要是針對人的關係管理。而要解決人的關係管理問題，則必須解決人的問題。而要解決人的問題，就必須解決人的自律。倘若人人能做到較好的自律，即自律的思想、自律的行動、自律的人，那麼再複雜的關係，再難的關係管理，也會不在話下。

## 本章提要

· 人本再造已經不是簡單地強調人對組織、公司發展的重要性，而是要討論在當今世界的組織、公司已經並且正在表現出來的諸多問題的大背景下，「人」或者「組織的人」，如何「再造」自己，其中包括制度再造和人的自身再造。

· 在韋伯、費爾和泰勒的家鄉歐洲和美國，韋伯的官僚體制理論、費爾的一般管理和泰勒的科學管理，已成學術古董，儘管在組織和公司的實際操作中仍不乏韋伯、費爾和泰勒的身影。

· 經典管理理念的核心是一切為了實現組織的目標，其他都是第二位元的。

· 作為對「經典」管理章法的反動，從50、60年代開始「人際關係論」和「人力資源論」成了西方另一股與「經典」學說並駕齊驅的組織管理思潮。

· 過去十年日本經濟的衰退、蕭條又使學界重新檢討曾被作為「萬金油」使用的「文化論」。

· 人本再造首先是制度再造。

· 社會主義有許多缺陷和內在難以克服的弊端，但資本主義固有的對財富的貪婪和對人性的異化，並未因為社會主義的「落難」使自己變得更美麗一點。無論哪種「主義」都不是完美無缺的。

· 組織的人本再造包括制度再造和人的再造兩個方面，無論從道德層面還是從實際需要角度上講，都是放在當今社會所有組織面前

的一個不能不去面對的任務。柯林斯研究發現企業從優秀跳向卓越的三大條件是自律的人、自律的思想和自律的行動。

‧自律的人常是那些謙遜、堅毅的領導和那些被「用對」的人。

‧自律的思想指的是如何正視殘酷的現實和如何堅持三個圓的簡單相加（「三個圓的簡單相加」指的是什麼是公司的世界第一、什麼是公司經濟引擎的驅動力和什麼是公司的激情所在）。

‧自律的行動指的是建立自律的文化和如何堅持運用技術加速轉化。

# 注釋

[1] 有些好心的人把我說成是中國大陸第一個撰寫「公共關係學」的學者,這是言過其實的。在上海人民出版社1987年出版我的《公共關係導論》之前,已經有公共關係學的著作和文章出現。

[2] 我在寫這行注釋時是美國東部時間2002年9月3日早晨4時50分,離2001年震驚世界的911恐怖事件差8天就整整一年了。

[3] CIA 是Central Information Agency,即美國「中央情報局」。

[4] FBI 是Federal Bureau of Investigation,即美國「聯邦調查局」。

[5] INS是Immigration and Naturalization Service,即美國「移民與歸化局」。

[6] 組織的五大特徵總是我這十幾年來講《組織傳播》和《高速管理》的開場白。讀者可以參閱Stephen W. Littlejohn, *Theories of Human Communication*,由Wadsworth Publishing Company出版。這常常是美國大學傳播學專業學生必讀或必須參考的一本書。

[7] Max Weber, *The Theory of Social and Economic Organizations,* trans. A. M. Henderson and Talcott Parsons (New York: Oxford University Press, 1947).

[8] Henri Fayol, *General and Industrial Management* (New York: Pitman, 1949) (Originally published in 1925).

[9] Frederick W. Taylor, *Principles of Scientific Management* (New York: Harper Brothers, 1947) (Originally published in 1912).

[10] Bureaucracy 翻譯為中文為「官僚主義」或「官僚體制」,在英文和中文都已變成一個貶義詞,但韋伯在用這一名詞時並不帶有貶義,而是一個中性詞。

[11] 有代表性的著作有:Terrence E. Deal & Allen A. Kennedy, *Corporate Cultures;* William Ouchi, *Theory Z: How American Business Can Meet the Japanese Challenge.* Deal 和 Kennedy 合著的那本曾被譯為《公司文化》,在中國大陸大量發行過。

[12] 我在90年代早期和中期在美國出版了一些關於高速管理的文章和專著，其中包括與庫什曼合著的、由紐約州立大學出版社1995年出版的《高速管理中的團隊協作》。

[13] 見鄭金剛主編、中華工商聯出版社2000年出版的《世界四大經商模式》「前言」。

[14] 同上。

[15] 同上。

[16] 美國紐約州立出版社1996年出版了我的英文專著 *Understanding China: Center Stage of the Fourth Power*，副題中用了「第四種力量」的概念，指的是除以美國為首的北美經濟、以德國為首的歐洲經濟和以日本為首的東亞經濟之外的「中國人的經濟」。

[17] 柯林斯的英文名是：Jim Collins，他曾執教於史丹佛大學商學院，後移居科羅拉多州從事管理研究和諮詢業。

[18] 書的英文全稱是 *Good to Great: Why Some Companies Make the Leap... and Others Don't.* 由 Harper Business 於2001年出版。

[19] 柯林斯果然是用了「物理」一詞，物理學的物理，英文是：Physics。

[20] 這十一家公司是：Abbott, Circuit City, Fannie Mae, Gillette, Kimberly-Clark, Kroger, Nucor, Philip Morris, Pitney Bowes, Walgreens, Wells Fargo。

[21] 十一家「直接比較公司」是：Upjohn, Silo, Great Western, Warner-Lambert, Scott Paper, A&P, Bethlehem Steel, R. J. Reynolds, Addressograph, Eckerd, Bank of America。

[22] 這六家「未能持久的公司」是：Burroughs, Chrysler, Harris, Hasbro, Rubbermaid, Teledyne。

[23] 英文原文是：Disciplined People, Disciplined Thought, Disciplined Action。

[24] 柯林斯把領導的能力分成1，2，3，4，5級，第5級為最高等級。

[25] 見英文版 Good to Great 第39-40頁。

[26] 同上第63-64頁。

[27]同上第88-89頁。

[28]在我打開電腦開始起草這一節文字之前,我正與前南斯拉夫駐越南大使、我的摯友奧特曼教授聆聽美國總統布希發表紀念911的演講。

[29]我聽到此話便激動起來,「這不是明顯的擴張主義的語言嗎?」我正揣估著,這時曾是前南斯拉夫駐越南大使的奧特曼教授,也按捺不住心中的不解,說「美國人很難掙脫『美國是全世界的救世主』這種思維方式的束縛」。

[30]柯林斯用了self-disciplined 一詞,意思就是「自我約束」,即「自律」。

[31]見英文版*Good to Great*第142-143頁。

# 第二部分

# 關係的價值及其成功要素

● 關係:一種無形的資本

● 關係成功的要素:6個大C

# 關係：一種無形的資本

關係，恰如生命、愛情、自由、民主、戰爭、死亡，是人類的一個永恆的話題。無論是社會科學、自然科學還是思維科學，都離不開要談關係，各種各樣的關係，人與人的關係，人與物的關係，物與物的關係，以至概念與概念之間的關係。學者談關係，商人談關係，政客談關係，組織的領導談關係，平民百姓天天談關係。關係，跟水和空氣一樣，不能沒有，人離了關係就像缺了水和空氣一樣，會乾枯、會窒息，會變成「非人」。人的幾乎所有的歡樂、痛苦、成功、失敗，都是因為關係的緣故或者沒有關係所致。誰都會同意，關係是一個永恆的話題。中國是一個講究關係的國度，中國人不僅喜歡談關係，而且還有廣泛深入的研究，從古人的四書五經到近代的曾國藩《面經》再到現代的毛澤東著作，哪一部哪一冊哪一篇不把關係作為重要命題來討論的？現代人不僅談關係，不僅研究關係，還把關係當作生意來做，這是因為關係有價，可以買進賣出。對組織、企業來說，關係是一種無形的資本。

##  關係話題從「人」談起[1]

現代漢語裡的「人民」一詞由「人」和「民」二字組成。古漢語裡的「人」字用現在的話說就是「族裡的人」，或者說「同部落的人」。「民」的意思是「臣民」，即「普通人民」。「人」字的右邊加兩橫，就成了「仁」字，發音同「人」，意思是「具有族裡人

的品行」的人，所以是「好人」。那麼非同族的人呢？順乎「同族人是好人」的邏輯，非同族的人當然就不是好人了。我們的祖先把非同族的人稱爲「夷」，即「外族人」、「野蠻人」。夷人既然是外族人、野蠻人，就信任不得，親近不得，不可以成親聯姻，不可以有任何關係。中國的萬里長城就是要把關內「族裡的好人」跟關外的「野蠻人」分離開來的最後屏障。當然，萬里長城，既然是萬里，就必有漏洞，必然防不勝防。兩千年來，全線崩潰的就有兩次，小範圍的關內的「好人」與關外的「野蠻人」的格鬥殺戮就無計其數了。

有一個「夷」作爲敵人（即便是假想的敵人），族裡家內就更有凝聚力了，更有理由搞好族裡家內的關係了。假定我們祖先的祖先生活在原始社會，假定他們剛從猿人變成人，那麼那時的敵人是天上的雷電、地上的野獸，這樣的敵人也足以讓我們祖先的祖先抱成一團、相依爲命了。人類學家假定，人類最早的關係就是在沒有基本生命保障的惡劣自然環境中發生發展起來的。當然，多少千年、萬年以後出現的「人」與「夷」的兩相對壘，成了中國乃至人類文明歷史的一根主要脈絡。直到今天，當我們用現代眼光來審視現代人的種種關係的時候，仍不可忘了我們的先人給我們留下的遺產：「人」與「夷」的勢不兩立，經過多少代的對這種「觀念」和「行爲」轉化的努力，如今仍是說無即無，說有就有：中國人血液中「人」與「夷」兩分的基因總是依稀可辯。有人會說，至少在現代中國人中，「人」與「夷」兩分的作法，已經不復存在，誰還在

用那個「夷」字呢？是的，「夷」字很少用了。但是，家內、家外仍是分的。族內、族外仍是分的。這樣的分不是「階級分析」法，而是「文化分析」法，但誰能說不這樣分的呢？一定是分的，絕對地分的。中國人歷來就是這樣分的。現代中國人的分法大多已不再那樣絕對，即「人」不再像古人一樣被理解爲「好人」；「人」應該讀作「自己人」，而「夷」則可以讀作「外人」。當然萬變難離其宗，「宗」就是我們祖宗的遺產：「人」、「夷」兩分，所具體點即族裡人、族外人兩分；家裡人、家外人兩分；內團體、外團體兩分。

在審視我們中國人的關係理念、關係管理方法時，一定不能忽視了「祖傳」的「人」、「夷」兩分基因的不盡的糾纏。這些年來，我一直在思索海外華人「關係」的一些有趣現象。比如，中國人寄居在外，謀生、發展都是單槍匹馬、含辛茹苦，實屬不易。按理，華人倘若生活在同一個地區、工作在同一個單位，應該團結互助以共同謀取華人利益、共同張揚華人志氣才是。但根據這麼多年的觀察和體驗，有相當一部分寄居海外的華人，並非像有些海外華人所說、所寫的那樣團結一致友愛互助。他們更像是一盤散沙[2]。比如，海峽兩岸的骨肉同胞相互之間也常是格格不入，心中總有一條難以言表、但深感存在的鴻溝。於是華人們乾脆天馬行空獨來獨往，以至老死不相往來，一個被西方人稱爲最具「集體主義」的民族似乎是很不講「集體」的。其實中國人的「集體主義」主要地是表現在「家」這個「集體」上的。中國人最關心的只是「自己家」

的「人」：「自己家」的父親母親、「自己家」的兒子女兒，再是「自己家」的伯伯叔叔，「自己家」的姑夫姑媽、舅夫舅媽、姨[3]夫姨媽，再後是「自己家」的小舅子小姨子，近親數完了，就開始算遠親，遠親點完了，就開始嚷同村同宅的。常跟朋友聊起中國人的「家本位」，朋友說，「居教授，你不是也一樣的嗎？」是啊，我不是也一樣的嗎！中國人都一樣：幾千年來可以什麼也不分，就是不能「人」、「夷」不分。要理清中國人的關係和關係網（包括組織、公司的各種關係和關係網），務必要把握好「人」和「夷」兩分的這個「綱」。

社會學裡用的「內團體」和「外團體」兩個概念[4]，其實是「人」、「夷」兩個概念的更抽象的概括。毫無疑問地，儘管我們的漢族祖先發明了「人」和「夷」這兩個漢字，西洋人和其他文化的人也或遲或早從「人」、「夷」兩分中走過來的。比如，去美洲大陸的早期英國殖民者，開始時與當地的印第安人，以後與從非洲買來或擄來的黑奴，就是那種「人」與「夷」的關係。西洋人在「內團體」與「外團體」的區分上不如中國人那樣認真，這可能部分是由於西方民主、自由的口號掩蓋或模糊了他們對人與人關係的觀察的視線。我的對東、西兩種文化的感受，使我堅信：中國人對「人」和「夷」或者「內團體」和「外團體」的區分不僅僅是認真，而且遠比西洋人嚴格。中國人到了國外，即便流落他鄉，寂寞無比，也情願與不同「族」的、屬於「外團體」的別的中國人劃清界線，所謂橋管橋、路管路。

當然，作為個體的中國人不該為其「人」、「夷」兩分的行為承擔責任。個人沒有責任。中國文化使然。

 家庭：研究中國人關係的最佳切入

既然關係從「人」起，既然家庭關係對人是那樣重要，那麼研究中國人關係的最佳切入應該是家庭。中國文化中的五倫講的是五種關係，它們是君臣、父子、夫妻、兄弟、朋友這五種統領所有其他社會關係的關係。其中君臣關係是「國家」的最高關係。請注意「國家」一詞中的「家」字，這是漢語組詞之妙。英語中的國家有兩個最常用的、譯為漢語「國家」的單詞[5]，它們的詞根或詞源與英語中的「家」[6]一詞均無直接關係。而中國的封建王朝歷來把他們統治的疆土看成是自己的「家」，作為「國家」這個大「家」之主的君王有至高無上的權力，比如「君要臣死，臣不得不死」。君臣的關係從本質上說，與父子關係是一樣的，下對上只能絕對的服從。父子、夫妻、兄弟關係指的是家庭中的三個最重要的關係，說的都是「仁」的道理，所謂「仁」就是要講等級輩分、講順從和服從。家中的「仁」就是長輩要講責任和關懷，晚輩要講順從和服從。父親對兒子要講責任，兒子對父親要順從。對舊時候的夫妻關係來說，女人要講三從四德。三從是：成婚前從父，成婚後從夫，丈夫去世後從長子。四德表現在言、容、功和德四個方面，是對三

從關係進一步的行為規定。兄弟關係也就必然是兄對弟要關懷，弟對兄要尊從。朋友似乎是唯一在「家」外的一組關係，但昔日的朋友無不稱兄道弟，年長為兄，年少為弟，即也是按「家」的規矩辦。就是學校裡的所謂同窗，也是互稱「學長」、「學弟」的，硬是要規範到「家」的道德禮儀範疇中去。總而言之，中國的關係稱謂幾乎都是從家庭關係中延伸出來的。家庭關係與親屬和其他社會關係好像一顆洋蔥，如果我們可以把芯心比作「家庭」，把包著芯心的一層一層蔥片比作「關係」，那麼一般說來，離芯心越近的，與「家庭」的關係就越密切，離芯心越遠的就越疏遠。這是中國人處理關係遵循的一般規矩或習慣。

為了證明上述「假設」是對的或是錯的，原夏威夷東西方研究中心朱謙博士和我在研究80年代末中國文化變遷的時候，向我們的被調查者提出過兩個極其普通的問題，一個是「假如你的一個親戚向你借二百元人民幣，你會借給他嗎？」另一個是「假如你的一個朋友向你借二百元人民幣，你會借給他嗎？」如果這兩個問題單獨問，可能不難回答，但如果一起問，被問的人也許要兩相比較一下才能回答。我們確是把這兩個問題放在一起了。從對這兩個問題的回答中，我們發現了一個有趣的區別。對第一個問題，有61.8%的人說「借的」，鄉村的農民占的比例更大，有80.4%。但當問到是否借給朋友的時候，只有43.9%的被調查者說「借」，還有16.6%的人說「這要看情況」，另有18.3%的人說「這要問朋友是否把錢用到應該用的地方上」。[7]上述結果是支援了上面的「洋蔥」理論假

設。

　　「親戚」屬於族內或家內的一種關係，可能是直系，也可能是旁系，而「朋友」按現代的通俗的說法是一種「社會關係」（儘管從廣義來說，家庭關係、親屬關係也可以歸入社會關係的範疇）。如果說中國的家庭成員之間、家庭與親屬之間的關係，一般地說要比與普通的社會關係來得緊密或者緊密得多，那麼通常指的是這些層面：相互的責任感、相互的信任感、情感依託程度和相互需求程度。這種情況是否只是中國文化特有的呢？並不是的。據我在非洲、歐美許多國家（或文化）的觀察，關係的「洋蔥」現象是一個普遍現象，但毫無疑問，中國文化中的這種現象似乎最為明顯。歐美人文學者都把中國文化籠統地歸為「集體主義」的文化，我始終持有疑義，覺得要看是什麼集體、哪個集體。中國人分，外國人也分，區別只是中國人「分」的精細程度遠遠要超過外國人。朱謙和我在研究中國文化的變遷的時候，創造了一個英語單字，叫familism，似可譯為「家本位」或「家本位主義」。說中國文化是一種「家本位」文化，不是我們的獨創。我的意見是「家本位」與一般的「集體主義」是兩回事。「家本位」可能是最沒有普遍意義上的「集體主義」的。

　　以家庭為中心的輩分秩序、等級禮儀、價值觀念，兩千年來不斷地擴展到社會生活的各個領域，這對維持一個超穩定的中國封建社會結構產生了加固作用。同時，在這樣的處處瀰漫著家庭恩澤的社會裡，人就不太需要再造一個「上帝」來慰藉自己了。誰有了

「問題」，找父母，父母不能解決，找兄弟姐妹，兄弟姐妹不能解決，找鄰里的「伯伯」、「大媽」，再不行就找單位裡的「叔叔」「阿姨」——那個時候，一些較為密切的「社會關係」也被拉入「家庭」的、擴大的「內團體」來了。以家庭為中心的輩分秩序、等級禮儀、價值觀念可以歸為「五倫」，也可以說是以「三綱」為指導的。「五倫」也好，「三綱」也好，都是中國封建社會的倫理道德，但不可無視的是，千年的傳統不是一個「五四運動」、一個「土地革命」、一個「文化大革命」就可以剷除的。在當今的中國大陸、台灣和香港，君為臣綱，父為子綱，夫為妻綱早就不用了，早就不說了，但在人們的腦子裡、在人們的行為裡，即便不能說根深蒂固，也可以說從未能夠躲避「三綱」的糾纏。不僅在家庭裡，而且在組織裡，以至在社會的各個生活領域，都有它們的影子在遊蕩。君為臣綱講的是權力分配，父為子綱講的是輩分和長幼，夫為妻綱講的是男女尊卑。這種「三綱」裡規定的君臣關係、父子關係和夫妻關係，在組織語境裡的現代轉化是上級與下級的關係、年長與年輕的關係（或資格老與資格淺的關係）、男職員與女職員的關係。我以為，要弄懂中國組織、企業的各種各樣的關係，很有必要運用關於對家庭關係的認識、關於處理家庭關係的經驗，用關於家庭關係、親屬關係、社會關係的親與疏的知識，來「舉一反三、觸類旁通」。如何作好關於家庭關係的價值理念和行為準則在組織語境裡的現代轉化，是一個可以思考的課題、一個應該研究的大學問。

#  組織的對內、對外關係

　　分析一個組織的關係可以運用許多不同的分類、切割方法，可以運用許多不同的範疇、面向和語境[8]。最常用的分法是「對內」和「對外」，組織的對內關係有領導與員工的關係、領導與領導的關係、員工與員工的關係、部門與部門的關係……等。組織的對外關係有顧客關係、供應商關係、經銷商關係、戰略夥伴關係、競爭對手關係、政府關係、新聞媒介關係……等。至於上市公司或股份公司必須管理好的股東關係介乎內外之間，說是「內」，因為他部分地「擁有」公司；說是「外」，因為他隨時隨地可以將公司的股票拋售一空，並且他的行為很難受到公司的制約。對內、對外的習慣分法也使得美國大學的傳播系分立兩門課來講授組織的對內、對外關係，一門是「組織傳播」，一門是「公共關係」，儘管這兩門課經常是我中有你，你中有我，既內外有別，又內外結合，但內和外是兩個相反的範疇。

　　就分類的面向而言，無論是組織的對內關係還是對外關係，都有「正式的」和「非正式的」之說[9]。所謂「正式的」，用通俗的話說就是「工作上的」、「職業上的」；所謂「非正式的」就是「屬於私人性質的」、「與工作無關的」。在我們漢語的語彙中，也有「正式」和「非正式」兩片語，但中國大陸、台灣和香港用得更

多的似乎是「公」和「私」——「公」指代「正式」，「私」指代「非正式」。在「正式」和「非正式」或「公」和「私」這兩個面向上，常常隱藏著一個組織對內關係和對外關係種種的微妙微肖和錯綜複雜。在深受儒家文化影響的東亞，在中國大陸、台灣和香港，在韓國和日本，組織的「正式」關係與「非正式」關係常常是黏合在一起的，並且人們被鼓勵這樣做。美國的許多組織和公司則嚴格要求將「正式」關係與「非正式」關係區別開來。比如，在現今的中國大陸、台灣和香港的大學裡，學生們仍會把自己老師的妻子稱作「師母」，所謂「一日為師，終身為父」。學生之間也常互稱「師兄」、「師弟」或「學姐」、「學妹」。這在美國是很難接受的作法。美國的大學強調按規章制度辦事，強調所謂「職業水準」、「職業道德」、「職業行為」[10]，師生關係就是師生關係，絕不能跨線越軌，切不可公私不分。

就組織關係存在的語境而言，這裡主要是指跨文化語境。比如在中國大陸、台灣或香港的那些歐美跨國公司，其高層管理人員常是歐美人，代表的是歐美文化，其中低層管理人員往往來自本地，代表的是中國人的文化和當地的亞文化。這樣一來，就形成了一個跨文化的工作環境，相互之間又多了一層跨文化關係。比如中層經理與一般領班之間既是上下級關係，又有了不同的文化背景的介入，非常可能引出同一文化語境所沒有的挑戰[11]。80年代中期，中國大陸開始對外開放，人們的觀念有待進一步更新，東西方文化的摩擦、台港澳亞文化與內地亞文化之間的碰撞是很正常的現象。隨

著中國大陸成為WTO的一個成員，隨著大陸的開放程度進一步提高，由交流、溝通語境不同而引出的問題將與組織的對內、對外關係，與各種正式的、非正式的關係，交錯重疊，相互影響，使組織關係管理成為極具挑戰性的一個話題和學問。下面我們來對組織的對內關係和對外關係這兩種不同的範疇、正式關係和非正式關係這兩種不同的面向，並就跨文化語境問題，作一些更深入的討論。

在組織的對內、對外關係中，員工關係和顧客關係是最具比較性的一對。可以說，員工關係是最重要的對內關係，而顧客關係是最典型的對外關係。如何來看待這兩種既有矛盾又密切相關的關係，歷來是CEO們和組織管理學家們關心的話題。我們這些年來經常聽到的行銷箴言是「顧客是上帝」、「顧客第一」、「顧客總是對的」。中國大陸從80年代中期開始大張旗鼓地宣傳這個為了適應市場經濟的需要而學習的理念，到90年代初似乎在思想上已為中國企業、商業界的管理階層，特別是第一線行銷人員普遍接受。這時候，美國出了一本聽起來似乎與之唱反調的書，叫《顧客第二和出色顧客服務的其他秘密》[12]。十年之後，書被重新修訂，加入了許多新的內容，並重新取名為《顧客第二：立員工為第一，看他們會怎樣拼搏》[13]。為什麼「顧客第一」要說成「顧客第二」呢？提「員工第一」、「顧客第二」，是否說組織內的成員比組織外的顧客更重要呢？其實僅僅說誰重要誰不重要很容易引起誤解，應該說誰都重要，而且一樣重要。問題是在什麼意義上來理解所謂的「重要」，光從詞面上來理解很容易產生意義偏差。比如，「顧客是上

帝」，怎麼可能呢？顧客無禮取鬧也把他捧爲上帝？再比如「顧客總是對的」，怎麼可能呢？世界上誰都不可能總是對的，顧客開口罵人總不對吧，顧客隨地吐痰也不對吧。我認爲，人們的這些說法，不是沒有道理的，但這些口號「就一定意義」說也沒錯。說顧客是上帝，說顧客第一，說顧客總是對的，可以理解爲作爲公司的業務人員或市場的銷售人員應該想方設法爲顧客排難解憂，顧客就是有過分要求也應予以耐心解釋，顧客的意見有閃失的地方也應該被視作「有則改之，無則加勉」的機會……等。「顧客第一」口號的實行，或者說實行的可能，有沒有先決條件呢？人們有沒有問過倘若公司的服務人員心裡有氣，他們能做到「顧客第一」嗎？作爲公司的首腦（第一把手），應該怎麼來處理這個難題呢：到底是員工第一，還是顧客第一？《顧客第二》的兩位作者作了直截了當的、毫不含糊的回答。他們的回答是：要把公司的員工放在第一的位置，而後再談顧客服務。作者的眞意並不是說顧客的重要性要降位，而是說首先要「擺平」員工，而後才是、才可能「擺平」顧客。沒有員工去認眞去執行，「顧客第一」只能是一句好聽的口號。

　　《顧客第二》這本書其實寫的是一個成功的案例。案例的主要角色就是書的第一作者羅森布盧思——羅森布盧思國際旅遊公司的董事會主席和首席執行長。羅森布盧思的管理理念是：一家公司的最寶貴的財產是它的員工，而不是它的顧客；公司應該首先廣招賢才，並且能把他們留住，還要不斷地開發他們的潛能，唯有如此，才能眞正地做好顧客服務。羅森布盧思用心經營他的旅遊公司二十

多年，讓一家私人小公司發展成今天年銷售收入達六十億美元的世界第三大旅遊公司，使他的管理理念和實踐變成了一冊享譽全球的經典教本。羅森布盧思的案例與柯林斯研究的發現有異曲同工之妙，他們都堅定了組織人本再造的信念：對組織來說，人——組織的人——具有最根本的重要性。羅森布盧思案例之精彩在於他把作為對內關係的員工關係與作為對外關係的顧客關係有機地融合起來了，而且明確地指出：首先要解決的是組織內部的員工關係。有了人，有了自律的人，顧客服務的問題也就迎刃而解了。為了表彰羅森布盧思對組織管理的貢獻，羅森布盧思國際旅遊公司被授予「達爾文適者生存50強」獎和「對人投資者」獎，之後被美國《財富》雜誌評為「員工最喜歡為之工作的100家公司」之一。《哈佛商業評論》雜誌、《CIO》雜誌、《金融時報》、《華爾街日報》和《財富》雜誌都肯定了羅森布盧思的管理成就。讓我感到吃驚的是中國大陸授予了羅森布盧思「馬可波羅獎」，這是中國大陸能給予外國商界領袖的最高榮譽[14]。

前文說到組織的對內和對外關係都有「正式」和「非正式」的面向，亦即所謂「公」和「私」的面向。外國人去中國大陸、台灣或香港投資、做生意都在說，去中國大陸辦事，或去台灣辦事，沒有「關係」不行。這個「關係」往往指的是一種「私人」關係[15]，即一種「非正式」的關係，也就是與「工作」、「公事」沒有直接聯繫的那種關係。組織的對內、對外關係管理必須遵循的原則是公私分明，而不是公私不分，這一點在中國大陸、台灣、香港或外國

都一樣。問題是，無論在哪裡，「私」，或者與工作、「公事」無關的那種「非正式」關係，多多少少會介入。從理論上說，一點也不介入幾乎不可能，因為我們說的是「人」，一種有血有肉、有七情六欲的動物。中國人還有永遠擺脫不了的「面子」、「人情」、「親情」、「義氣」的糾纏。從某種意義上說，每種工作或職業角色都是由一個有血有肉、有七情六欲的「你」、「我」、「他」或「她」的「個人」去扮演的。假如「角色」是一個座標的縱線、「個人」代表的是橫線，那麼由這個「個人」扮演的「角色」的行為大多會落在縱線和橫線之間的平面上，或在中心點，或偏向「角色」那頭，或偏向「個人」那頭。不落在縱線和橫線之間的平面上，而是完完全全落在縱線上，或者正好落在橫線上的，可能是不多見的例外，因為一方面，徹頭徹尾鐵面無私的模範人物是鳳毛麟角，另一方面，逞兇極惡毫無公心只顧一己私利的也屬少數。中國大陸、台灣和香港的現實是如此，國外的情況又是怎樣呢？就以社會法制相對健全、對組織規章的執行相對嚴明的美國來說吧，我的所見所聞所歷讓我深信：那裡也不是一片淨土。政府官員與私人企業相互合作中的公私不分，可以說是比比皆是，利欲薰心、鋌而走險的官員和老闆最後鋃鐺入獄的，也可以說是常有發生。受人尊敬、富有正義感的美國教授，看到學生因成績不及格而撒野或哭鼻抹淚，也會來個明哲保身或動動惻隱之心，「破格」將不及格改為及格。「正式」與「非正式」，「公」與「私」，在組織關係管理上，如何把好尺度，對組織、對組織的個體成員都將是一個挑戰。

　　說到組織對內、對外關係的「語境」，可以引出關於「第二語言」理論[16]的討論。所謂「第二語言」指的是自己並不屬於的外團體成員所用的語言或任何象徵系統。這或許不是一個嚴密的關於「第二語言」的定義，但它至少涉及到了兩個關鍵特徵。第一，它可以是一種自然語言，也可以是任何一種象徵系統。比如日語對我來說就是一種「第二語言」，因為我不會說日文。再比如，美國大學生說的「語言」，我剛到美國時，也聽不懂。我不是聽不懂英語；我是聽不懂他們許多用語裡所含的「價值觀念」和獨特的「生活體驗」。比如，剛到美國大學教書的時候，我總要安排很多家庭作業。問學生喜歡不喜歡，學生說："That sucks."[17]我開始不懂他們為何用如此重的話來評論家庭作業。後來漸漸地瞭解到他們的半工半讀的情況，我就懂了其中的緣由。之後我發現，美國大學生用的是一種很獨特的「象徵系統」，與我們教授這個群體相互之間所用的語言很不一樣，學生與教授如果不經常互動，大家就聽不懂對方的話！事實上，學生與教授所用的獨特的「象徵系統」互為「第二語言」。

　　第二，「第二語言」指的是「我」並不歸屬的某個外團體的語言。日語是日本人說的語言，我不是日本人，也沒有日本文化的經驗。我在美國大學歸屬的是「教授」這個內團體，學生群體對我來說就是一個外團體，他們所用的獨特的「象徵系統」，倘若不用心去學、去體驗，我就不懂。所以學生說的語言對我來說就是一種「第二語言」。根據上面的解釋，「第二語言」不僅僅包括如漢語、

日語或英語這些所謂自然語言，而且還指任何一個亞文化（次文化）或者外團體的象徵系統。當某個組織處於跨文化的語境中的時候，它的對內、對外關係中，可以有各種各樣的外團體的介入。比如在中國大陸、台灣和香港的一些五星級旅館常有的多種管理亞文化並存的現象，他們不僅有由當地人組成的中、低層管理人員亞文化，而且常會有歐美職業管理人員組成的中、高層管理人員亞文化。這兩種不同的亞文化又互為外團體，對旅館的低層管理人員來說，高層管理人員是外團體，反之亦然。這就是說，旅館的高層管理人員用的高層亞文化「語言」，對低層管理人員來說是一種「第二語言」，反之亦然。換言之，這兩種不同的亞文化團體說的是不同的語言。那麼如何來管理這兩個亞文化團體的關係呢？辦法只有一個，那就是相互來學習「語言」，透過長期互動把「第二語言」漸漸地轉換為「第一語言」。

組織的跨文化語境對當今社會變得越來越重要了，經濟全球化和國際交往的頻繁，對「第二語言」學習的要求將越來越高。中國大陸、台灣和香港的各種組織、企業，哪怕是在自身範圍的互動也將染上越來越濃厚的「跨文化」或者「跨亞文化」的色彩，學習不同團體的「象徵系統」即另一種「第二語言」，將不僅成為一種時尚，而且是一種必須。「第二語言」聽起來似乎是一個新鮮的概念，事實上對「第二語言」的學習早就有了。比如，文藝工作者常說的那種「生活體驗」、「深入瞭解角色的原型」、「學習工人、農民的語言」，就是一種「第二語言」的學習過程。工人、農民的語

言對文藝工作者來說就是一種「第二語言」。演員要演好工人，作家要寫好農民，就必須去學習工人、農民的語言，亦即他們獨特的「第二語言」。

人們往往把學習語言簡單地看作學習語音、語法和語彙。這是把語言簡單地看成了一種交流的工具。語言的功能其實不僅僅是交流；語言還有另一種重要的功能。語言規定使用的人對世界的感知並制約人對各種團體、文化或亞文化的認同。比如上文提到的美國大學生所用的獨特語言，就規定著他們對世界的感知和制約著他們對「大學生」這個團體和相關團體的認同。要學習這種「第二語言」，就必須去瞭解他們的生活，熟悉他們的所處背景和生存條件，理解他們的歡樂和痛苦。因此，學習一個外團體的「第二語言」，不僅僅去學一些特殊的語彙，而且要去把握他們的價值觀念、信仰系統和行為模式，以至深入他們獨特的心理活動，去感受他們獨特的情感表達方式。試想，倘若一個組織的領導，能下工夫去瞭解、學習內部員工的多種「第二語言」和外部顧客的多種「第二語言」，那麼他還怕沒有章法來管理自己的組織嗎？

##  關係：一種無形的資本

香港特區政府政務司司長曾蔭權在2002年10月8日《文匯報》「基本法實施五週年」專欄裡發表了〈公務員──香港的重要資產〉

一文。文章說，5年來，香港公務員對香港特區政府負責，對香港市民盡職，以熱忱專注的服務態度、職業道德操守和敬業精神，堅持做好了每日的本分。香港第二屆特區政府推行了主要官員「問責制」，使公務員在協助制訂及執行政策的政治中立變得更鮮明和鞏固。問責官和公務員的關係是一種夥伴關係，也就是互相合作協調的關係。這種關係要求公務員扮演貫徹落實政策的角色，要他們在政策一旦決定之後，迅速有效地執行。夥伴關係的另一層意思是要求公務員保持客觀的態度，在政策制訂和執行過程中都需要把握平衡，並敢於向上級提出意見，以及時修正不足或錯誤之處。香港公務員的「服務態度、職業操守和敬業精神」是舉世聞名的，毫無疑問是香港的「重要資產」。換句話說，是香港公務員的向上負責（對上級）、向下盡職（對市民），是他們的特有的那種「互相合作協調」的「夥伴關係」，早已成為一筆寶貴的無形資本。我們經常聽到許多關於香港持續競爭優勢的討論，有的說是它的原有的金融中心的地位，有的說是它的國際商業經驗，有的說是它的地理優勢，有的說是香港市民特有的中西交融的文化背景，有的說是香港人的英語能力，也有的說是香港的公務員。這些都可以成為香港的優勢，但是最多的票可能會投給香港的無形的、包括公務員關係在內的關係資本！

　　柯林斯和羅森布盧思都把組織的成員看成是「最重要的財產」。二百多年以前古典經濟學家亞當‧史密在他《富國論》這一經典著作中，把一個國家的財富和興旺基於它的生產物品和服務的

能力，無論對國家來說，還是對公司或個人來說，提高生產能力的一個重要途徑是節制消費、增加儲蓄。史密當時主要關心的是對生產資料和庫存原料和成品的投資。這在當時已經是具有劃時代意義的理念了，因爲當時大多數歐洲國家仍然以爲積聚國家財富的最好方式是存金條和銀元。史密當時還提出了到今天尚未找到確切答案的問題：爲什麼國家和社會在自然資源一樣的情況下有的繁榮有的貧窮？順著史密的思路下來，傳統經濟學家都一致認爲生產要素主要包括自然資源（土地）、勞動力和資本。世界銀行根據各國和全球經濟發展的現實情況，對一個國家的資源有新的說法。世界銀行認爲一個國家的資源有四大範疇：

- ·已經產出的財富，其中包括機器、工廠、道路、供水系統，以及國家的基礎建設的其他物質組成部分。
- ·自然資本：包括各種自然資源，如土地、礦藏、木材、水及其它環境資產。
- ·人力資源，包括人口的教育程度、經驗和技能。
- ·「軟性」資本範疇，如推動生產力發展的社會體制等。[18]

世界銀行至少承認了前三個範疇不足以涵蓋一個國家財富的所有來源，但它仍然沒有重視「關係資本」這一概念，更沒有對它作出任何明確的界定。美國經濟學家布魯斯·摩根，在他的近作《關係經濟中的策略和企業價值》一書中認爲，代表了商業社會經濟關係的「關係資本」表現爲許多不同的形式：

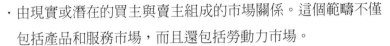

- 由現實或潛在的買主與賣主組成的市場關係。這個範疇不僅包括產品和服務市場，而且還包括勞動力市場。
- 商界與政府的關係，它們可以表現爲一種買賣關係，也可以影響立法、行政管理和其他政府行爲。
- 企業與企業之間的關係，如合資經營企業、戰略夥伴關係等。
- 企業與金融界的關係。
- 企業內部的橫向和縱向的關係。[19]

摩根特別指出，在所有的關係中，企業的外部市場關係，應被視爲最爲重要的關係資本。當然，摩根主要指的是美國的市場。他列舉了如下一些理由來說明爲什麼企業的對外顧客關係必須予以特別的關注：

- （美國的）經濟正在向服務性經濟轉化，對私營經濟來說，外部市場關係將占關係資本的最大部分。
- 關係資本的經濟意義和尚未爲人認識的本質，決定了常規的經營原則必須重新審視。
- 人們對外部市場關係的理解還很膚淺，對它作爲一種無形資本的理解也不甚瞭解。
- 適用於外部市場關係的原則也適用於其他關係。
- 由於外部市場關係將對產品和服務市場的競爭、對與投資界的關係產生直接影響，所以會引起人們的廣泛興趣。[20]

　　美國對關係資本的認識是最近才開始的。一百年前，亦即20世紀初的時候，美國對工業的投資總量與對農業的投資總量，已經非常接近，儘管工業發展的速度已開始大大加快。全世界都知道，第二次世界大戰大大地促進了美國戰時工業的高速發展[21]，所以到50年代時美國的工業已經到達頂峰。大生產的經驗和定勢思維使美國人一時熱衷於有形的投資形式、生產線方式的大生產，只知競爭的法寶依然在生產的成本和產品的價格，從而不能較快地轉向「服務經濟」的思維。隨著80年代以後服務經濟成分的迅速增加，人們的思維才開始從「有形」漸漸地轉向「無形」，從「大生產」轉向「顧客和產品精細分類」，以至到最近開始談論「關係資本」這一相對來說仍然較爲超前的概念。[22]

　　要理解「關係資本」的涵義，必須先要搞清楚「無形資產」的概念。我們瞭解比較多的無形資產有專利、版權、商標、品牌等。我們也知道一個企業的資產大致有「有形資產」、「金融資產」和「無形資產」三種。其中，有形資產可以包括廠房、機器、設備、庫存等；金融資產可以有現金、各種有價證券、應收帳款等；無形資產可以包括所有能轉化爲生產能力、爲企業獲取收益的方式和手段，但這些方式和手段既不是有形的又不是屬於金融範疇的。粗略地分，無形資產可以分爲兩類，一類是包括專利、版權、商標和品牌在內的各種「智慧財產權」或者「知識資產」。另一類就是能代表未來交易的、各種各樣的「經濟關係」。無論是「知識資產」還是「關係資產」，只要是「資產」，按理就該列入公司的「資產負債

表」裡，但是在各國現今的會計制度和條例裡，我還沒有看到這些明細類別。所以，關係資本不只是一個理論問題，同時又是一個棘手的財會問題。比如，某家管理諮詢顧問公司要作價出賣，該公司的有形資產可以按折舊來作價，公司的金融帳務也不難釐清，難的就是公司的無形資產，即它的知識資產和關係資產，之所以難，是因為這些無形資產的好多部分只是代表了「未來」才能轉化為生產力或創造財富的「機會」，具有不確定性。比如，你能保證該諮詢顧問公司現有的客戶轉到新買主名下後繼續保持對公司的忠誠嗎？你說能，但那只是一種估計而已。儘管是「估計」，買主買下這家公司的主要理由可能就是它有一份隱含著極大商機的客戶名單！

很少會有人站出來說客戶關係不重要，很少會有人說關係不可能給公司或組織帶來收益和機會。但現在說的是關係資本，是與廠房、機器、設備以及現金、有價證券一樣重要、或更加重要的那種資本。換句話說，關係可以是有價的。把關係籠統地說成「資源」已經不夠了，應該把它看成一種今後會出現在公司「資產負債表」上的一個專案或類別。有人對美國對經濟關係的累計投資作了一個粗略的估計，也就是美國全國的關係資本的總值，它已經達到一萬億美元[23]，這相當於美國公司資產總值的三分之一強。我們同意，關係資本既然是資本，就可以作價；既然可以作價，就可以買賣。但是關係資本作為一種無形資本，有著它的與有形資本和金融資本不同的特徵。至少有四個特徵可以討論：

- 人的因素的介入。關係資本與別的資本形式的不同之處首先在於人的因素的介入。從某種意義上說，關係資本是「能動」的。有形資本，能變，但「不能動」。有形資本能變「舊」，所以就有了「折舊」這個財會概念。無形資本，既能變又「能動」，因為組成關係的是「能動」的人。人的介入使關係資本變得比較難以計量。

- 關係資本的市價取決於對未來帶來的利益和機會的估計。這有點像買股票，今天買了不知明天是漲還是跌。這就有了風險。風險大相對報酬高的可能性也很大，所以對關係的投資需要有眼光和魄力。

- 關係資本，跟有形資本和金融資本一樣，也需要管理。對關係資本的管理有它的獨特性，要注意到它由於人的介入而引起的「能動」變化。對關係資本進行管理所面臨的挑戰是它的變化。

- 關係資本，也有優、劣之分。比如在審核一個客戶名單以及該名單的形成過程的時候，就要注意到優和劣的區別，數量固然重要，品質更不能忽視。

關於關係作為一種無形資本的討論才剛剛開始。隨著對關係管理研究的深入，可以預計對關係資本的研究也將逐漸地深化，學者們和實際工作人員都將在定性和定量兩個層面上提出新的理論和運行模式來。

## 本章提要

- 關係，恰如生命、愛情、自由、民主、戰爭、死亡，是人類的一個永恆話題。

- 關係，跟水和空氣一樣，不能沒有。人離了關係就像缺了水和空氣一樣，會乾枯、會窒息，會變成「非人」。

- 「人」與「夷」的兩相對壘，成了中國乃至人類文明歷史的一根主要脈絡。

- 要理清中國人的關係和關係網（包括組織、公司的各種關係和關係網），務必要把握好「人」和「夷」兩分的這個「綱」。

- 家庭關係與親屬和其他社會關係好像一個洋蔥，如果把芯心比作「家庭」，把包著芯心的一層一層蔥片比作「關係」，那麼離芯心越近的，與「家庭」的關係就越密切，離芯心越遠的就越疏遠。

- 以家庭為中心的輩分秩序、等級禮儀、價值觀念，兩千年來不斷地擴展到社會生活的各個領域，這對維持一個超穩定的中國封建社會結構產生了加固作用。同時，在這樣的處處瀰漫著家庭恩澤的社會裡，人就不太需要再造一個「上帝」來慰藉自己了。

- 對組織來說，人──組織的人──具有最根本的重要性。

- 由交流、溝通語境不同而引出的問題將與組織的對內、對外關係，與各種正式的、非正式的關係，交錯重疊，相互影響，使組織關係管理成為極具挑戰性的一個話題和學問。

- 無形資產可以分為兩類，一類是包括專利、版權、商標和品牌在

內的各種「智慧財產權」或者「知識資產」。另一類就是能代表未來交易的、各種各樣的「經濟關係」。

・公司的無形資產，即它的知識資產和關係資產，代表了「未來」才能轉化為生產力或創造財富的「機會」，具有不確定性。

・隨著80年代以後服務經濟成分的迅速增加，人們的思維才開始從「有形」漸漸地轉向「無形」，從「大生產」轉向「顧客和產品精細分類」，以至到最近開始談論「關係資本」這一相對來說仍然較為超前的概念。

・關係資本既然是資本，就可以作價；既然可以作價，就可以買賣。

# 注釋

[1]我在1997年秋季學術休假時開始撰寫《理解中國人的關係》，以作我的由紐約州立大學出版社1996年出版的《理解中國》一書的姐妹作。後來由於其他專案的干擾，我不得不停下筆來。本節的內容和觀點參照了1997年完成的部分手稿。

[2]我的這本用漢語寫的書只是給中國人讀的，所以不怕談「家醜」。對外國人，我則是竭力宣揚中華民族的優秀的方面。我也在搞變種的「人」、「夷」兩分，就是我們中國人通常說的「內外有別」。

[3]我對「姨」由「女」與「夷」二字組成感到特別有趣，儘管我從未對「姨」字作詞源考證，但我想是否「姨」被看作是「外家」的人的緣故呢？中國人不是總感到父方的人是自己人而母方的人不如父方的人更貼近「自己」嗎？

[4]內團體的英文表述是ingroup，外團體是outgroup。

[5]這兩個英語單詞是state和country。

[6]它們是family和 home二詞。我這兒說的是詞根或詞源，而不是片語。「我的祖國」可以譯為my home country，其中有home即家一詞。

[7]我們的研究發現發表在由紐約州立大學出版社1993年出版的、朱謙與我合著的《長城廢墟：中國文化變遷》一書中。

[8]範疇、面向和語境這三個詞指代的物件經常可換用，它們的英文是category、dimension和context。

[9]「正式的」英文單詞是formal，「非正式的」的英文單詞是informal。

[10]在英文裡，這叫professionalism。

[11]80年代中期，上海一家剛開業的外資五星級旅館就出現了管理層與被管理層的尖銳矛盾，旅館高層管理來向我「討教」，我說討教不敢當，我只能作些猜測。我問來自港澳的中國人是什麼教育程度，旅館高層管理告訴我說是「大學本科或大專或中專」；我再問來自本地上海的低層管理人員是

什麼文化程度，回答是「大多是有碩士學位的」。我又問薪水待遇的情況，瞭解到來自港澳的中層管理人員大大高於僱自上海的低層管理人員。我想，這兩種亞文化的相互衝突的原因也就不言自明了。

[12] 本書由Hal F. Rosenbluth和Diane McFerrin Peters於1992年撰寫出版，其英文書名是*The Customer Comes Second and Other Secrets of Exceptional Service*。

[13] 新的書名是*The Customer Comes Second: Put Your People First and Watch'em Kick Butt*。

[14] 見上述一書封面和封底對作者的介紹。

[15] 英語裡指代「關係」有兩個單詞，一個是relationship，另一個是connection，辦事要靠「關係」常用的是connection。

[16] 「第二語言」理論，我在美國講授「文化模型」和「跨文化傳播」兩門課時，作為一個新的文化理論提出的，在我的一些非正式的關於跨文化傳播的演講中也多次提及。但是我從未寫進一部正式出版的書裡。這是第一次。

[17] 意思是「真是坑人！」我想我叫你做家庭作業，怎麼是「坑人」呢？後來瞭解到，美國的很多大學生讀完書就要去打工，作業一多，他們根本無法應付。知道了這個情況，對他們的對家庭作業的厭惡就可以理解了。

[18] 見由Van Nostrand Reinhold在1998年出版的、美國經濟學家Bruce W. Morgan撰寫的*Strategy and Enterprise Value in the Relationship Economy*第28頁。

[19] 見上書第30頁。

[20] 見上書第31頁。

[21] 從1940年到1945年，美國共生產了三十萬架戰機、二百萬台拖拉機、十萬七千輛坦克、將近八萬八千艘戰艦、五千五百艘貨船（見上書第32頁）。

[22] 「關係資本」在美國也是一個較新的概念，對「關係資本」有系統的研究並不多見。

[23] 見《關係經濟中的戰略和企業價值》第40頁。

# 5

關係成功的要素：6個大C

　　從個人與個人，到組織與組織，關係之複雜、微妙，是專業和通俗報章書刊文章常報導的主題，在現實生活中更是人們茶餘飯後的話題。關係，不論如何重要或如何微不足道，不外乎有兩個結果：成功或失敗。成功的個人，成功的企業，大凡都基於成功的關係。特別是在人與人之間的交往變得越來越頻繁、組織與組織之間的相互依賴變得越來越重要的今天，尤其如此。這麼多年來，我一直在琢磨關係成功之秘訣。我在美國大學的講台上講關係，也出了一些關於關係的書和文章，幾乎天天在思考關係。自以為對「關係」二字有了深切的體會，然而在生意場上、在現實的關係「市場」上，情況常常又比我想像的複雜得多。「學界」的理論描述與「商界」的實際運作似乎總是相去甚遠。再說，做教授與辦公司，「談」生意與「做」生意，是完全兩種不同的生活。人若在學言商，就很難深刻理解生意場上關係的深淺和險惡。當然這是在說一般的道理。其實每種關係，成功也好失敗也好，必須作為個案來分析，而不能一概用現成的概念來套。讓我先來講一個故事：

　　2002年早春的一天，下午5時，我在美國的最要好的朋友D按約定走進美國新英格蘭某地的一間會議室，將與他的公司合夥人兼總裁——萊特，舉行一次不尋常的會議。之所以說不尋常，是因為D在分析美國經濟現狀和未來走向及可能對公司發生的影響之後，將當面告訴萊特他拒簽一個將放棄對中國大陸市場進行投資的文件。D同時心裡明白，倘若拒簽該文件，他與萊特的合夥人關係將被劃上一個很難看的句號。D與萊特已有8年的關係，他們既是公

司的合夥人，又是一對至少在外界看來互敬互重的友人。他們在這
間會議室，曾有過許多次友好交談，近兩年來就公司的經營和戰略
發展也有過若干次火辣的爭論。今天，D感到他的腳步特別沉重：
他預感到這可能是他們最後一次因公司的事跨進這間會議室。D心
裡明白：他們的合夥人「關係」已經走到盡頭。

他們幾乎是同時準時走進會議室的。照常是緊緊的握手，照常
是互致問候，照常是笑容滿面。兩人坐定後，萊特開門見山，把事
先打好字的文件攤開，說：「簽字吧，時間不多了。」 D想婉轉一
些，說：「可否再讓我琢磨幾天。」萊特：「沒有時間了」。他們
相視良久。D不想繼續以中國人特有的忍耐和謙讓來堵自己的口
了。他決定攤牌：「我們的戰略重心應該是中國大陸市場。我反對
現在的投資方向。」萊特像是料到D會說什麼話，慢慢地站起，順
勢把文件放進他的文件夾。 他看了D一眼，臉上充滿了無奈。D把
頭側到一邊，萊特過來伸出了手。D一動不動地坐著，像是沒有意
識到眼前發生的一切。萊特悄然走出辦公室，8年的合夥人關係就
這樣被劃上了一個句號。

天色已暗，外面淅淅瀝瀝下起雨來。D的眼前一片模糊。整整
8年啊，8年的關係就這麼結束了？可以這麼乾脆痛快？商場果然這
樣殘酷、這樣不通人情？D這個從小就怕聽狼的故事的人也要學做
狼了？D的思緒就像窗外的雨聲一樣，淅淅瀝瀝，不清不楚。24小
時之內，D問了自己無數個問題。D開始反顧自身，反省8年來走過
的既豐富多采、充滿刺激又撲朔迷離險象環生的旅程。8年之內，

D成功地促成了多家中美合資公司的成立。他曾起草過數不清的文件、報告，寫過上百萬字的電子郵件，幾十次來回飛越太平洋穿梭於美、亞大陸。D幾乎天天在做有朝一日事業成功衣錦還鄉的美夢。沒想到，美夢成了一場噩夢。此時此刻，D感到一種被利用的極度痛苦，感到商場的無情，感到有滿腔冤屈和憤慨要發洩。

D走進了我的辦公室。我們開始了成為朋友以來最推心置腹的一次長談。就是這次長談，成了我醞釀6個大C模式的原動力。有趣的是D是從「反面」來幫助廓清我的思路的。在我與D的長談中，我竭力地去尋找他與他美國合夥人的關係到底缺了些什麼。讓我吃驚的是，他們關係中缺少的正是我的大量正面案例裡所一再顯現出來的那些因素。當然D的合夥人關係的失敗，一半是「個案」的獨特原因，但不能否認的是，另一半確實也由於對普遍適用的關係成功要素把握的失誤。對於各個個案的獨特性，籠而統之地進行討論意義不大。但對普遍適用的關係成功的要素，亦即關係成功的一般道理，卻是可以討論的。本章要討論的關係成功的要素或一般道理，是我長年教學、研究和自身的成功和失敗的體驗中慢慢領悟出來的，自以為只有把握好了這些要素，關係才有望成功。D的個案只是從反面幫助我增強了對我的6個大C模式的信心。

用「6個大C」有兩個原因。一是企圖把這「6個大C」工具化，讓讀者讀起來好記，用起來順手。我們要討論的這6個要素，寫成中文概念反而難記，所以乾脆用了大寫英文字母C來取代。二是有意地想用6個以大寫C開頭的英文單詞來解釋這6個要素，因為

估計本書的大部分讀者都會有一定的外語、特別是英語的基礎，這6個英文單字或許都識得，或許識得一部分。希望讀者讀了本書後，能掌握這6個英文單字以及它們的中文涵義[1]。這6個大C是：

Common Interest（共同利益或興趣）

Communication（交流、溝通）

Credibility（信譽、可信）

Commitment（承諾、執著）

Collaboration（合作、協作）

Compromise（妥協、讓步）

把這6個大C稱爲關係成功的6個基本要素，並無意把它們看作萬能藥包治關係百病。因此讀者在思考這些一般概念和道理時，切不可忘了每種關係都是一種獨特的個案。下面我們逐個來進行討論。

 Common Interest（共同利益或興趣）

個人與個人之間的關係，組織與組織之間的關係，以至國家與國家之間的關係，必須以共同利益或興趣爲基礎，不然一定不會長久，一定不會成功。有趣的是英文interest一詞正好既有「利益」的涵義，又有「興趣」的意思。關係之難在於有兩人或更多的人的介

入，有兩個組織或更多的組織的介入，以至有兩個國家或更多的國家的介入，這樣就帶來了利益或興趣不斷協調的需要。比如北大西洋公約組織是冷戰的產物，按理冷戰「結束」了就應該解散。但發生了911恐怖事件以後，世界範圍內的恐怖活動已經構成對世界穩定和和平的威脅。北約秘書長羅伯遜已經多次提出北約的改革問題，也就是要重新界定北約成員國的「共同利益」基礎。他2001年底在美國訪問時曾提出北約成員國應在「政治論壇、技術出口控制、情報共用以及必要的軍事打擊」等領域取得共識。美國總統布希認爲北約應在反恐怖方面密切合作。德國總理施羅德認爲北約不應該是「單純的軍事同盟」。法國總統希拉克強調北約與歐洲防務的「一致性」[2]。事實上2002年11月在捷克首都布拉格舉行的北約首腦會議討論的中心議題就是「共同利益」的基礎問題，因爲假如失去了「共同利益」的基礎，北約作爲一個集團組織就失去了存在的理由。

國與國之間的關係有「共同利益」基礎問題，個人與個人之間同樣如此。比如寫書，一人獨寫比兩人合著要容易。一個人寫，要怎樣寫就可怎樣寫。兩人或更多的人合著就有可能引出麻煩，比如出書後稿費怎麼分？一人一份，還是按字數計酬？如果按字數計酬，字寫得多的人就該多得。但寫得多的人不一定寫得好，於是寫得少又自以爲寫得更好的人就會問：品質高難道不比數量多更重要嗎？誰能說不重要呢？好，誰的品質高誰就多得，但誰來定品質標準呢？於是，作者們一改平時謙讓的儒雅風度，有可能爲那個「利」

字開始打架了。這種情況無論在中國人之間還是在外國人當中都會遇到的。著書有獨寫的，有兩人合著的，也有多人合作的。一般說來，兩人的事不如一人容易，而人越多就越難。為稿費事而不講斯文的畢竟難得發生，但為「興趣」不同而發生衝突的卻司空見慣。不同的作者有不同的語言風格、不同的興趣愛好、不同的價值觀念……等，怎樣把這種種「不同」統一，是件很不容易的事。當合作夥伴一旦正視這些「不同」並能找到共同的「利益」或「興趣」，事情就比較好辦[3]。過去的許多年中，我結合我的學科發展需要及我的獨特文化背景，跟我的朋友D一樣，也曾為多家中美合資企業的成立而來回奔波、呼風喚雨。我看著一個個關係的建立、一個個關係的結束，成功的有之，失敗的也有之。我學到的經驗和教訓是：有共同利益或興趣的，關係就有成功的可能，而缺了共同的利益或興趣，即便天天舉杯歡慶關係的建立，也免不了關係的最終死亡。總結起來有四條經驗，一是要知己知彼；二是不以言利為恥；三是必須置共同利益於一己私利之上；四是一旦共同利益的基礎消失，就要作好關係轉化的準備。

首先是既知己又知彼。個人也好，組織也好，在跨進關係的門檻之前一定要問自己：我為何要踏入這一門檻？我的功利目的是什麼？對方為何惟獨要與我建立關係？他圖的是什麼？我對關係能有什麼獨特貢獻？他又能奉獻什麼？對這一系列問題，在找到答案之前最好先別冒然進門，因為進了門出來就不一定容易。上海郊區以前請人作媒，成功了要給媒人吃十八隻豬蹄。那是以前。現在提倡

自由戀愛，請人作媒的事少多了。現在的規矩看來要倒過來：糊亂把一對男女湊合成婚的媒人要受罰，而瞭解了男女雙方「既不知己又不知彼」而有意去拆散的媒人，才給吃豬蹄吃。因為既不知己又不知彼的，結成了婚姻很可能會釀成一輩子的痛苦和麻煩。許多年前，美國的一位富豪要去中國大陸做生意，找了一位大陸合夥人。中國人說他會「談」生意，美國人說他會「做」生意。聽上去很有點「優勢互補」，於是兩人很快跨進了關係的門檻，誰知雙雙都犯了一個致命錯誤：他們沒有認真地來「界定」共同的利益基礎到底是什麼。後來中國人發現這位美國富豪是玩「空手道」的，既沒有技術和產品又不願出資買技術、聘人才。結果生意是一筆一筆「談」成了，但又一筆一筆地「做」空了。最後兩人都承認相互之間的關係一開始就缺乏共同利益的基礎：美國人不知中國人要什麼，中國人也不知美國人要什麼。關係的失敗從跨進門檻的那一刻起就已經注定了。

第二是不以言利為恥。關係既然以共同利益為基礎，那麼關係雙方應該儘早開門見山說個清楚，說個透徹。這兒說的是「共同利益」，而不是一己的私利。按理，雙方都應該坦然認真地予以探討，不必躲躲閃閃。但事情並不是這樣簡單。人們往往採取避而不談的態度，就是涉及到了利益的話題，也常吞吞吐吐含糊其詞。特別是我們中國人，總是以言利為恥，感到開不了口。這一點真要好好地學習美國人。美國人縱然也講禮儀和含蓄，但遇到與自己直接有關的利益問題時，很少有不願啟齒的。美國康州有家生產和銷售

變壓器的公司，公司老闆肯德被稱為一個地地道道的「揚基」，即美國的「北方佬」[4]。美國的「北方佬」辦事不含糊，特別在利益的精打細算上堪稱一流。肯德為人禮貌和善，也機智幽默，也找到了中國大陸的合作夥伴，建立了一種頗為典型的商業關係。中美雙方開始認識的時候，中方死不肯開口談「利益」的事，肯德呢，不講透雙方的「共同利益」在哪裡，就死活不肯簽協定。中方說事情八字還沒一撇，分成比例的事不必著急。肯德說他已經算了帳，算了他公司做這個專案的成本，也估算了中方的付出。肯德順勢就給了中方一個具體的百分比，說中方負責中國大陸的供貨和發貨，美方負責美國市場的開發，所需投入的資金都按收益比例攤。肯德畢竟是個「揚基」，最後強調協定簽訂後雙方必須嚴格執行以維護共同利益。他確確實實用了「共同利益」一詞，而且反覆強調。五年來，雙方為了維護共同利益，確實嚴格地按簽訂的協定辦事了。2002年開始，美國經濟衰退給肯德公司的打擊極為嚴重，逼得他在7月份解僱員工15%，並將全公司五天工作日減少為四天，以緊縮開支。但是肯德對雙方簽下的協定信守諾言嚴格執行，應付的款項按期如數付清，一天也不拖，一分也不欠。中方為此深感肯德真是個敢說敢做、說得出做得到的「北方佬」！肯德能先不以言利為恥，後能面對嚴酷的市場現實，仍一絲不苟地執行協定，以便繼續保護雙方的共同利益。中方也是以禮以義相待，堅持與肯德的公司「患難與共」，一起度過難關，以期今後更大的發展。

第三是置共同利益於一己私利之上。關係以共同利益作基礎，

包含著「置共同利益於一己私利之上」的意思。這是一個極端重要的原則，必須時時記在心裡，毫不含糊地予以執行。許多關係開局可以做得漂亮大方，但常常到了後來才會顯露出某一方的「二心」，某方在口頭上可以依然高談如何要維護共同利益，但私下可能已在開闢「第二條戰線」[5]。這是關係的一個大忌。「無商不奸」這個古訓在中國這樣一個重農輕商的傳統文化環境中也是誇大其詞的，因為大部分商人自古以來是正直的。當然，奸商——不講信譽、弄虛作假、蒙混拐騙的商人——確實有，而且遲早會露真相於天下，為天下人所不容。生意之道，只有置共同利益於一己私利之上，才能贏得人心、贏得信任、搞好關係，最終共同利益維護了，一己的私利也得到了更堅實的保證。

人不能太貪心，越貪心的人越不能滿足自己的私欲，到頭來，葬送了關係，也害苦了自己。有些是小事，但正因為是小事，所以不能馬虎：它可以壞關係，也可以幫關係。有一位朋友每年多次從美國東海岸飛中國大陸，按他的「級別」可以坐商務艙，但他從不坐商務艙，因為商務艙的票價一般是經濟艙的五倍，為了置公司利益於一己的需要之上，他就屈自己的「尊」坐經濟艙了。然後他每次回美國公司報銷，又要給老闆一番解釋，他的經濟艙票面上寫的是二千美元，但在紐約唐人街旅行社買的票實際只付了八百美元，他要聲明不能領取二千美元，而只能報銷八百美元。從職業道德上說，這本身並不是什麼了不得的「義舉」，而是人人都應該做的一件小事。但在現實生活中，這種「置公司的利益於一己私利之上」

的行爲卻不可小視。小事大事，如此再三，就一定對關係雙方信任的建立、對關係的發展會產生正面的促進作用。

第四，一旦共同利益的基礎消失，就要作好關係轉化的準備。人有惰性，關係也有惰性。有些關係已經失去共同利益的基礎，早該結束了，但關係雙方或出於惰性，或出於情面，總是撐著。組織與組織之間的商業關係，一旦作爲關係基礎的共同利益不復存在，就應該讓關係結束，或者讓關係轉化到別的層面上去，如商業關係可以轉化爲友好企業關係或純粹的朋友關係。像人的生命一樣，關係也有一個生長、發展、衰退、死亡的過程。有時候，死亡與生長一樣，也值得慶賀。

 # Communication（交流、溝通）

HP電腦公司內部辦了一張名字叫《前沿》的網上報紙。HP的軟體和服務部的銷售人員每天會在自己的電腦收到各種「最新新聞」。當電腦不用的時候，它的螢幕上就會顯示當天五則最重要的新聞。這些新聞都是直接或間接地與公司的業務有關的，有關於自己公司的客戶的報導、HP競爭對手的消息及公司內部發生的重大事件等等。公司的銷售服務人員及時地掌握公司內部或外部發生有關事宜，大大提高了他們的顧客服務水準。《前沿》的編輯部由兩位寫稿人和一位編輯組成，他們每天要開會，商量並決定上什麼新

聞。90％的員工每天都要讀《前沿》，72％的人在與顧客進行聯繫之前總要先讀一讀《前沿》上的新聞，以便有所準備。重要的是，《前沿》讓HP的員工用「同一種聲音」來與顧客交流、溝通。這裡說的就是所謂的Communication這一關係成功的要素。

每次說到Communication這個詞的漢譯，總希望作一番解釋。傳播或傳播學裡英語用的就是Communication一詞。但這兒的Communication事實上是不能簡單地譯為「傳播」的。這兒指的是交流或溝通。這是關係成功的又一個基本要素。傳播學裡有一句格言式的句子："One cannot not communicate"，意思是「人不能不傳意。」它的意思是，人可以不說話，但不說話也是「傳意」的，是在傳他不想說話的「意」。人也可以不理不睬，但不理不睬也是「傳意」的，比如是在傳她心裡不甚高興的「意」。既然人不能不傳意，在許多情況下還不如及時把握傳意的主動權，好好地進行交流和溝通。交流和溝通對於關係的重要，相當於人的大腦、神經中樞、血液對人體的重要，不可或缺。交流、溝通是關係的「象徵實現」。沒有人與人之間的交流和溝通，就沒有關係的實際存在。對於交流和溝通對於關係成功的重要，很少會有人提出疑義。但從什麼角度談交流和溝通呢？我們不妨來討論一下聽、說、做這三個最基本的交流、溝通層面，然後來對虛擬互動與面對面的交流、溝通方式作個比較。

先來談「聽」的層面。誰不會聽？有耳朵就能聽。其實這是一個大誤解。有耳朵不一定會聽，更不一定會用心聽、聽進去並記

住。從某種意義上說聽比說更難，因為人人都以為豎起耳朵就是聽。「聽」字的組合中，有個耳朵，還有兩隻眼睛，更有一顆心。假如不想聽，耳朵、眼睛在也沒用，因為「心不在焉」。美國CNN有個叫做「交火」[6]的節目，每天晚上，兩個黨派立場完全相反的主持人粉墨登場後，就開始「交火」。他們各說各的，從來不去認真地聽對方的意見。正因為是黨派之爭，「交火」節目是天天交火，天天罵街，天天想著讓對方出醜。這個節目的觀眾常常工作累了一天，到晚上就坐在電視機前等著看「交火」，並不是真想聽雙方的爭辯，而是要看一方如何去出另一方洋相的。倘若關係夥伴也是那樣地相互交火，那麼關係是很難維持下去的。一個廉政的政府官員、一個優秀的企業主管，往往善於傾聽群眾呼聲、善於關係管理的。你能找到一個不願聽取顧客意見而能保持持續競爭優勢的公司嗎？一個也沒有。處理各種關係的的一條重要經驗是：多聽少說。多聽就自然少說了，多說則會導致少聽。聽，既是交流、溝通過程的潤滑油，又是交流、溝通出現「難產」時的神奇的助產士。

第二是「說」的層面。說話有不同的「說」法，有直接了當的說，也有委婉曲折的說；有多說，也有少說；有為了達到功利目的的說，也有為了護衛對方利益或情感需要的說；有讓「我」來說，也有讓「角色」去說。我一下就列舉了八種不同的說法。這每一種說法都有它獨特的功效，因人、因事、因情、因境而變。比如，該直接了當的，不要委婉曲折，反之亦然。該多說的時候乾脆說個痛快，該少說的時候就閉了嘴。有兩種說法是最講究學問和藝術的：

就是讓「我」去說呢還是讓「角色」去說，還是取其中間不偏不倚？所謂讓「我」去說，就是隨著自己的個性去說。比如，有些「直性子」可以不管場合、不管自己扮演的角色、不管人家會怎麼想，自己心裡怎麼想的就怎麼說。讓「角色」去說，就是把「真我」掩蓋起來，如果自己在扮演某部門「主管」的角色，就像個「主管」那樣地來說話，倘若自己在扮演顧客服務經理的角色，那麼就客客氣氣、合情合理地來跟顧客對話。無疑地，「說」是一種藝術，甚至是一種天賦，但「說」是可以學的，就像學「聽」一樣。

第三是「做」的層面。聽、說固然重要，固然會幫助關係夥伴的交流和溝通，但「做」在某種特定的情景下更是舉足輕重的。上面說到，「人不能不傳意」，講的正是「做」的重要性。這兒的「做」字代表的是所有的非言語行為。其中有身體動作即身體語言，包括一個眼神、一個手勢、握手的力度等等；有指標意義的物品，如送給合作夥伴的鮮花、表示道歉的卡片、祝賀生日的蛋糕，都能傳情達意；有對時間、空間的運用，比如，顧客來了一個投訴，立即回覆還是拖它三天五天？再比如領導去工廠視察，如果總是與機器保持距離，工人會有何感想？還有人的態度，是平等待人還是以貌取人，是真心誠意還是虛情假意。這「態度」常是最重要的。我在美國接待過一些中國大陸派出的政府官員、企業領導，每每有朋自遠方來，心裡總是充滿了期待和激情，希望透過自己的努力促進政府和企業界之間的交流和溝通。有些同胞不擅言詞，但待人誠懇熱情，常常只是見了一面就想方設法要進行回報。以後回去

再次見面時，不擅言詞的朋友就親自「做」飯給我吃、親自「做」導遊領我參觀大陸近年來的發展成果，讓我感動不已。當然也有「做」的疏忽、由於「態度」問題而引出的遺憾。[7]

最後我們來對虛擬互動與面對面交流作個比較。第2章在討論「組織的虛擬發展」時提到，交流、溝通、傳播的電子化、數位化和網路化正在改變組織的對內、對外關係管理模式。現代組織和現代人正在努力跟上關係技術發展的步伐，學會運用最先進的交流和溝通技術。比如電子郵件已經徹底改變了組織與組織、個人與個人交流和溝通方式，完全克服了傳統交流溝通媒介的時空限制，已經成為目前最快速、最經濟的交流手段之一。與此同時，我們仍然要強調人與人面對面交流和溝通的重要。關係技術的日新月異只能促進交流、溝通的虛擬發展，但永遠不能取代人與人的直接互動。

#  Credibility （信譽、可信）

文化巨人巴金是個極重信譽的文化人。巴金年屆九十九[8]，只是想著「講真話，把心交給讀者」，巴金不喜歡被報導更不喜歡上電視。在上海沒有人能拍攝到巴金的動態鏡頭。有一次老畫家張樂平把上海電視台的一位資深記者引薦給巴金，巴金不便推辭但也沒有答應。由於記者「鍥而不捨地纏磨」，巴金同意之前要與記者有個「君子協定」：「活著是不准用，死後隨你便」[9]。巴金和這位

資深記者相互表示了充分的信任：記者對巴金的信譽早就深有敬仰，當然老友張樂平引薦的記者也必定是可信之人。

社會不斷呼喚像巴金一樣「講眞話」的人和組織。但在現實生活中，許多人、許多組織不僅不講眞話，而且更不講「信譽」。這些人什麼都不捨得丟，就是把最珍貴的「信譽」輕易地丟了。讀到一則名爲「改制」實爲「暗渡陳倉」的案例很是讓人擔憂。2002年接近年底的時候，江蘇省某市一家建築安裝工程公司提出了企業改制方案。該方案將公司所有資產分成十三份，成立十三家有法人資格的子公司，無償使用公司劃給的資產。同時總公司名存實亡，但由於拖欠銀行的一千五百萬元和利息並沒有劃分給子公司，這筆債務就成了無人還的死帳了[10]。這是在蓄意不還欠帳、背信棄義的違法行爲，是「玩」政府、「玩」債主銀行的一種卑劣行徑。令人費解的是，被「玩」的政府及其主管部門居然批准了該方案的施行，而被「玩」的債主銀行站在一邊乾傻眼，不知專事監督和制約的司法和公證部門到哪裡去了？這其實已經不是一個改制問題了，而是一種把信譽當兒戲、把遊戲規則當玩物的違法行爲。這也從另外一個側面提醒我們爲什麼現在的有些組織和個人什麼都不捨得丟，就捨得丟「信譽」。

信譽是關係成功的又一要素。信用卡與信譽有關，它是信用卡使用者與銀行建立起的一種以信譽爲基礎的關係。使用信用卡的條件是借了款要按時還，當持卡人用了卡花了錢到期不還，那麼銀行可以隨時撤消他的使用權。多少年來，中國大陸的「三角債」嚴

重，你不還，我也不還，大家都不還，就形成了三角債。朋友間也有信譽問題。甲向乙借錢，說三天之內一定還。三天後，甲說沒錢還。一個月後，甲又來向乙借錢，說三天後連同上次借的款一起還。三天後，甲說對不起還是沒錢還。不久甲第三次來向乙借錢，又說三天後一定還。乙還會借錢給甲嗎？不會了，乙會說：「甲兄，這錢就送給你了。」甲作為朋友已經完全失去了自己做朋友的信譽。信譽是一個人人皆知的概念，但為什麼有人說中國大陸現在什麼都不缺，獨缺信譽呢？難道不守信真成了中國人的一大頑症？我們知道，信譽不是個麵糰，不是怎麼捏就能捏成什麼樣的。信譽是用自己的行為、靠時間的考驗「掙」來的。有些人從小誠實正直，不必說自己如何守信，人家也會信他。有些公司玩慣了歪門邪道，說話從來不算數，久而久之再也沒人會去理睬。人與人交往、公司與公司打交道，首先要摸清的是對方有沒有信譽。信譽往往是進入關係第一道門的入場券。

有人問，為什麼我們的信譽危機比信仰危機還要嚴重？信仰的事是個人自己的事，而且要靠幾代人的努力才能解決，可以慢慢來。但信譽的事是有關「關係」的，信譽對現實的人與人、組織與組織之間的關係具有更直接的影響。因此，對信譽危機問題的解決需要立即處理。針對我們這些年來面臨的問題，應該提四個「不要」：不要弄虛作假、不要亂開空頭支票、不要奉承拍馬、不要忌諱認錯。

第一，不要弄虛作假。關係中最珍貴的東西就是一個「真」

字，關係最忌「虛」和「假」。所謂「虛」，就是貨色不實、斤兩不足。讀一讀充斥於市的關於產品、服務的宣傳、廣告，看一看那些所謂名人、名企、名牌的華而不實的包裝，你能信嗎？大家都不信。「假」比「虛」更壞，「假」完全是無中生有，把鬼扮成人，把死的說成活的，一個經營不善、快要倒閉的企業，把自己說成「技術設備先進、資金實力雄厚」，這不是司空見慣的「日常儀式」嗎？是真金不怕火煉，虛假的東西遲早會漏餡露底。弄虛作假的行為一旦被揭露，對關係的破壞將是致命的。不搞弄虛作假，是贏得信譽的第一步。

第二，不要亂開空頭支票。開空頭支票跟有意弄虛作假有所不同，前者往往出自對形勢估計的不足、對事物發展過程中經常遇到的曲折波動缺乏經驗。有五百元在帳裡，絕不要開五百零一元的支票，這必須是紀律。銀行、信用界有「信譽管理」，誰開的空頭支票不能兌現，誰的信譽度就會下降。在現實生活中，對朋友，對合作的組織，沒有十二分把握的事應該少說或不說，或者照實告知，以免亂開空頭支票。不亂開空頭支票，是贏得信譽的第二步。

第三，不要奉承拍馬。有句廣泛流傳的俗話：「千錯萬錯馬屁不錯」。奉承拍馬的話似乎人人都喜歡聽，但人人皆知專事奉承拍馬的人是不可信賴的人。中國人、外國人中都有專事拍馬的人。中國人中多出拍馬人也不難理解，因為拍馬在中國有市場。中國人愛面子，給面子的拍馬的話當然就容易聽進去了。組織的一些主管喜歡被「拍」被「捧」，但不一定喜歡拍馬的人。領導也是人，也要

面子，喜歡被「拍」被「捧」是常情，但腦子明白的領導也知道如何對待「糖衣炮彈」：糖衣讓耳朵「吃」了，炮彈再找地方埋了或乾脆打回去。事實上，光靠拍馬維持好關係的常常是例外。一個正直的領導應該廣開言路，好話壞話都要聽，特別要防止自己被專事奉承拍馬的小人團團圍住。一個正直的人應該實事求是，要牢記靠奉承拍馬不會讓自己走得太遠、飛得太高。關係夥伴之間，不尚奉承拍馬，有助於相互信任氣氛的營造。

最後不要忌諱認錯。是人就要犯錯。永遠不犯錯的「聖」人只有到天上去找。組織、組織成員、關係夥伴犯了錯，勇於承認、勇於改正，反而能贏得理解和尊重，加深相互的信任度。這真是常識，人人都懂的。

人的信譽來自「人」自己的行為。倘若一個人能做到不弄虛作假、不亂開空頭支票、不尚奉承拍馬、不忌諱認錯，久而久之就一定能建立自己的信譽。

 # Commitment（承諾、執著）

曾讀到一篇關於天津歌舞劇院芭蕾舞團的舞劇《精衛》的報導[11]，讀後被精衛的執著精神所深深感動。精衛填海的傳說在上小學的時候就讀到了，沒想到如今成了一部充滿悲情、謳歌矢志不渝精神的大型芭蕾舞劇。我沒有機會近距離地感受舞劇所表現的精衛對

族類命運的執著，但關於《精衛》的報導已經讓我看到了精衛搏擊風浪的形象：「作為一個『遊於東海，溺而不返』的精靈，她的『銜西山木石，以堙於東海』，彷彿只是憑添了一張張無人受理的訴狀。銜微木，堙滄海，重的是行動而不是宣言，重的是過程而不是目標，重的是精神超越而不是實力較量。」[12]這就是「精衛精神」，就是在這裡說的對事業的承諾和執著。

對事業的承諾與執著不僅僅是一種精神，而且可能是一段漫長的生命歷程。承諾和執著蘊涵有「耐心、毅力和信念」。我們都知道林肯是美國歷史上最偉大的總統之一，林肯的生命歷程裡就充滿了坎坷、屈辱和失敗以至最後被刺身亡。他的經歷讓人難以相信他的人生最後會像金子一樣光芒四射。林肯曾經歷過年幼時喪母、年輕時窮困潦倒、債務累累，以至精神崩潰、後來競選國會議員連連落選，直到1858年他再度競選參議員又遭慘敗。但林肯執著依然，終於在1860年一舉當選美國第十六屆總統。林肯說：「每個人都應有堅韌不拔、百折不撓、勇往直前的使命感。努力拼搏是每個人的責任，我對這樣的責任懷有一種捨我其誰的耐心、毅力和信念。」[13]

我聽過兩個無話不談的朋友的一次關於承諾和執著的坦率對話。朋友A說：「我是A型血液。」朋友B說：「我是B型血液。」A說：「對於關係，我是順著理智走。」B說：「對於關係，我是跟著感覺走。」A說：「時過境遷，承諾不變，是關係成功的上策。」B說：「時過境遷，隨遇而安，是關係成功的上策。」從他們的對話可以看出，朋友B是情緒型的，朋友A是理智型的；B是

個現實主義者，A是個浪漫現實主義者；B能審時度勢順應潮流，A要信守承諾以不變應萬變。誰對誰錯？聽起來似乎都對，似乎都沒有錯。在理解「承諾、執著」這一關係成功的要素時，不能人為地排斥外界環境對關係的影響，但承諾絕不是說變就變。承諾排斥用「感覺」來取代理智。承諾不等於永遠，承諾也不是無條件的，甚至可以說承諾常常是在道德範疇門口徘徊的一個概念[14]。承諾在此只指對關係的承諾，是維持關係穩定的一種責任或需要，可以含有功利因素。以商業關係為例，假如合作推出一種新的產品需要一個三年的周期，那麼很自然地合作雙方要有三年的承諾：不管一年後或兩年後發生什麼情況，雙方必須堅持信守合約。這是一種承諾。假如一年或兩年後，甲方發現在這個專案上是找錯了合作對象，據理要求乙方考慮撤消合作協定。那麼能不能說甲方違反了承諾的原則呢？這要具體情況具體分析，不可一概而論。信守承諾可以包含多種涵義：一是對人對事要執著；二是凡事要盡職盡責；三是承諾是一種自律行為；四是時過境遷，承諾不變。

首先，對人對事要執著。假如承諾不是一種與生俱來的素質，那麼它至少是可以培養、學習的。有些公司換人像走馬燈，這其實是辦公司的一個大忌。你要員工忠實於公司，要執著於公司的事業，那麼公司也要對員工忠實，也要執著於員工的理想、意願和他們的日常需要。承諾從來是相互的。一旦關係建立，不僅要對人執著，而且要對事執著，辦一件就辦好一件，每一件都應該從頭到尾兢兢業業地辦，絲毫馬虎不得。人真該學學阿Q的執著精神。阿Q

在殺頭前要畫押，阿Q不識字，但能畫圓，所以他就兢業業認認眞眞地把圓畫圓了，然後被斬首。阿Q在死前不能忍受留下一個連畫圓也畫不好的壞名聲。阿Q或許什麼都不是，但他畫圓的執著讓人欽佩。

第二，凡事要盡職盡責。對人對事執著是一種精神，但不一定能代表一個人的能力。一個人無論做什麼，光有執著的精神還不夠，還要能盡職盡責。要做到盡職盡責，就一定要有技能、有必須的專業知識。像學習執著的精神一樣，對技能和專業知識也是要刻苦地學習的。在任何組織，只有把工作做好了，只有眞正地盡了職、盡了責，才能贏得上司的器重、同事的欽佩、下屬的尊敬，才能把縱向、橫向的關係都梳理好。我年輕時曾去非洲當過翻譯，但一開始就去錯了國家，去了一個說法語的國家。我連法語的二十六個字母如何發音都不知道，如何翻譯？但我沒有回程的機票，已經沒有後退的路，只有從頭學起法語來。我是眞學了，憑著一本英華辭典、一本英法辭典、一種攝氏四十多度的室內氣溫也能抵擋的毅力，開始學法語了。半年之後，我果然開始當起法語翻譯來了。以後在工作中，邊學邊用，每天在攝氏四十多度的氣溫下「赤膊上陣」，一個單字一個單字地啃，一個片語一個片語地背，一年之後，終於能比較自如地從事口譯和筆譯[15]的工作了，算是盡了職、盡了責。自己學了，還幫助被派出的專家們學法語。有一度，專家組的上上下下，都是「赤膊上陣」，每天晚上中國人的朗朗法語聲從黑非洲的熱騰騰的屋子裡傳出來，成了當地的一件奇事。大家的

執著精神和盡職盡責的努力，讓專家組的中國人能在極度困難的環境下，和睦相處，互幫互學，共享歡樂。[16]

第三，要知道承諾是一種自律行為。許多人把承諾看作一種品格，我更多地把它看做一種自律行為。光說承諾不行，要把承諾落實到自律行動上。現代社會快速變化、快速運轉、快速流動的環境，使現代人和現代組織猶如蕩漾於太平洋上，頻繁晃動，定不了神，靜不下心，大家似乎都得了「浮燥病」。現代社會充滿了刺激人心的驚奇：昨日是「山窮水盡疑無路」，今天又是「柳暗花明又一村」。望這山望那山，這山望著那山高。技術日新月異，商機接踵而來。在這樣的環境中，誰能永保六根清靜？ 21世紀是一個充滿變化的世紀，似乎不再可能是一個承諾的世紀，現代人只關心變化，不在乎承諾。但我堅信，現代人終究要找到「定神靜心」的藥方，驅除「浮燥病」，使承諾成為一種自律行為。

第四，應該努力做到時過境遷但承諾不變。時過境遷，隨遇而安，代表的是一種常規意識。時過境遷，承諾不變，才是英語Commitment一詞的精髓。承諾的可貴，正在於時過境遷而承諾不變。如果時不變，境不遷，那麼誰不能承諾呢？兩家合作公司、兩個關係夥伴只有經歷過了「時過境遷」的考驗，才能深刻體驗到承諾的可貴。

# Collaboration（合作、協作）

曾讀到一篇〈三峽：你融入了我的多少情〉的短文，作者是一位美國人，名叫米切爾。米切爾2001年1月來到三峽，擔任了混凝土專業品質總監。這是一個責任極其重要的工作，沒有他和中方技術員和工人的精誠合作，一出問題後果就不堪設想，因為「三峽工程彙集了世界文明智慧，為當今世界最大的水電工程。它的建設，就像建築長城一樣，象徵著中國人民的偉大智慧和堅韌不拔的精神。」米切爾說：「我是一個品質監理，但我不是一個指手畫腳、光挑毛病的人。我與中國的工人並肩戰鬥。為此，很多人對我說：『你是一個由中國政府請來的外國專家，又是一個品質監理，你就不要像一隻猴子般地為大壩爬來爬去、爬上爬下了。』大家都很信任我，我就不能有愧於他們，有愧於我心。同時，我細心聽取中國人的意見，大家集思廣益，共同把三峽建設好。中國有一句話，叫做『三個臭皮匠，勝過一個諸葛亮』嘛。」[17]米切爾的這一席樸素的話把Collaboration這個英文單字說得淋漓盡致。

「精誠合作」不僅僅是一句口號，而且必須表現在行動上，有時候還要作出一些犧牲。美國通用汽車公司薩杜恩分公司、HP電腦公司和聯邦快遞哪怕在最困難的時候都要努力做到同舟共濟、共度難關。HP在1998年遇到極大財政困難，為了避免解僱，公司要

求管理高層和中層經理人員共二千四百人每人停發三個月薪水。經理們積極爲公司排憂解難，不反對、不埋怨，而爲公司能保住大家的那份工作感到慶幸。2002年底，我所在的中康州州立大學系統，與別的州政府的機構一樣，由於州財政虧損必須承擔州政府下達的裁員任務。大家都不忍心將「刀」砍向教授和後勤人員，爲此，教授工會與校方舉行了艱難而又認眞的談判，以尋找解決危機的良策。在美國，任何一級政府或地區的財政危機，總會成爲共和、民主兩黨提供相互攻擊的機會。在一個被「政治化」的氣氛中舉行這樣的談判是極其困難的。但由於談判雙方敢於面對現實，更由於教授工會與所有教授的精誠合作，經過三個月的努力，談判雙方終於達成協定，簽了凍結工資上漲以確保所有教授職位不予削減的合約。此舉爲所有康州政府機構的勞資談判必須「精誠合作」提供了範例。

英語裡的Collaboration一詞比Cooperation一詞的語意要來得強烈，前者指的往往是關係夥伴的「精誠合作」。合作比單兵作戰要困難得多，因爲合作要靠兩個人或者更多的人的相互配合，而配合默契是合作成功的關鍵。所謂關係，換言之，就是一種「合作的結構」。沒有合作，就沒有關係可言。精誠合作一般要滿足這樣幾個條件：第一，要有共同目標；第二，要有相互尊重、相互信任；第三，要有合作各方的獨特貢獻；第四，要有默契。

第一，要有共同目標。飛機的駕駛員和副駕駛員，一定要有共同的駕駛目標，不然飛機向哪裡開呢？兩人合作寫書，一定要有一

個兩人都能接受的主題，不然怎麼分頭寫呢？兩家公司合作策劃一個銷售廣告，一定要有一個相互關聯的「賣點」，不然怎麼共擬廣告語言呢？有了共同目標，合作雙方就能發揮各自的優勢，分頭去努力。上文提到的肯德公司是研製和生產變壓器的一家專業公司，由於美國變壓器市場受到中國大陸、台灣、香港和墨西哥產品的衝擊，因此決定與中國大陸的生產變壓器公司聯手，一起開發美國這個變壓器大市場。合作共有三方，三方定的共同目標很明確：用品種齊全、優質低價的變壓器開拓美國市場，三、五年內成為美國變壓器市場的重要供應商。合作三方中，美方負責市場開拓，中方一家負責生產，另一家負責資訊溝通和進出口事宜。由於目標明確、三方職責分明，所以合作多年，關係協調，運轉正常。

第二，要有相互尊重、相互信任。什麼時候相互尊重、相互信任停止了，什麼時候就合作停止了。美國人與中國人合作，由於信仰系統、價值觀念的格格不入，工作作風的巨大差異，交流溝通方式的各有千秋，常會出現各種矛盾和摩擦。但這不影響他們相互尊重、相互信任。倘若雙方是表面支援而暗地踢腳、扯後腿，那麼久而久之相互之間就會產生不尊重、不信任，到頭來任何合作關係都得結束。

第三，要有合作各方的獨特貢獻。合作各方的獨特貢獻，不是「有槍出槍，有錢出錢」。所謂「獨特貢獻」是一方有而其他方沒有的、合作專案又是十分需要的那種貢獻（即公司核心競爭力）。比如上面提到的肯德和中國大陸的兩家公司之間的合作關係，肯德的

公司在美國，熟悉美國的變壓器市場，所以市場行銷方面的經驗是
他們對三方合作的獨特貢獻——肯德「有槍」中方不需要，他
「有錢」中方也不需要。中方的兩家也各個有獨特貢獻，一家是變
壓器的生產經驗和低廉的勞動成本，另一家是進出口方面的知識和
長期關係管理的經驗。

第四，要有默契。什麼叫默契？有一次聽一位美國NBA教練談
「默契配合」。他說，最好的「默契配合」是一個人的五個手指。籃
球是個集體運動，講究運動員之間的默契配合，那是球隊取勝的重
要關鍵。一個球隊的五名上場球員怎樣才算默契配合呢？標準很難
定，但最好的默契配合莫過於人的五個手指之間的相互配合了：它
們長短不一，各站各位，盡職盡責，從不打架，從不離隊，從不埋
怨，時而集中出擊，時而全隊收縮，單兵發揮，個個能屈能伸。最
妙的是，他們永遠是默默無聞、謙虛低調、不尚張狂、不爭名利。
這，就是默契。

 Compromise（妥協、讓步）

在2002年11、12月間，美國人相互見面的第一個的問題總是
「小布希會不會打伊拉克」。四個月後，當我改寫本書「妥協、讓步」
這一節的時候，美國在伊拉克的戰事已經進入17天。[18]當本書出版
的時候，戰事應該早已結束。人們現在的擔憂是，美國已經動武，

今後恐怖主義活動有可能像癌細胞一樣在世界範圍內擴散開來，後果難以設想。在與海峽兩岸的國人聊天時，大家談起如何對待恐怖主義的問題。我們都認為，既要「嚴打」，又要「招安」（可讀為「妥協，讓步」），軟硬兼施，才是上策。美國仗著自己武器的先進，以為戰爭打起來，海珊政權必倒無疑。但問題是，一個海珊消滅了，更有十個海珊會冒出來。更有甚者，這第二次波斯灣戰爭可能會「生產」出一百個賓拉登！美國人應該知道，勝券不可能總是握在世界第一強國的手裡的。強國也好，弱國也好，大國也好，小國也好，都要講個妥協，講個讓步。這就是中國人講的中庸之道。事實上處理關係就應該講中庸。文化大革命的時候，講階級鬥爭，你死我活。文革結束後，又開始講中庸。講中庸，講妥協和退步，往往是一個民族有信心有力量的表現，也是它的深度所在。美國共和、民主兩黨中的許多政客不懂中庸，不懂老莊，正是反映了美國這個年輕民族的少年氣盛。蠻橫無理、一意孤行從來是與禍害並行的。911那場人類文明歷史上的「人禍」，為什麼會發生在世界上唯一的超級大國──美國、發生在世界商業之都──紐約，是應該發人深思的。

　　美國政府對外可以奉行霸道主義，但對內在共和、民主兩黨輪流執政的過程從來就是相互妥協、讓步的。小布希上台以後美國經濟一蹶不振。我所在的康州一直號稱美國五十個州平均收入最高的一個州，窮人有，但富人、中產階級占了一個較大的比例。2002年11月第三次連任康州州長的約翰·羅蘭德，剛剛宣誓就職，就著手

解決州財政虧空五億美元的大漏洞，當時州屬機關、部門、學校都說要裁員。羅蘭德是共和黨人，與布希家族關係密切，近年來又擔任全美州長聯席會議主席。羅蘭德過了「不惑」之年，已任兩任州長（每4年一任），三十出頭就當選爲美國聯邦眾議院的議員，無疑地他是個資深政客。資深政客大多懂得如何向政敵妥協和讓步來換取對方的妥協和讓步。此次爲解決州財政虧空問題，州裡的共和黨和民主黨已經有過多次「交戰」回合，似乎都是鐵板一塊，沒有鬆動的跡象。民主黨要用提高州裡百萬富翁的稅率來堵漏洞，共和黨要州政府的工會組織同意州雇員全員減薪。在兩黨互不相讓的情況下羅蘭德出了奇招：他提議將百萬富翁的所得稅率提高22%。此招的厲害是他在一個自己許多年來從不讓步的問題上終於妥協、讓步了。羅蘭德在百萬富翁稅率問題上的讓步是爲了換取民主黨的妥協。

　　國家與國家要講妥協講讓步，組織與組織，個人與個人，所有的關係的維繫都離不開妥協和讓步。說到底，關係就是一個不斷妥協的過程。沒有妥協，就沒有成功的關係。然而，妥協和讓步說起來容易，做起來並不容易，因爲人要妥協和讓步，一般要過四關：第一關是「勝者爲王」；第二關是「唯我獨尊」；第三關是「眞理只有一個」；第四關是「硬撐」。

　　先過「勝者爲王」關。似乎在所有的文化中，鮮花都是獻給勝利者的，所以做贏家總比輸家好。美國NBA的神話式的人物「湖人隊」的強生，籃球場上是個英雄，染上愛滋病毒退役後開始經商，

也大獲成功。他在總結他的人生經驗時只用了一個字：「贏」。他說他只想贏，從來不認那個「輸」字。籃球場上是個贏家，商場上也是個贏家。一連串的贏、贏、贏。不知強生是如何處理「贏」與妥協、退讓的關係的。但他一定也是個講妥協的人，不然很難想像他生意場上會做得那麼得心應手。他或許真是個「神人」[19]。對一般凡夫俗子來說，滿腦子只想到贏的時候，就很少會想到妥協的。只有過好「勝者為王」關，才能把單贏變成雙贏，才有可能維繫好關係。勝者為王，說的常常是戰爭或一場競爭的最終結局。但任何人，包括強生這樣的「神人」，都不可能是常勝將軍，所以又有一句話，叫「勝敗乃兵家常事」。有贏就會有輸，今天輸了可以為以後的贏打好基礎，即「失敗乃成功之母」。在關係處理上，雙贏果然好，但就是一輸一贏，也能轉化為雙贏的：比如一個人輸了錢，但可能贏得了比錢更重要的信任。

再過「唯我獨尊」關。每個人都有「自尊」，做人應該有自尊。但不能自尊過頭，不能唯我獨尊。自尊過頭或唯我獨尊，就低不下頭來、彎不下腰去，就不能妥協和讓步。在一個兩千年來始終講究等級觀念的國度，要一個長者向一個小輩妥協就比較困難，要讓一個權貴向一個赤貧下跪那更是天方夜譚。俗話說，大丈夫能屈能伸，談何容易！其實大丈夫常常是只能「伸」不能「屈」的，人們看到的更多的是「小女子」向大丈夫的屈尊彎腰。驕傲的大丈夫很少能有妥協、讓步的切身體驗。大丈夫只有過了「唯我獨尊」關，他才能體驗到從妥協、讓步中獲得的屈尊的特有快慰，他與

「小女子」的關係也就可以做到相互尊重相互寬容了。懂得如何妥協和讓步，能低頭彎腰屈尊，才能得到更多的諒解和寬容，得到關係夥伴的尊敬。

然後過「真理只有一個」關。真理只有一個嗎？說真理只有一個的就是一元論。但關係的多姿多采更需要二元論、多元論以至相對論來解釋。這個地球上生活著六十億個生靈，有六十億雙各個相異的眼睛，能看出六十億個不同的世界，真理的標準怎能只有一個呢？兩人相爭，公說公有理，婆說婆有理，很可能都有理，但公和婆看問題的角度可能不一樣，觀察的層面也不一樣，生活的歷史背景也不一樣，他們各個不同的生活經驗對自己感知的影響也肯定不一樣，有這麼多「不一樣」，怎麼可能時時、處處看到同一個真理呢？當人們在討論誰發現了真理的時候，很可能他們說的是兩件完全不同的事。一位中國人與一位美國人合作開了一家研製電腦軟體的公司，公司成立初期，兩位合夥人就公司的發展策略發生了爭執。中國人根據軟體市場發展快產品周期短的特點，堅持三步併一步走，直接進入尖端技術領域。但他的美國合夥人持完全相反的意見，他認為，先要花至少一年的時間做好市場調查、僱用人才、定好發展方向，一定不能「三步併一步走」，而是要像嬰孩學步一樣，「先學爬，再學走」。誰的發展思路對？誰把握了真理？雙方藉由多次辯論，終於認識到：雙方的思路中都有合理的成分，但都有偏頗。他們明白了真理不只有一個的道理。不久，兩個合夥人找到了妥協點，制定了一個既穩妥又適合軟體市場迅速變化特點的發

展策略。

最後過「硬撐」關。「硬撐」乍聽起來有點跟「唯我獨尊」差不多，其實不然。「硬撐」更是一種脾性、一種牛勁、一種頑固的語言習慣。從亞洲到非洲，從美洲到歐洲、到澳洲，人們發現有這種脾性、這種牛勁、這種語言習慣的人到處都有。有些「硬撐」者吃軟，有些吃硬，但也有些既不吃硬也不吃軟，這樣的人關係往往不好。關係既然是人的關係，就免不了會染上各種各樣的人的「毛病」。「硬撐」絕不是不治之症，頑固的語言習慣也能改的。比如，有些人的口頭語是「不行，不行就是不行」，有些人明明知道自己錯了，還是說「不行，不行就是不行」，永遠要硬撐下去。但既然是人，總有理智的時候，也總有反省的時候。只要耐心工作、耐心勸導，遲早「硬撐」的毛病會改的。

只要過了「勝者為王」、「唯我獨尊」、「真理只有一個」和「硬撐」之關卡，誰還能學不到妥協、讓步的藝術嗎？

## 本章提要

· 成功的個人、成功的企業，大凡都基於成功的關係。特別是在人與人之間的交往變得越來越頻繁、組織與組織之間的相互依賴變得越來越重要的今天，個人和企業的成功都將主要地靠成功的關係。

· 關係成功的6個基本要素不是萬能藥，並不能包治關係百病。在思考這些一般道理時，切不可忘了每種關係都是一種獨特的個案。

· 個人與個人之間的關係，組織與組織之間的關係，以至國家與國家之間的關係，必須以共同利益或興趣爲基礎，不然必然不會長久，必然不會成功。

· 個人也好，組織也好，在跨進關係的門檻之前一定要問自己：我爲何要踏入這一門檻？我的功利目的是什麼？對方爲何惟獨要與我建立關係？他圖的是什麼？我對關係能有什麼獨特貢獻？他又能奉獻什麼？對這一系列問題，在找到答案之前不要貿然進門。

· 關係既然以共同利益爲基礎，那麼關係雙方應該儘早開門見山說清楚、講透徹。

· 只有置共同利益於一己私利之上，才能贏得人心、贏得信任、搞好關係，最終共同利益維護了，一己的私利也得到了更堅實的保證。

· 交流和溝通對於關係的重要，相當於人的大腦、神經中樞、血液對人體的重要，不可或缺。交流、溝通是關係的「象徵實現」。沒

有人與人之間的交流和溝通,就沒有關係的實際存在。

· 「聽」,既是交流、溝通過程的潤滑油,又是交流、溝通出現「難產」時的神奇的助產士。

· 「說」是一種藝術,甚至是一種天賦,但「說」是可以學的,就像學「聽」一樣。

· 「聽」、「說」固然重要,會幫助關係夥伴的交流和溝通,但「做」在某種特定的情景下更是舉足輕重的。

· 信譽不是個麵糰,不是怎麼捏就能捏成什麼樣的。信譽是用自己的行為、靠時間的考驗「掙」來的。

· 弄虛作假的行為一旦被揭露,對關係的破壞將是致命的。不搞弄虛作假,是贏得信譽的第一步。

· 一個正直的領導應該廣開言路,好話壞話都要聽,特別要防止自己被專事奉承拍馬的小人團團圍住。

· 現代人終究要找到「定神靜心」的藥方,驅除「浮燥病」,使承諾成為一種自律行為。

· 最好的默契配合莫過於人的五個手指之間的相互配合了:它們長短不一,各就各位,盡職盡責,從不打架,從不離隊,從不埋怨。

· 關係就是一個不斷妥協的過程。沒有妥協,就沒有成功的關係。

# 注釋

[1]中國加入WTO後，國際交往越來越頻繁，大陸的企業家和經理們，都應該不靠翻譯能用英語自如地說出關係成功的這6個要素。

[2]參閱2002年11月22日《人民日報》海外版郭京花一文。

[3]我與我在紐約州立大學奧本尼分校的導師庫什曼教授，曾合著過《高速管理中的團隊協作》一書。這是我一人已經完成的一本書稿，但我初到乍來美國，人生地不熟，而庫什曼教授已是名聞遐邇，我需要這位名師的提攜。我把自己的意思向他表述後，他立即同意親自添寫一章，然後聯合署名出書。按中國人的習慣，學生與老師合著，應該老師的名在前學生的名在後。但庫什曼教授堅決不同意，說學生的名排在老師的名之前，是做老師的最大光榮，所以他說，我的名在前對我有利，對他也有利，我贏了他也贏，我們是雙贏雙得利。

[4]英文是Yankee，原指美國南北戰爭時期的聯邦軍士兵，即北方兵，後指美國的新英格蘭或北方人。康州是新英格蘭六州中地處南端的一個州。

[5]英文裡叫"second agenda"，這對關係夥伴的相互信任有極大的破壞作用。

[6]節目名稱叫Crossfire，有兩個黨派立場相反的主持人聯合主持節目，一方代表共和黨，一方代表民主黨，每晚在黃金段時間播出，收視率頗高。

[7]有一次接待中國大陸的一位省長，省長身材魁梧，說話也有思路。晚宴上，我正好被安排在省長旁邊，自我介紹是大學教授。省長說他最喜歡與知識份子交朋友，於是你一句我一言地搭起話來，竟然十分投緣。酒過三巡後，省長說下次去他省一定要去找他，一起好好喝酒好好談心。我說「一言為定」。不久我真的去他的省去見這位省長了。在接見大廳裡，我很激動地伸出手，但省長兩眼遲鈍起來，茫然地看了我一眼，沒有去接我的盪在半空中的手：省長已經不記得我這個寄居海外的教書匠了。以後發生的事已是歷史。想來省長是貴人多忘，絕不會有意讓人難堪的。

[8]時2002年。

[9] 參閱2001年11月20日《人民日報》海外版徐薦〈九十九圈大樹年輪〉一文。

[10] 參閱2002年12月2日《人民日報》海外版「好望角」專欄錦秀文〈改制豈能「暗渡陳倉」〉一文。

[11] 參閱2002年11月26日《人民日報》海外版〈《精衛》：中國芭蕾翱翔的精靈〉一文。

[12] 同上文。

[13] 參閱2002年11月12日《人民日報》海外版轉載《羊城晚報》紀廣洋文。

[14] 我是在說承諾可以是「道德的」，放棄承諾可以是「不道德的」。但承諾也可以是基於功利的一種「需要」和「安排」，倘若是這樣，那麼承諾可以是個法律概念，或者與道德和法律都無關。

[15] 我的努力使我的法語獲得了長足進步，一年後我的有些譯作曾被國內法語系用作法語課的課外讀物。

[16] 黑非洲的這段日子，是我一生中最困難也是對關係的體驗最深的兩個年頭。

[17] 參閱2002年10月31日《人民日報》海外版米切爾（美國）一文。

[18] 這天正好是2003年4月5日清明節。

[19] 強生的名字就叫「魔術強生」，英文是Magic Johnson。

# 第三部分

# 關係管理的基本層面

- 關係的情感管理
- 關係的權力管理
- 關係的衝突管理
- 關係的變化管理

# 6

## 關係的情感管理

　　人是一種有情感的動物。人有「七情六欲」，是說人的情感、欲望之多，其實人的「情」和「感」遠遠不止「七」種，人的欲望也遠遠不止「六」種。我曾在美國的大學生中做過多次關於「情感有多少」的測驗，每次要班上的學生說出自己曾經有過的「情」和「感」，每次都有整整一黑板，真可謂百感「交集」。人對人、對事都能生情動感，所謂有愛就有恨，有喜就有悲，對朋友好感對敵人就有惡感，今天興奮了明天就可能沮喪。我們知道自豪離自卑只是一尺之遙。我們還知道百感交集是一種感覺，「毫無感覺」也是一種感覺。有時人找不到確切的辭彙來表達自己的感覺時，就用比喻的手法，比如我們會說「那是一種下地獄的感覺」，但誰又見過地獄呢？我們還會說「真是感到像死了十次」，一次也沒有死過的人怎麼會有「死了十次」的感覺呢？比喻「總是彆腳的」，很難對情感做出精確的界定。事實上，對情感的界定幾乎不可能做到精確，這是因為人的情感或感覺常處於飄忽不定和難以捉摸的狀態。

　　情感既然那麼多，那麼複雜，那麼飄忽不定和難以捉摸，可以想見，一旦牽涉到關係，就會變成一個極具挑戰性的問題了。所以就有了認真對待、精心管理的必要。關係的情感管理是關係管理中最經常、最難以預測結果的一種管理。如果管理得當，關係就能順暢地維持和發展，倘若不聞不問放任自流，就會導致關係的緊張、破裂以至不堪想像的後果。人在關係中，無論天晴天陰，不管事大事小，總有情感的「糾纏」，避也避不開，甩也甩不掉[1]。人與人之間的關係能生情動感，人對事、對物、對機器也會產生諸如「愛

不釋手」、「恨之入骨」、「目瞪口呆」之類的感覺。生活中這樣牽動情感、情緒的事眞是隨時隨地都會發生的[2]。

## 情緒商數（EQ）[3]：一種能夠培養的情感管理能力

我們都知道有智商（IQ）[4]，情緒商數（EQ）是近年來出現的一個概念。智商指的是一個人的智力商數，可以測驗和量化。情緒商數，顧名思義，指的是一個人的情感管理能力商數，同樣是可以測驗和量化的。情緒商數是心理學、傳播學中近年來用的一個比較新的概念，如何測驗和量化尚無定論。情感管理因人、語境、文化而異，很難有一個國際通用標準。情緒商數，或者EQ，由兩個基本能力組成，一個是情感界定能力，一個是情感表達能力，兩種能力合成爲情感管理能力。一般說來，情緒商數高的人有較高的維繫關係的能力，比較能夠應對人、事的變化，因此更能夠獲得事業的成功。現代社會教育，往往比較關注人的智商，卻常常忽略人的情緒商數，這是教育的一種負面傾斜，應該糾正的。在現實的關係管理中，智商固然重要，但情緒商數更爲關鍵。許多高智商的人，由於情緒商數低，不善於控制、傳達自己的情感，更不能應對關係夥伴的情感變化，往往不能搞好關係，影響工作和事業的發展。相反，情緒商數高的人，既能把握自己的情感，又善於表達和管理，

往往能裡外周旋、應對自如，不僅自己能保持良好的心境，而且也能讓關係夥伴從中受益。

作為情緒商數能力之一的情感界定能力，是一種把握自己和他人情感的能力，既知己又知彼。人們通常以為，誰都知道自己的感覺是什麼。其實這是一個大誤區。事實上，人常常不能界定自己的情感或情緒，比如常常不知自己是喜還是悲、該笑還是該哭，不知自卑是什麼、孤獨是何感覺。有些人終日神情沮喪，而不知自己是否犯了抑鬱症。有些人常發無名火，但不知火從何處來、該向哪裡發。有些人感到莫名的恐懼，但分不清究竟是恐懼還是擔憂。也有些人感到悠然自得，殊不知自己到底「得」到了什麼。這裡已經說到了四種常有的情感或情緒：恐懼、憤怒、沮喪、滿足。有心理學專家說這四種情感全是生理性的，具有「本能」的特徵，特別難以把握[5]。有傳播學學者提出疑義，認定所有的情感和情緒不僅僅受到生理的影響，而且更重要地受到自己感知和社會文化規範的制約。理解人的自身感知和文化規範對情感和情緒的制約，可以幫助人更好地把握自己和關係夥伴的情感和情緒。比如，我對美國政府的中東政策一直持有批評立場，當我每天處於電視、廣播、報刊雜誌的支援政府的一片偏激宣傳聲中的時候，我總是感到不盡的憤慨和沮喪。我常閉上眼睛，問自己胸中為何有那麼多的「無名火」，問自己誰惹我氣我了。其實誰也沒有惹我氣我，我的沮喪和憤然不平是媒介的宣傳與我的立場完全違背的緣故。找到了原因，也就把握住了自己的情緒。再比如，作為天天在講壇上宣揚「信譽」和

「承諾」要義的大學教授，當我發現我朋友作為合作夥伴正在做違背「信譽」、「承諾」理念的事而自己又不能站出來予以制止的時候，我的「受挫」的感覺就可以想見了。倘問自己為何有「受挫」的感覺，答案自在文化理念的衝突上。一旦在自己的情感和情緒與自己的感知和文化規範之間建立了某種聯繫，把握自己和他人的情感和情緒就會變得容易些。

情緒商數的第二種能力是情感表達能力，這也是一個培養的過程。情感表達能力並不是與生俱來的，而是習得的。比如，當你極度受挫時，怎樣才能使自己保持鎮靜而不被悲傷或憤怒擊潰，這是一種非凡的能力，但是可以習得的。在我自己的處理各種關係的生命經歷中，也曾體驗過「世界末日」的恐懼，那是一種一切都將崩潰的感覺，是一種極度痛苦。但世界末日是不會來的：終於熬到了第二天，依然見到了太陽的升起！以後有了風暴過後照樣豔陽高照的繼續重複的經驗，一而再，再而三，經歷多了，磨練也多，人承受災難性痛苦的能力自然提高了。有時人感到「火」從中燒，非發不可。一次一次地發，則一次一次地傷人害己，最終就熬出了「吃一塹長一智」：慢慢地學會了一個「忍」字。「忍」字是讓刀刃架於心上，這是何等的磨難。其妙卻在於忍痛一時，可以換來轉機、換來太平。人在競爭中失敗了，金錢、名譽、地位一夜之間化為烏有，懊喪，憤慨，失落，嫉妒，孤獨，徹底悲觀，種種負面情感一併襲來。怎麼辦？怨天尤人？自暴自棄？鋌而走險？以身試法？還是轉化情緒，認真反思，重整旗鼓，以圖東山再起？高情緒商數的

人會毅然決然地選擇第二條路。一個情緒商數高的人也最能「情感移入」[6]。情感移入對維繫關係具有重要的正面意義，這往往是贏得合作夥伴信賴和尊敬的有效作法。關於情感移入，我在下文將作進一步的解釋。

##  情感管理：「忍」、「發」並舉，雙管齊下

由於情感具有非理性的特性，所以簡單地提管理模式常常很危險。從某種意義上說，情感管理只有個案，沒有模式。但歸納起來討論情感管理的「大道理」也不無可能。我以為，無論從文化比較上說，還是從個體差異上說，情感管理方法有「忍」和「發」兩大種。中國人受禮教的影響，比較講究「忍」，所謂克己復禮，就是要忍的意思。西洋人受個體主義自由文化的長期薰陶和影響，講究「發」，認為壓抑情感有礙自我表現，有礙關係的維繫。在同一種文化環境中，人也可分兩大類，一類崇尚「忍」，一類提倡「發」。文化也好，作為個體的人也好，在情感管理上，幾乎總是忍中有發，發中有忍。中國人多有大忍小發，西洋人多有大發小忍。中國人中，有些人忍得多、發得少，而有些人則忍得少、發得多。西洋人中，據我的觀察，大凡也是如此，有忍有發，各各相異。所以，在情感管理上，應該提倡忍、發並舉，雙管齊下。

情感管理首先要弄清楚經歷的是什麼「情」、什麼「感」，弄清

楚是喜還是悲，是擔憂還是憤慨，是好感還是反感，是「百感交集」還是「愛憎分明」，是對自己在進行情感界定還是對他人進行情感移入，自己的情感是更多地受了生理上的影響還是受了自身感知和文化價值的制約……等。弄清了這些問題，就可以談忍與發的選擇了。有人說，一個人在情緒中，常常處於非理智狀態，是忍還是發，幾乎都是一閃念的行為。這是完全可能的，但就是一閃念，也能反映一個人的情緒商數能力及其情感管理經驗。一個高情緒商數的人，常常是把握時機的高手，他往往首先爭取時間，然後將時間轉化為一種情感管理的機會。經驗證明，延緩對自身或他人情感或情緒的反應，常不失為成熟和負責任的表現。

　　事實上，在情感表達或管理上，常是忍中有發，發中有忍。為了分析的方便，讓我們將忍與發分開來談。先說忍。忍是一個自我對話、自我消解的過程。有時心中有恨、有怨、有氣要忍著，忍著不是讓這些情感或感覺「憋著」、「悶著」。倘是這樣，必然憋出毛病來、會悶壞悶死的。其實，忍也是一種發，是自己對自己發。開放式的「忍」是一種自我對話、自我消解。一個人每時每刻都在進行自我對話。這種對話在兩個「我」之間進行，一個是「本我」[7]，另一個是所謂的「自我」[8]。本我與自我的對話亦即I與Me的對話，有時激烈有時溫和，有時講對抗有時講妥協，有時大家還得講點阿Q精神。自我對話之妙在於完全的民主和平等，誰也不傷誰。比如，當中國人看到自己的朋友受到了外國人的不公正對待，就會痛感中國人流落他鄉的淒涼，有那種受了歧視而釀成的強烈憤

慨。在大多數情況下，中國人用自我對話的方式將那些「困難的」的情感消解了。

忍的另外一種常勝法是走到海邊去看海，爬到山巔上去看天，走進人群中去做大千世界中的一個小小的分子。此時人會感到海是那麼的寬，天是那麼的高，世界是那麼的大，而自己是那樣的微不足道。這種感覺會使人變得豁然開朗，變得大徹大覺大悟，人際關係中的枝枝節節一下變得那樣的簡單和明白了。這樣的忍，與其說是忍，還不如說是發，但這種發不是對人發，而是與包羅萬象的天地融爲一體，是自己胸懷和心境的延伸，使自己的肚裡能撐船，使自己的身背能穿箭，使自己的胸懷能融化所有的恩恩怨怨。現代人過於自高自大，在情感上又過於脆弱和自私。人應該時常把自己比作小草：不是任人踐踏和擺布，而是把自己看低看小些，這樣可以少些自我膨脹，少些怨聲載道。這樣，忍，久而久之就變成無須忍了。沒有那麼多怨、那麼多氣，哪有那麼多東西需要忍呢？

忍只是一個「管道」，雙管齊下的另一「管道」是發，散發的發。發絕不是無節度的宣洩，更不是爲了圖報復的痛快。發是一種坦誠的表示，一種對共同情感管理的探路，一種對新的關係平衡的尋找。發要找對對象，找對時間，找對地點，找對發的方式與方法。發中常有忍，該說的話儘管說，不該說的話要壓著不說（這就是所謂發中有忍）。發要讓自己把握好時機，營造好氣氛，要等到對方已經準備好了再發。對方沒有準備好，一切將是白搭。既然自己要發，就不能一人獨發，也要讓對方發。有效的發是建立在對方

能聆聽的基礎上的，這也要求自己能認眞聆聽對方的聲音。這樣的發，才是關係雙方反思經驗、自我調節的坦誠互動，才能產生正面的效果。

# 四種情感、情緒的管理

情感有多少？情感何其多！讓我們來對四種情感、情緒作爲例子單獨予以討論。四種情感、情緒中的兩種作爲正面的來剖析，另外兩種作爲負面的來討論[9]。正面的有「激情」和「情感移入」，負面的是「嫉妒」和「貪婪」[10]。管理好了這四種情感，對關係的維繫將會產生極大的正面影響，對其他情感的管理則有借鑒和參考價值。

## 一、激情：情感體驗之最

一次我在講授「人際溝通」這一門課「情感」這一節的時候，有個學生問我「哪種情感是情感體驗之最」。我愣住了。之後我一直在思考「情感體驗之最」這一富有浪漫色彩的話題。我請教過好多人，他們差不多都說「愛」是情感之體驗之最。無疑地，愛是一種極其珍貴的情感，是文學、詩歌、繪畫、各種表演藝術的永恆母題，也是人際關係的最重要的維繫紐帶。說到愛就會聯想到慈愛的

母親、心中的故土、美麗的情愛。但愛太普遍了，也太普通了。我以為一般的愛不是情感體驗之最。只有激情——超常的愛、著了火的情——才是最偉大的，最難得、最珍貴的情感。激情，才是情感體驗之最。

激情是人的身心對人、事、物、關係的超常投入，對這種投入的極度體驗。激情有時像閃電雷鳴，像火山爆發，有時如紅日蓬然升騰，有時如夕陽盡灑燦爛。激情看似瞬間即過，但激情之所以是激情，是因為它有著深邃無比、巨大無比的能量積聚，因為它來自強烈的欲念，更來自價值、信仰和理念。激情從來不是詩人、畫家、表演藝術家所獨有的，所有的人都能體驗和散發激情，工人做工、農民種田、士兵打仗、教師教書、商人經商無不可以激情滿懷、超常投入。關係中的「激情」和「承諾」，就像一個人的兩條腿，缺了一條就站不穩。看到了關係中的激情，就是看到了關係的生命的湧動。企業的領導和員工只有對自己的產品、市場和自己肩負的責任充滿激情，企業才能有活力、才能辦好。讀者假如已經讀了本書第3章「組織的人本再造」，那麼一定還記得我介紹的柯林斯的關於「三個圓的簡單相加」，一定還記得其中的一個圓就是對自己從事的事業必須擁有的「激情」。激情，正是使那十一家優秀公司跳向卓越的最關鍵的因素之一。我以為「激情指數」是衡量一家公司活力的一個最重要的晴雨錶，不僅看其領導，還要看其員工；不僅看其生產線上的工人，還要看其顧客服務人員；不僅看其身兼要職的技術骨幹，還要看那些默默無聞的一般員工。我是教書的，

師生關係是教師和學生都要努力維繫和發展的一種關係，這種努力不僅在於師生之間的禮貌用語，還在於教師對「教」、學生對「學」有無激情。雙方都有激情，關係一定能搞好。我在評定一個學生的優良劣差的時候，不是光看考試成績，還要看平時的課堂表現和對課外活動的激情。我常年觀察的結果是，對學習、對各種活動充滿激情的學生，其考試成績也往往名列前茅。為了激發學生對「學」的激情，作為教師理應為人師表，也應激情滿懷地去「教」學生。我正是試著這樣去做的。我的「教」的激情不但表現在講台上，而且表現在對概念、範疇、理論的虔誠敬禮。為了講透一個概念，我常常會在講台上手舞足蹈，以至說得得意忘形，常常忘了我是在說概念呢還是在煽情鼓動。我如果說得投入，學生就聽得投入。這是我體驗了多少年的激情的活力。

激情和承諾是關係的兩條腿，但這是兩條不同的腿。承諾以理性為基礎，是理性的選擇，而激情與欲念有關，這就是為什麼「七情」要與「六欲」放在一起。對工作的激情，總是導源於要把工作做得最好的那種欲望。對關係的激情，總是導源於要把關係維繫好的強烈意願。不必否認，激情有著強烈的生物和生理基礎。但是激情也與自身感知和文化價值有著密切的關係。對關係的執著、對其重要性的認識無疑地也會誘發人的激情。激情既然有生理基礎，那麼一個很自然的問題就是：激情能維持多久？激情是個點還是條線？若是條線，那麼是條拋物線還是一條永不下落的線？這些都是些帶有爭議的問題。我的看法是，激情既是點又是線，爆發的時候

是個點，而爆發之前、之後的能量積聚則是條線。如果激情只是生理性的，那麼它注定是條拋物線。但激情，像其他情感一樣，不僅有其生理基礎，而且受到自身感知和文化規範的制約，因此激情是能夠「永保青春」的。激情可以常在，激情應該常在。激情常在乃是生命的福音，激情常在是關係福祉所依。

## 二、情感移入

古人有訓：「先天下之憂而憂，後天下之樂而樂。」句中的兩個「憂」字和兩個「樂」字說的與情感移入有關，試想倘若不「移入」天下人的心裡去體驗他們的憂，怎麼能先天下之憂而憂呢？不移入天下人的心裡去感覺他們的樂，怎麼能做到後天下之樂而樂呢？情感移入說的是如何進入另一個人或群體的心理結構裡去體驗他（或他們）的情感活動，而後去理解並與其分擔憂愁、痛苦或其他情感。假如激情是對自己而言的話，那麼情感移入是向他人施惠送愛。關係的基礎是共同利益和興趣，這不僅指思想、觀念的一致，也應該包括情感的交流和分享。這種情感交流和分享不僅在一般人際關係中進行，而且也應包括企業與顧客關係在內的各種商業關係、黨政機關與人民群眾之間的關係、乃至國家與國家之間的關係。情感交流和分享往往是打通關係隔閡、壁壘的第一條通道。思想、觀念、物質利益才是第二、第三條通道。第一條路不通，其他路就難通。在外交上，常常是倒過來走的，所以越走路越窄。比

如，美國與中東、與伊斯蘭國家的關係就有嚴重的情感通道不通的問題。當「相互仇恨」是兩方情感交互的主要內容時，所有的經濟制裁、外交談判以至最後通牒都是無濟於事的。美國權力高層似乎永遠沒有對阿拉伯人、伊斯蘭教徒實行「情感移入」的欲望和嘗試，反之亦然，那麼他們只能相互仇恨下去，再仇恨一百年。這是完全可能的事。美國政府的傲慢和對聯合國及其他國際組織的藐視正在加深與歐洲盟國之間的裂縫，與第三世界的情感距離更是被拉開了，與阿拉伯國家之間的怨仇正在越結越深。就國與國的關係而言，當仇恨代替了對話，戰爭就不遠了。

國際關係尚且要談情感交流，更何況組織與組織、個人與個人之間更為貼近的關係了。我以為，任何企圖維繫、改善關係的個人和組織，都必須把情感移入看作極端重要的事情。一定不能把情感移入視為心理學、傳播學裡的一個普通概念而已，一定要認識到情感移入是決定關係能否管理好的一個至關重要的關鍵。情感移入是一種品格，一種責任，一種能培養的能力。當今的商業市場變數太多，瀰漫著撲溯迷離，充滿了暗流和暗礁。開公司已經成為最具挑戰性的一種事業，所以對合作夥伴的情感支援，已成了最重要的資源支援。假如從功利主義出發，今天的情感支援，就可能成為明日的有償投資。現代商業社會的利欲膨脹和個人主義惡性發展，使得情感移入成為給合作夥伴的更為珍貴的禮物。把情感移入作為一種品格來培養，將是組織培訓和再教育的一個重要任務。人的任何品格或許都有先天的成分，因此培養情感移入的品格談何容易。但現

代組織的領導至少應該把情感移入作為一種責任來要求自己，在審視合作夥伴關係時，可以把情感移入作為一項考核標準來對待。情感移入作為一種能力，要經過長期的言教、身教過程，不僅領導要受訓，而且中層管理人員、站在第一線做顧客服務的人員也要透過課程或其他形式來提高意識和技能。哪家公司把情感移入當作了全員素質提高的一個切入口，我想那將是一個創舉。

## 三、嫉妒：最具破壞性的一種情感

上文談了兩種正面的情感。以下要談的是兩個具有極大負面影響的情感：嫉妒和貪婪。嫉妒是人間極具破壞性的一種情感[11]，它能夠將全世界摧毀！關係中如有一方嫉妒已足以弄個雞犬不寧，倘若兩方都是嫉妒之輩，那麼就準備收拾殘局吧！有人以為就中國人嫉妒，大錯特錯了。嫉妒是世界性的「病毒」，美國人似乎更甚，後果也可以更殘（或許因為美國人家裡可以有槍）。讓我來描述一下一些常見的嫉妒「現象」：我曾在美國出版過幾部其實並不起眼的書，而我周圍的同事少有大作問世，沒想到這種對比把我逼進了一種被「圍困」的局面[12]。我的牙科醫師有個閨女遇到一位英俊男子，雙雙被丘比特的愛箭射中，經過一段時間的交流，醫生女兒發現了這男人身上的許多毛病，決定分手。之後，女的又愛上了另外一個男的。災難終於釀成：第一個男的竟然嫉妒難忍，一槍結束了醫生女兒的年輕生命，自己則銀鐺入獄，等待法律的處置。這樣的

「情殺」不是飯桌上的常有話題嗎？可見嫉妒的力量和世空見慣。任何一個組織裡，都有「紅眼病」。紅眼病就是嫉妒病。你好了、進步了、發財了，人家看著不舒服。你長得漂亮了，穿得好看了，讓人誇獎了，人家聽得不舒服。你憑自己的雙手掙了辛苦錢，能吃香的喝辣的了，人家心裡不舒服。你死了，來弔唁的人多了哭棺的聲音大了，怪了，人家還是渾身不舒服。這是嫉妒這種怪病在作怪。

嫉妒別人的人首先有嚴重的自卑感。有自卑感的人總感到自己矮人一截，又感到無能力或機會去改變自身的環境，於是希望別人也跟他一樣矮，人家高了，就不高興。爲了找到自己的心理平衡點，不是在心裡貶低人家，就是在公眾場合尋找機會破壞人家的形象。武大郎開店專找矮的夥計，就是爲了維護自己的心理平衡。阿Q也嫉妒，看到人家闊了，感到不舒服，就說他家以前闊多了，眞闊還是假闊這不重要，只要找到了平衡點，心裡就能好過。

在理智上，嫉妒之人往往目光短淺、視野狹窄。他們不知道金無足赤人無完人，人有所短，也有所長。武大郎儘管個子矮人一頭，但品行端正，非西門慶之流所及。阿Q也有其長，他雖然貧困潦倒，但心地善良，非假洋鬼子所能比擬。我的美國同事看到我出書不舒服，其實大可不必。他們不知道，我是笨鳥先飛。他們一週工作5天，而我爲了出成果要面子一週工作7天、一天12個小時！倘若他們像我一樣吃苦努力，我想書一定比我出得還要多還要好。嫉妒別人的人應該更多地看到自己的在有些方面也有勝過別人的長

處。這才是應該找到的平衡點。看到了自己的長處，找到了新的平衡點，就能開闊心胸、增強自信。只有這樣，嫉妒心理才能慢慢地被克服。

## 四、貪婪：關係的死胡同

貪婪是又一種具有極大負面影響的情感[13]。貪婪必害人家，到頭來也必坑害自己。貪婪既是一種欲望，又是一種情感：一種對占有的不滿足感。人是一種具有占有欲的動物，對物的占有，對人的占有，對情的占有，一一都會出現在人的占有單上。占有欲望越是強烈，對已經占有的就越是不滿足。越占有越有不滿足感，也就越感到痛苦，就越想占有。如此惡性循環，最終被占有的欲望和情感吞噬，結果常常是人財兩亡。由於貪婪是一種以欲望為基礎的情感，因此一旦染上就難以控制。我們常說權力導致腐敗，絕對的權力導致絕對的腐敗。那麼貪婪呢？財富的擁有能導致貪婪，但一無所有者也可能變成徹頭徹尾的貪婪分子。腐敗有兩種，一是制度導致的腐敗，是結構性腐敗。結構性腐敗是結構使然，人上了那個位子就會腐敗，不管是好人還是壞人，誰上誰腐敗，這種腐敗倘若犯了，人也會上斷頭台，但平心而論，制度要負大半責任。另一種腐敗是道德性腐敗，貪婪性的腐敗就屬此類。腐敗可以少貪，也可以大貪，這與制度的漏洞有關，但更與人的貪婪欲、與他的「不滿足感」直接有關。我們都讀到過那些怵目驚心的腐敗故事，世人已經

知道太多，我不必在此贅引。我感到有趣的是，當人讀到那些故事時總是發出驚歎：怎麼可能這樣狠？怎麼不可能呢！貪婪是沒有底的，能貪一百萬，一千萬就不遠了，包裡裝上了一千萬，一億就成了個小數字。一個對金錢美女之類的占有有著強烈的「不滿足感」的人總是多多亦善，哪怕太陽、月亮都占為己有了，他依然痛苦，因為依然不滿足。這樣的人上斷頭台，應該對人民懺悔、認罪的。

　　有了關係夥伴，貪誰呢？當然是關係夥伴了。結果呢，只能壞了人家的利益，破壞了關係的基本準則，也破壞了對共同利益的維護。所以一個貪婪的人和公司是不能建立合作關係的，他（或他們）的貪婪常常讓你還未上路，就已經走進了死胡同。

　　貪婪，像嫉妒一樣，是一種病毒，誰染上這種病毒，將終身受累受苦。我想，要防止貪婪病毒染身，就應該學點人生哲學，一開始就懂得用大道理來管小道理。人赤條條地來，也赤條條地去，無牽無掛，一身輕鬆多好！人要理解，一切財富都是身外之物，今天占為己有了，明天依然要還歸天地的。占有只能是一時。就是占有一世，對歷史長河來說，也不過一瞬間。不要說身外之物，就是「身內之物」也只是顯形一時，到頭來也要回歸無的世界。老子早有教誨，人從無到有，再從有到無，周而復始，以至無窮，這是人生至理、至道、至經。

　　貪婪是關係的死胡同，必須堅決地將其扼殺於初始。

情感管理與6個大C模式的運用

　　情感管理是關係管理的一個基本層面，它與關係的6個成功要素有著密切關聯。應該理清的是，如何在情感管理這個層面上，建立與關係成功的6個要素的聯繫，即要弄清情感管理應該如何來遵循6個大C的原則，分別說明如下。

## 一、情感管理與Common Interest（共同利益或興趣）的關聯

　　在第5章講共同利益的時候，我向讀者介紹過四條經驗，第一是知己知彼；第二是不以言利為恥；第三是置共同利益於一己私利之上；第四是一旦共同利益的基礎消失，就要作好關係轉化的準備。這四條與情感管理息息相關。實際經驗證明在情感上也要做到「知己知彼」，即不僅要把握好自己的情感，也要能夠及時搭到關係夥伴的情感脈搏。比如，在情感上你可能是個內向的人，既不善言表，也不好「面示」。在與人合作時，這很容易引起誤解，人家以為你心裡不高興。這時候，你應該主動去溝通，以消除誤解。再比如，你的合作夥伴是個急性子，說話做事常不注意別人的感覺，這種行為或許已經挫傷了你的自尊。是壓著「不表」還是試著去交流

一下呢？經驗一再證明，如果心平氣和地去坦誠傾吐，對方很可能會感激你對他的幫助的。事實上，對關係的共同利益要做到知己知彼，在情感交流上更應如此的。

為了維護關係的共同利益，不僅要不以言利為恥，而且要不以傳達真情實感為恥。有些人怕表露了自己的情感，會被人恥笑。這是一個大誤區。在現實生活中，情感的真誠袒露得到的回報常是尊重和理解。每個人或多或少有些易受傷害的弱點，比如有些人聽了好話就高興，聽了批評就生氣，而且自己生氣了還不願意讓人知道，怕人說「心胸狹窄」。這對關係的維繫、對共同利益的維護極易產生負面影響。對情感應該「忍」、「發」並舉，雙管齊下。

就利益而言，應置關係的共同利益於一己的私利之上。就情感而言，應該更多地尊重對方，更多去尋找共同情感基礎。共同情感基礎是關係的共同利益基礎的一部分，而且是一個極其重要的部分。假如雙方對人、對事、對共同的事業滿懷激情，雙方都有情感移入的品格，雙方都能樂觀向上，那麼「激情」、「情感移入」、「樂觀」就可以成為關係的共同情感基礎，這對關係的健康發展、對關係共同利益的維護一定會產生積極的作用。

一旦共同情感基礎消失了怎麼辦？兩個個性相反、情感表達方式完全相背的合作夥伴同處一室，這本身就是一件痛苦的事情。假如原先關係篤實，合作也愉快，但後來由於某種原因情感基礎破裂，經過雙方的努力仍無濟於事，那麼下一步順理成章地應該理智地開始討論關係性質轉化的可能，或者來個「長痛不如短痛」，友

好地去終止關係。懂得如何結束關係，跟懂得如何開始關係一樣重
要。

## 二、情感管理與Communication（交流、溝通）的關聯

　　情感管理與交流、溝通關聯之密切是可以想見的。第5章討論
作爲6個大C之一的交流、溝通時談了聽、說、做及虛擬互動與面
對面這幾個交流層次，這是簡單得不能再簡單的討論了，但生活中
的交流、溝通本來就是簡單得不能再簡單的日常儀式[14]。首先，情
感管理中的「聽」很重要。聽，就是先要聽「我」自己的心裡的聲
音，聽「我」自己的喜怒哀樂。然後再聽關係夥伴的嘮嘮叨叨，聽
懂他或她的話中之話、話外之音。聽懂了自己，又聽懂了別人，心
裡就踏實，嘴裡就知道怎麼說了。怎麼去「說」情感呢？情感上的
「說」常常是與「做」連在一起的，而且總是以少「說」多「做」
爲上策。人高興，不必說高興，由衷地笑一笑比說高興更能讓人體
會到你的高興的心情。你生氣了，也不必說生氣，天天愛說話的你
不說話不就完了。這在傳播學中叫非言語溝通。如果言語交流是表
達思想觀點的主要手段，那麼非言語溝通就是表達情感的最重要的
方法了。送去一個「對不起」的眼神、送上一束鮮花，難道不是比
寫十封道歉信、說一百聲 "I'm sorry" 更有效嗎？現代傳播技術
（即關係技術）也爲情感管理提供了新的工具，它特別對跨國或遠

距離關係的維繫能產生以往任何時代都會望洋興歎的奇妙效果。比如關係夥伴在分手的前夜發生了糾紛，一方傷害了另一方的情感，而第二天早上，一方已經遠去巴黎或紐約。這在二十年前就是件「要命」的事，迅速彌合情感的裂縫幾乎是不可能的。倘若此種情況發生在一百年前，那麼十有八九雙方將在悔恨中度過餘生了。如今，飛機還未飛離北京或上海，機場的網咖已經發出了一方誠懇道歉的電子郵件！飛機剛到巴黎的戴高樂機場或紐約的甘迺迪機場，又是一個誠懇道歉的跨國電話！在二十四小時內，一封電子郵件，再加上一個跨國電話，儘管是虛擬互動，難道還不足以使對方感動嗎？這就是現代關係技術給關係管理的奇妙奉獻。現代化的「虛擬互動」果然奇妙，但傳統的面對面的互動仍然是最重要、最有效的情感交流方法。冷冷的電子郵件，與熱烈的緊緊握手相比，對人而言，熱總比冷要好。

## 三、情感管理與Credibility（信譽、可信）的關聯

中國傳統的儒家文化歷來是壓抑情感的真實體驗和表達的。有克己復禮，有三從四德，有君君臣臣父父子子，有君為臣綱、夫為妻綱、父為子綱，怎麼可能真情表露呢？中國的傳統文化講究社會等級分層，要求社會角色對社會秩序的絕對遵從。兩千年的文化薰陶對中國人的情感表達產生了難以磨滅的壓抑影響，這給現代的情感管理帶來了挑戰。但是，由社會角色行為規定所造成的情感表達

方式的扭曲，與虛情假意、矯揉造作是兩回事。作為受到儒家文化
薰陶的中國人，仍然會尊重傳統文化對社會角色之間的情感表達方
式作出的規定。但是，社會正在發生深刻的變化，中國人，特別是
年輕一代，越來越重視情感表達的真實和直接，已經把它視為一種
現代價值。這種價值也越來越明顯地表現在關係的情感管理上。

　　世上真情最可貴。情感最忌諱的是虛假和矯揉造作。對商場，
第5章中有四句話：不弄虛作假、不亂開空頭支票、不奉承拍馬、
不忌諱認錯。這裡我們就來說個「真」字。真，才可信，真，才能
建立關係夥伴的相互信任。真情和真情表達，既是發展關係的加速
器，又是維繫關係的潤滑劑。有了關係夥伴的真情和真情表達，人
與人之間突然地會感到很貼近，關係管理也會在突然之間變成一件
頗為容易的事。[15]

## 四、情感管理與Commitment（承諾、執著）的關聯

　　受到美國某些教科書中理論[16]的影響，許多年來我一直把情感
看作與承諾和執著對立的一個概念，以為承諾是理性的，而情感是
非理性的。在起草本節文字的過程中，我重新查閱了有關資料，反
思了我過去對「情感」這一概念的看法，覺得情感與承諾、與理性
是不可分割的。人的情感同樣地受到理智的制約。因此，情感管理
與承諾有著直接的關聯。我在第5章描述承諾這一個大C時，也說
了四句話：對人對事要執著、凡事要盡職盡責、承諾是一種自律行

爲、時過境遷但承諾不變。在這裡可否把這四句話改爲：對情感要執著專一、凡事要盡情投入、情感是一個自律過程、時過境遷但情意不變。很顯然地，這裡談的情感不是指一時的感覺、一時的情緒、一時的心境。我指的是關係經歷的一些重要的正面情感，如激情、樂觀、情感移入等等。比如，對事業的熱愛、對合作夥伴的眞情付出，就需要執著專一，就要哪怕時過境遷也情意不變。像對工作盡職盡責一樣，對人對事也要盡情投入，不是半心半意，而是全心全意。

情感也是一個自律過程：愛，不能亂愛；恨，也不能亂恨。這樣說的根據是，情感儘管受到生理和生物特性的影響，但不是完全生理、生物性的。情感同時地——並且更重要地——受到自身感知和文化價值的制約，這就將作爲感情動物的人與一般的動物區別開來了。一般的動物也有原始的「情」和「感」，如動物的「發情」和動物所有的痛感、冷感、熱感、恐懼感等等，但那只是一種純粹的生物、生理反應和條件反射。人就不一樣，人有思想、價值、信念，人可以用自律有目的、有方向地去培養情感、表達情感。這種對情感的自律假設，可以使關係的情感管理領域昇華到一個比較高的層次。

## 五、情感管理與Collaborationt（合作、協作）的關聯

情感管理既是關係夥伴合作的前提，又是關係夥伴精誠合作的

良性結果。正因為情感管理是個自律過程，因此情感管理也應有管理的「共同目標」。關係的情感管理是關係夥伴雙方的事，絕不是一方唱的獨腳戲。沒有對方的密切配合，任何一方不可能保證情感管理的成功，因為一方成功不能算成功，雙方成功才是關係情感管理的成功。關係雙方在情感上也要做到相互尊重和相互信任。儘管情感受到自身感知和文化規範的規定，但在很多情況下，不能說誰的情感「正確」了誰的情感「錯誤」了。對關係夥伴的情感和情感表達方式要學會尊重，而且要相信自己和對方是能夠提高情感管理的自覺和能力的。就像人各有所長，各有所短，在情感和情感表達上，各人的能力和經驗也會有差異。比如，關係夥伴中的一方在應付突發危機方面有經驗，能臨危不懼、臨陣不亂，這可能是他對關係的情感管理的獨特貢獻。而另一方可能在情感移入方面有大量經驗，那麼就可能是另一方對關係情感管理的獨特奉獻。

情感管理的最高境界大約就是默契了。上文提到，非言語溝通是情感體驗和情感表達的最重要的手段。情感的默契配合，既然是默契，就不需要言語的提示。一抬手、一舉足、一個眼神、一束鮮花就足以傳情達意。就是發生了情感交流誤會，也無需開會討論來個約法三章，而只須一個緊緊的握手，又見豔陽高照、又聞笑聲滿堂了。這就是默契。一旦有了默契，情感的「管理」就退居二線了。

## 六、情感管理與Compromise（妥協、讓步）的關聯

　　情感管理也講究妥協和讓步。如果在戰場上是沒有常勝將軍的話，那麼在情感體驗和情感表達上更沒有永遠的正確者了。當人們浸淫於激情和情感移入的快慰中的時候，是不需要談什麼妥協和讓步的。只有當關係中出現了嫉妒、仇恨、憤慨、「非要出那口氣」的時候，情感管理就要請出「妥協」、「讓步」先生了。我在第5章提到的D兄，在他與他的美國合作夥伴的最後時日，曾遇到美國人中的那種粗魯淺薄橫蠻無理之輩的奚落和侮辱，身心受到極大摧殘。當時在他面前有三個選擇：一是訴諸法律，對簿公堂，討還公道；二是破罐子破摔，把合作夥伴的違法亂紀的醜事統統披露出去，弄得他們雞犬不寧臭名遠揚；三是退一步，放一碼，大事化小，小事化了。我與D幾次關起門來，飲酒洩憤，算是幫D出了口氣。然後我又與D作了多次理性對話，分析是非，評估得失，特別考慮了對他的仍在合作關係中的同事、朋友可能會引起的後果，最後選擇了第三種作法，「放」了D的那個既可惡又可悲的合作夥伴。表面上看，D是失敗了，但全面地看，他成了真正的強者，贏得了其他美國朋友的尊敬。關係了結後，D又重新振作精神開始了他自己的新的事業。可以說，妥協、讓步再造了D的未來。

　　真理常常並不是只有一個，因為人是可以在事物的多個面向上談真理的。情感，像真理一樣，也是多面向的，因此應該在每個面

向上掂個份量，該進的時候進，該退的時候退。把任何情感引向極
端，都是危險的。愛不能過頭，愛過頭了會恨。恨也不能超越極
限，過了極限不是自己崩潰就是行為出格引出危險的後果來。最好
的方法是妥協、讓步。

## 本章提要

· 人在關係中，無論天晴天陰，不管事大事小，總有情感的「糾纏」，避也避不開，甩也甩不掉。

· 關係的情感管理是關係管理中最經常、最難以預測結果的一種管理。

· 情緒商數，或者EQ，由兩個基本能力組成，一個是情感界定能力，一個是情感表達能力，兩種能力合成為情感管理能力。

· 在情感表達或管理上，常是忍中有發，發中有忍。忍是一個自我對話、自我消解的過程。發是一種坦誠的表示，一種對共同情感管理的探路，一種對新的關係平衡的尋找。

· 現代人過於自高自大，在情感上又過於脆弱和自私。人應該時常把自己比作小草：不是任人踐踏和擺布，而是把自己看低看小些，這樣可以少些自我膨脹，少些怨聲載道。

· 激情是人的身心對人、事、物、關係的超常投入，對這種投入的極度體驗。激情有時像閃電雷鳴，像火山爆發，有時如紅日蓬然升騰，如夕陽盡灑燦爛。

· 情感移入說的是如何進入另一個人或群體的心理結構裡去體驗他（或他們）的情感活動，而後去理解並與其分擔憂愁、痛苦或其他情感。

· 嫉妒別人的人應該更多地看到自己的在有些方面也有勝過別人的長處。這才是應該找到的平衡點。

· 貪婪既是一種欲望，又是一種情感：一種對占有的不滿足感。貪婪是關係的死胡同，必須堅決地將其扼殺於初始。

· 共同情感基礎是關係的共同利益基礎的一部分，而且是一個極其重要的部分。

· 現代傳播技術（即關係技術）也為情感管理提供了新的工具，它特別對跨國或遠距離關係的維繫能產生以往任何時代都會望洋興歎的奇妙效果。

· 兩千年的文化薰陶對中國人的情感表達產生了難以磨滅的壓抑影響，這給現代的情感管理帶來了挑戰。中國人中的年輕一代越來越重視情感表達的真實和直接，已經把它視為一種現代價值。

· 人有思想、價值、信念，人可以用自律有目的、有方向地去培養情感、表達情感。

· 情感管理的最高境界是默契。非言語溝通是情感體驗和情感表達的最重要的手段。

· 把任何情感引向極端，都是危險的。愛不能過頭，愛過頭了會恨。恨也不能超越極限，過了極限不是自己崩潰就是行為出格而引出危險的後果來。

# 注釋

[1] 我有一位昔日的老同學升了官，說好到美國訪問時會給我電話的，結果電話果然來了，但不是他親自打的，而是由他的助手代勞轉告「我們領導太忙，沒有空來看你了」。這下我就「火」了（「火」是比「發毛」更強烈的一種感情），心想是多年的老同學、老同事了，怎麼可以忙得連動口說「不能來了」四個字的工夫都沒有了呢！這種小事都能如此牽動一個人的神經，還有什麼事不能呢？

[2] 2002年10月初我應香港「特許管理協會」之邀專程從康州飛香港講學，在空中蕩漾了整整16個小時，抵達香港國際機場時已經精疲力盡（此時人的生理最容易引發出某種「情緒」來），我只想直奔旅店歇息，趕緊在候機大廳找到了一個ATM提款機，想取些港幣備用。用香港的ATM提款機還是平生第一次，不知其「機關」，結果 ATM機看我笨手笨腳的就不客氣地「吃」了我的信用卡。一下子，我的頭不再有「蕩漾」的感覺，而是「轟」的一下感到「完了」！我在ATM提款機的面板上無可奈何地擊了一下，ATM提款機的鐵板讓我痛醒，我看到了印在ATM機右邊的香港渣打銀行顧客服務部的電話號碼。電話很快接通，對方的語氣聽起來非常耐心和氣，我的既恨自己又恨機器的那種「情緒」頓時消了一半。

[3] 情緒商數，即情感智力商數，英文為Emotional Intelligence Quotient，縮寫為 EQ。

[4] 智商，即智力商數，英文為Intelligence Quotient，縮寫為IQ。

[5] 參閱Julia T. Wood 的*Interpersonal Communication: Everyday Encounter*一書，本書由美國 Wadsworth出版社出版。 Julia T. Wood是美國傳播學界知名學者，執教於北卡羅萊那大學教堂山分校，我曾在同一教學小組與她同事。

[6] 這是心理學裡的一個概念，指的是將心比心，以情比情，努力理解他人的情感。英文有動詞Empathize或名詞Empathy。

[7]英文中的"I"。

[8]英文中的"Me"。

[9]當你在正面和負面層面上對情感進行討論的時候，已經引入價值判斷，而價值判斷是因人、因事而異的。

[10]有人會說，這兩種情感對某些人、某種情況來說，不一定都是絕對負面的。我沒有異議。但在本書我對這兩種情感和情緒作為負面的來討論。

[11]有人認為嫉妒人皆有之，應被視作一種中性情感。這似乎是有道理的。我在這裡無疑地並不純粹在心理學的意義上對情感進行討論的。我更多地是在關係管理的角度看其是否有益於關係的維繫。我以為，一般地說，嫉妒是有害於關係的維繫和管理的。

[12]這麼多年來，我天天要留心別把自己的書放在自己辦公室的顯眼的書架上，以免讓同事看到「礙事」。我初到時不懂規矩，冒然提出交流各自出版物的建議，立即犯了大忌。知道其中險惡後，我趕緊把尾巴夾起來。我自問：我出了成果怎麼反而要夾著尾巴做人呢？回答是，這是成功付給嫉妒的代價。

[13]曾有人說，貪婪是社會進步的原始動力，資本主義的物質文明就是貪婪使然。我並不以為然。我堅持貪婪是人性的最大弱點。貪婪造成戰爭，貪婪導致犯罪，貪婪使人類文明蒙上了永遠羞恥的陰影。

[14]在文化學中，日常儀式指那些天天重複的、受到文化規範規定的、以一定禮儀程序進行的行為或活動。日常的人際交流互動是此種日常儀式中最常用的一種。

[15]我在2002年10月初去香港講學，這是我第一次與香港同胞的深入接觸。從美國飛香港之前，我心裡一直比較擔憂，不知香港的學員會怎樣對待一個從中國大陸去美國大學教書的教授。一旦上了講台，擔憂頓時釋然。我被一雙雙熱忱友好的眼睛所感動。面對著那麼多真情的目光，我也以真情回報。由於上路前已患感冒，經過長途旅行，走上講台時已經感到渾身散架，但我充分調動了我的丹田之氣，全身心地投入了演講，並且把我的平

時很少與人分享的思想、情感全數奉獻，終於達到了較好效果。我的激情演講，學員們也都感覺到了。在我離港的前夜，學員們與我依依不捨，相約以後再度相聚切磋學業。由於這樣的眞情交流，我把這次香港之行視爲一次極其珍貴的人生經驗。我已經不再相信以前聽到的香港人不可信的流言。這就是眞情交流的魔力。

[16]這些年來，我一直運用注釋5提到的這本教科書，其中關於「情感」和「承諾」的理論就是強調兩相對立的。

# 關係的權力管理

關係的權力管理是關係管理中的又一個重要層面。假如情感管理是一種「熱」管理的話，那麼權力管理就是一種「冷」管理了。關係中的情感和權力都可能成為一種「遊戲」，管理不好，禍害不堪設想。只有及時建立起權力遊戲規則，並按遊戲規則來行事，關係才能得以健康的發展。對關係的權力管理，應該學會冷靜思考、冷靜應對、冷靜處理，這是權力管理的一個基本要求。

##  從關係中的「權術」談起

關係中有權，必有權術，所以我們不妨從權術談起。羅伯特·格林的《權術48法》[1]有許多關於權術的故事。書的「前言」寫到了世上歷代皇宮的權術遊戲，讀來甚為有趣。古代皇朝的組織結構都是圍繞一個人設計的，這個人可能是皇帝（如秦始皇帝），也可能是王后（如現今的英國女王）或皇太后（如清朝末期的慈禧太后）。天天圍著君主轉的朝臣是世上最難做的官了。人們常說「伴君如伴虎」，這是因為君主權力無限，從寵臣到階下囚的距離只有天子的一念之隔。在這樣的環境中度日誰能不學點權術以作護身之用？宮廷政治常常表現為朝臣與朝臣之間的你爭我鬥，而且總是雲霧繚繞、撲溯迷離。做中國古代朝廷的朝臣更難，因為有像太監李蓮英這樣的人穿梭奔忙於君主與朝臣之間、朝臣與朝臣之間，穿針引線，呼風喚雨，玩弄權術。大小朝臣則忙於觀言察色，看風使

舵。久而久之，能在朝廷穩住官位的，只能屬於那些精通權術的
人。他們懂得引而不發之道，也有殺人不見血的本事，表面上眉來
眼去，暗地裡磨刀霍霍。格林引用權術家馬基雅維里的話說，「誰
想一輩子做好人，誰將必然毀於惡人之手」。這就是所謂的馬基雅
維里主義，倡導玩權術要不擇手段。毫無疑問，古代的朝廷都是
「權術大學」，在金碧輝煌的背後有看不盡的奸詐、貪婪、嫉妒、仇
恨和殺機四伏。當今世界是否變得比較講仁義道德、講人情、中庸
和寬容了呢？格林說誰信誰就是十足的傻瓜。格林認為，對那些公
開聲明不搞權術的人特別要警惕，這樣的人對權術常有獨到的研究
和創新。格林說，說自己無能、無權往往是謀取權力的第一步。出
言行事天真爛漫，而且不經意地讓人感覺到他的天真爛漫，可能是
最老練、最善於心計的。格林真是描繪了一個相當可怕的世界。他
是在說，人人都在玩權術，越說不玩的人越在玩、玩得越精越好越
可怕。

假如我們把視野從朝廷移到民間，從政治屠場移到組織、企業
的生活和一般的人際關係，如果我們重讀《紅樓夢》和曾國藩的
《面經》，看王熙鳳和曾國藩是如何把握對人和事的影響的，那麼就
會感到格林的關於人人都玩點權術的說法似乎並不過分了。《權術
48法》通篇談了下克上、軟克強的道理，講了間接、迂迴、曲折的
行事之道，但通篇用了那個赤裸裸的「權」字[2]。曾公玩權不講
權，不講權術，更不提馬氏一字，而只談面經。馬氏權經的核心是
不擇手段，而曾公《面經》的厲害是不露聲色。讀了格林的《權術

48法》，再讀曾國藩的《面經》，曾公果然毫不遜色於馬氏，堪稱世界超級權術大師。曾國藩既通與朝廷周旋之道，又諳民間爭鬥遊戲。古代的朝廷對權術研究得最精透，表演得最淋漓盡致。但一般民間的權術遊戲，表現為日常人際關係中的明爭暗鬥，其花樣之多，手腕之巧，功夫之深，用心之周密，也可以編成一部民間權術的百科全書。我為格林關於權術遊戲基本技能的提示作了五條歸納：

第一條是少為情緒左右，多用理性思維。難以控制的情緒有嫉妒、憤怒、情愛、貪婪，這些情緒一旦失控，常會導致嚴重後果。

第二條是超越現在、審視過去。過去是一面鏡子，不用這面鏡子照己照人，是最大的資源浪費。「現在」常常是一團迷霧，看不到結構，看不清是非，看不出緣由。有了過去這面鏡子，謎團瞬間可以廓清。

第三條是要杞人憂天，以便應對未來。無論什麼局面，今天看似一湖靜水，明天可以鑽出一個水鬼來。常有防備意識，就不會被突如其來的打擊嚇呆以至束手無策。

第四條是深藏不露、低調自律。這是一種做人的境界，我想假如沒有常年的修煉和反省，就難以達到這樣的做人境界。

第五條是耐心忍讓、從長計議。從權術角度看，這無異於說，君子報仇，十年不晚，而格林的《權術48法》果然用了越王勾踐臥薪嘗膽的中國典故。從一般為人或關係管理角度說，這不失為一條至為重要的為人做事之道。

讀古人和今人的權術之道，或者引以爲戒，或者視爲楷模，就看自己的取捨了。從遠古的中國，到文藝復興時代的義大利，到近代的曾國藩，再到現代的基辛格，從渺若煙雲的歷史卷宗中，從無數歷史學家、政治家、軍事家、戲劇家和小說家的著作中，從中國的孫子到英國的莎士比亞到義大利的馬基雅維里，那一個又一個的權術圈套讓我讀得目瞪口呆、自歎不如，而不能不爲他們的智慧叫絕。我最深的啓發並不在於如何對權術的運用，而是在於所有的權術都是用到關係上的這一發現。啓發帶來了迷惑：關係的維繫是否必須靠權術的運用呢？你不用人家用怎麼辦？有沒有辦法可以防止和杜絕關係夥伴權術的各種遊戲？這些不能避免的問題讓我的思緒又回到我的朋友D的遭遇。

 ## 從「暗」的權術玩弄到「明」的權力分配

D是個地地道道的中國人，生在黃土地，長在黃土地。D又是個美國通，能說一口流利的英語，旅居美國的豐富經歷和閱歷又使他較早地融入了這個國家的主流社會。但美國人找D合作並非看中他的語言能力，也不是在於他對美國的瞭解。他們看中的是D與中國大陸的千絲萬縷的聯繫以及他的種種關係。換句話說，他們看中了D獨有的無形資本：他的中國人關係和他說擁有的對中國大陸政治、經濟、文化、社會的知識和經驗。從美國合作夥伴的角度看，

似乎是不必靠權術來獲得他們所需要的D的那些中國人關係和關於
中國的知識和經驗的，因為D本身就以這種無形的關係資本投入
的。但這樣想就過於簡單化了，因為權術的介入在關係建立之初就
有端倪。這也好理解，因為第一，D是個中國人，D的獨特的中國
文化背景，使美國的合作夥伴對他有戒備之心[3]。從某種意義上
說，從關係建立的第一天起，「不信任」的種子就埋下了。第二，
D懂得太多，無論從哪個角度看，這個中國人都比他的美國關係夥
伴的智力要高些，儘管他並不是一個生意人。對關係夥伴來說，D
的「聰明」不一定是好事，因為美國人也不乏「武大郎開店專找矮
的」，在很多情況下是「武大郎開店專找不高不矮的」。太矮了攬不
到生意，所以不能要；太高了，風采由他獨攬了，讓人也不舒服。
D的智力過「高」從一開始就埋下了終有一天會被逐走的隱患。D
的美國合作夥伴用權術的第一招，就是在雙方簽署的合作協定上打
下一旦有變D就會被逐走的伏筆：掌握絕對表決權的美方可在任何
時候任意決定終止合作關係。美國合夥人的生花妙筆，並不是把這
一條款寫進了協定文本，而是在寫進條款之前大講「友誼加兄弟、
真誠到永遠」，一再強調協定不過是個「形式」。D本是個很容易信
人的人，聽到「友誼加兄弟、真誠到永遠」，已經感動的不知如何
是好，再也不去細讀法律文本的條款了，並早早地在合作協議書上
簽了名。以後發生的都已成歷史，最終命定的結果是：D的無形資
本被全部用盡榨乾後，美方合夥人把他一腳踢走。我說的是「踢
走」，不是「請走」，是這場合作悲劇中最帶諷刺意義的，因為就在

被「踢走」的前夜，D還在做「做不成生意大家就一起去釣魚」的天眞美夢。美方之所以被說用了權術，是因爲他們利用了D的「天眞爛漫」和不諳商事，「精細設計」了關係的起始、發展和結束的總過程。其目的極其清楚：用最低的成本獲取D的最寶貴的無形資本，並且始終置D只有奉獻資本之責、毫無左右局勢之權的位置。儘管到頭來，過於精明的美國合夥人沒有因爲玩了權術而得到什麼，但D不僅喪失了寶貴的歲月，而且在心理上受到了極大傷害。我爲D總結了三條寶貴的教訓：一是對玩權術的人要提防，二是縱然自己不玩權術，但不可不談關係中的合理權力分配；三是在合作關係中，一旦自己的所有資源被利用，就要作好關係性質轉化的心理準備。關係夥伴能對關係作出獨特貢獻的資源，常是對方玩弄權術時關注的中心目標，一旦一個人的這種資源被用完，他在關係中的地位立即會有被動搖的可能。D的被逐就是在他的資源被用完之後。這眞應了《權術48法》中說到的一條權經。

　　格林的意思是，誰能成爲關係夥伴存在的根本依據或必須條件，那麼誰就在關係中占了上風，誰就是玩關係權術的高手。他講了五百年前法國宮廷裡發生過的一個故事。15世紀的路易十一國王篤信星占學，在宮裡養了一名星占師。有一天，這位星占師對國王說，宮裡某某人八天之內必定會死。八天之後，星占師的預言被證實：這某某果然在八天內一命嗚呼。路易大驚，驚恐之後理性讓他徘徊於兩個可能之間：一個是星占師爲了證實自己星占如神把這某某給謀害了，另一種可能是星占師果然神機妙算。可怕的是，這兩

種可能都會對他王位構成致命威脅。路易決定,為了保護王權,不管是哪種可能,星占師非死不可。一天晚上,星占師被傳呼到國王城堡頂上的房裡。事先早有兵將埋伏,只要路易信號一出,他們即將星占師推下城堡,讓他死個不明不白。星占師按時到達。路易想,既然他已死到臨頭,為何不再考他一次?路易說:「你說你精通星占,知曉他人的命運,那麼就來說說你自己的命運吧。你說說你還能活多久?」星占師不假思索,當即回答:「我會在陛下百年前三天死。」國王聽了星占師的話後,一言未發,但再也沒有發出原先設計好的信號。星占師性命保住。此後,路易十一不僅對星占師的性命嚴加保護,而且不斷送去貴重物品和最好的宮廷御醫對他好生伺候。1483年,路易十一駕崩,但星占師仍然好好活著,證明他的預言失靈,但同時也證明他更是個了不得的權術大師。星占師的高明是,他不動聲色地讓國王的命「依」到了他自己的命上。當代傑出外交家、政治家基辛格能在尼克森的白宮政府呼風喚雨,其政治生命久盛不衰,是因為他早就鋪設了一種尼克森不得不依靠他的政治結構。上面說到的那位星占師以後能受到路易呵護,絕不是路易皇恩浩蕩賜愛於他,而是怕他要他的命!馬基雅維里曾經說過,被人「怕」要比被人「愛」好,因為「怕」可以控制,「愛」則不能。朦朧的易變的「愛」只能給人帶去不確定。馬氏還說,最好讓人有求於你、依賴於你,不是出於對你的愛,而是怕失去你可能會引出的嚴重後果。馬氏真不愧為創造馬基雅維里主義的權術祖

師爺。

　　從上面的一些關於權術的故事裡，似乎不難得出權術難以避免的結論，這是因爲人有七情六欲，因爲權力太重要了，它能決定利益的分配、能控制人的命運。所有的關係中都有利益、權力的分配問題。你可以信奉原則、不玩權術，但你能保證你的關係夥伴潔身自愛嗎？我以爲，儘管難以避免關係中的權術現象，但絕不能提倡權術遊戲。權術，永遠是一把戳人心肺的尖刀。權術可以得逞一時，但很難坐吃一世。五百年前法國宮廷裡發生的星占師的故事更應該被看作無權無勢之人自我保護的聰明技巧。不提倡權術遊戲，不等於不要提防玩弄權術的小人或「大人」。我以爲，讀些諸如《權術48法》之類的閒書，再讀讀《資治通鑒》之類的經典，常翻翻《紅樓夢》之類的文學，以至飯後茶餘聊談民間的人際權術的雕蟲小技，一可學習古今各式人等的超人智慧，二可以引爲警戒，三可用作照妖的鏡子，何樂不爲？

　　對嚴肅的關係管理來說，「暗」的權術不可取，我們要提倡的是「明」的權力分配。玩權術不好，但權力本身是中性的，無所謂好也無所謂壞，因爲權力只不過是人影響人的力量。你影響我的力量強於我影響你的力量，那麼你的權力就比我大。權力既然是人對人的影響，那麼單獨一個人做自己的事、吃自己的飯、睡自己的覺就無多大權力可言。但是一旦人與人發生了關係，就立即會有權力和權力分配問題。換言之，在所有有人群的地方，都有權力現象和權力分配的問題，大到國家，中到組織，小到一般的人際關係。比

如成立合資企業，就有個投入資本的比例問題，誰是大股東，誰是小股東，如何大如何小，或者乾脆一半對一半，是不能避開的。一般說來，大股東比小股東擁有更大的表決權，也就是決定重大問題的權力更大。合資經營公司經驗豐富的生意人在表決權上常常是寸步不讓的，因爲公司的命運無論從理論還是實際操作上都將會掌握在表決權大的那一方。因此，股權分配就是權力分配，合資雙方或幾方誰都不能先做君子後做小人，而是一定先做小人後做照章辦事的君子。當然，成立合資公司並不是總是做大股東好。大股東權大，投入也多，責任也重，失敗了吃的虧也大，犯了法還得領著頭去坐牢。小股東權小，說話的力度比不上大股東，成功了所獲得的利益也不如大股東，說不定還要受大股東的欺負和擺弄。但小股東也有自身保護的方法，比如可以爭取到「一票否決」的權力。就像聯合國的五個常任理事國，每個都有否決權，誰行使了否決權，決議就通不過。我的經驗是，作爲小股東，從一開始就應該努力爭取「一票否決」的權力。別小看「一票否決」，在充滿變數的商場，它可以免你的滅頂之災。中國大陸武漢市有一位企業家B，艱苦創業多年開起了一家頗具規模的公司，以後擴展成爲一家合資公司。B生性厚道，只想著別人、想著把企業儘快發展起來，而把自己給忘了個乾淨：到頭來自己在公司的股份只剩了一個零頭的零頭。由於B已經在公司上下建立了自己的威信，所以公司董事長的職務仍然非他莫屬。但是B不知他已經把自己置身於火山口上。2002年初，這位正在念在職博士生的B去美國做訪問學者[4]，一去就是半

年。對那些同床異夢的公司合夥人來說，這正是搞「宮廷政變」的好時機。「政變」果真發生了：公司的唯一的大股東趁機召開了連董事長也不知的「董事大會」，意欲罷免正在國外的董事長的職務，以便將公司控制於自己的手下。B深知各種「機關」，當即中止在美國的學習，飛回武漢處理「事變」。合資公司正好有一個香港股東，在合資公司成立時就爭取到了「一票否決」權。香港股東同樣地看到了「事變」背後的用心，毅然地用他的「一票否決」扭轉了局面。事後B深有感觸地說「多虧了那寶貴的一票否決」！

俗話說，名不正言不順。組織的權力分配常常表現為職位的分配上，如果董事長由大股東擔任，那麼總經理的職位可由小股東來擔任，以求平衡和相互制約。當然有職無權的人到處都有，這說明職位是一種「象徵」。事實上，權力不是職位賦予的。權力是人賦予的：別人或別的人群。就一對關係夥伴來說，甲的權力，無論是大是小，是乙給予的。反之亦然。「明」的權力分配只是最基本的一步。到底是有職有權還是有職無權，那要看合作雙方的實際表現了。

由職務來表現的權力的最明顯的特點是它的透明和象徵意義。在組織生活中，大量的權力現象並非直接與「明」的職務有關，而是成了「集體無意識」。「集體無意識」原本是一個文化概念，但它與組織的權力現象有著極其密切的關係。簡單地分，權力有表層結構和深層結構兩種。權力深層結構使權力現象變成了集體無意識。下面我們來看一看這兩種權力的區別以及這種區別給權力管理帶來的挑戰。

# 權力的表層結構和深層結構

　　組織的權力表層結構包括：一、權力的行使者和行使對象；二、權力的外在表現形式；三、權力和地位的象徵符號系統；四、對權力擁有者的公開挑戰……等。

　　首先，每個組織都有權力行使者和被行使者的明顯區別，因為每個組織都是一個權力系統。在這個系統中，有些成員有權，有些成員則無權。有些成員權力比較大，有些成員權力比較小。這些都是在權力的表層結構裡，因為人人都可以看得到、直接感覺得到。比如，我們可以看到無權的向有權的靠，權小的向權大的靠。同時，我們也看到有權的向無權的、權大的向權小的「暗送秋波」的現象。看似奇怪，其實一點也不奇怪，因為這正是「社會交換」理論說的一種權力「交換」。出於各自的需要，無論是有權的還是無權的都會受到對方的牽制（請注意，這裡「有權」和「無權」只是相對而言，並無絕對涵義）。比如，一個所謂無權的一般員工仍可以享受憲法保證的「選舉」和「說話」的基本權利，他可以對哪位濫用職權的領導投反對票（特別是在無記名投票的情況下），或者公開站出來揭你的醜（假如你逼得他無路可走的話）。所以，有權的也「有求」於無權的小人物，事實上他們總是在某種程度上相互依賴的。在一種相對民主的體制下，無權者對有權者的制約相對地

會做得好一點。當人們在處理關係中的權力分配時，也應好好注意權力行使內在隱含著的相互制約。誰因為權大，而以為可以胡作非為、濫用職權，那麼有朝一日可能被權小的吃掉。這就是權力辯證法。

第二，權力的外在表現形式包括命令、指示、獎勵、恐嚇、懲罰……等。組織在招考人員時，人事部主管能決定錄用誰，這是他的人事權。公司的總經理可以按組織成員的工作表現決定其被提升還是被解僱，這就是我們平時說的管理高層的「生殺權」。一個組織在對權力進行分配時，常會遇到誰扮「紅臉」誰扮「白臉」的問題。「白臉」當不好，會引起人的怨恨，但「紅臉」也不好當，被表揚的人當然心裡高興，但自認為做得比被表揚的還要好的人就憤憤不平了。從這個意義上說，不一定人人都喜歡有權。世上無「權欲」的也大有人在，特別是那些心境平和、與世無爭的人就惟恐被推到「權位」上去。也有些不求有功但求無過的人，更是多一事不如少一事。教授在美國大學教書擁有很大的「生殺權」。倘若我這個當教授的堅持要讓你不及格，那麼你就是疏通了校長也無濟於事[5]。權力，特別是作為表層結構的權力，人只知有權好，殊不知常常是無權一身輕。

第三，權力和地位的象徵符號系統包括職稱、級別、薪水、獎金、辦公室的方位、大小及擺設、轎車的牌子、有無專職司機、有無專職秘書，以及分得住房面積的大小……等。我與中國大陸的朋友討論權力與職位的關係時，常常問起關於「級別」對一個官員或

國營企業領導的重要性這一問題。他們一致說「太重要了」，因為它與「待遇」有關。看一個人重要與否，不必看他的人本身，就看他的車：車的牌子、排氣量以至車的牌照號碼。我在很晚才學到，車的牌照號碼越小越好，在有些地方交通警察見了都要敬禮。這些都是權力和地位的「象徵」，在全世界都一樣。我在美國人開的一家公司當顧問，我的大部分時間在大學教書，不參與公司的管理，但有很大的權，更有一個「象徵」，那就是我的特別停車位。在停車位緊缺的紐約或波士頓，特別留出一個停車位可是件大事，那不僅是一種必須，而且更是一種權力的象徵[6]。要指出的是，權力象徵，常常是離間有權人與無權人的關係的討厭的障礙。驅除這些障礙，是權力管理的一個不小的任務。

最後，對權力擁有者的公開挑戰，也是一個組織的權力表層結構的有趣反映。權力本身無所謂好也無所謂壞，有人群在就有權力。但權力分配不均，權力高度集中，權力的絕對化（即不受到制約），最終會導致權力的濫用，並引起各種腐敗現象的出現和難以克服，久而久之必然會引起內部矛盾以至招來人的公開挑戰。對權力的公開挑戰，聽來勇敢而悲壯，但做起來可能障礙重重。而且挑戰一旦公開化，很可能將矛盾迅速激化，甚至最終導致合作或工作關係的中止。對於關係的權力管理來說，對權力的公開挑戰就是權力矛盾的激化和公開化，如何對矛盾來定性，如何來妥善地解決，是必須謹慎從事的。

以上談到的都是權力的表層結構上的現象。權力的表層結構是

傳統權力理論最爲關注的問題。現代權力理論把視線更多地轉向了權力的深層結構。權力的深層結構，指的是那些不貼權力標籤的權力現象，是一種「集體無意識」或者「關係無意識[7]」。集體無意識，可以發生在一個「大」集體中，比如可以指一個文化的成員對文化規範的「無意識」。也可以指一個組織，比如一個組織的成員天天準時上班，因爲不準時會被扣獎金，而且這種行爲和想法已經成了組織內大部分成員的「常規意識」，那麼它們就是一種集體無意識。同樣，在無論哪種關係中，關係夥伴按雙方協定或社會約定俗成的規則行事，那麼他們之間就有可能存在一種「關係無意識」。當組織或關係中關於權力分配和權力行使的種種規則「內化」成了集體無意識和關係無意識，那麼它們就成了我在這裡說的權力的深層結構。我想從四個角度來談權力的深層結構：一、組織、關係遊戲規則的「內化」和背景文化規範的「轉換」；二、組織成員或關係夥伴如何用控制關鍵資源的手段來獲取不貼權力標籤的權力；三、資訊和傳播技術如何靜悄悄地使組織和關係結構走向扁平；四、組織或關係中的「虛假共識」作爲深層權力結構的一種「自欺欺人」對組織和關係的腐蝕。

　　第一，組織和關係中的權力象徵露於表面，容易被人感知和認識。人們忽視的是直接或間接地與權力分配或行使有關的種種規則和規範的「內化」和「轉化」——對某個特定組織或關係的規則的「內化」，和對從背景文化中早就習得的規範的「轉換」。比如在一個紀律嚴明的組織內，下級要服從上級，重大決策下級要主動請示

上級。這對各種黨政部門的工作人員來說，早已成了被「內化」的自律行為，成了一種集體或組織無意識，以至於不再覺得這是一個權力分配問題，儘管「下級服從上級」和「重大決策下級要主動請示上級」直接地與權力分配有關。組織中也存在大量與權力分配並不直接發生關係的無意識現象。比如，某家歷史悠久的公司從來沒有由女士擔任主管的先例，因為「歷來如此」，所以被「內化」為天經地義，人們不再問為什麼，也從來沒有人提出公司是否一直在實行男權主義的可能，成了一種對男女權力分配的集體或組織無意識。對組織和關係權力分配和行使，同樣地會受到背景文化的規範的制約，而且這種制約常常在不知不覺的「轉換」中進行和完成的。之所以說轉換，是因為人們對背景文化規範的內化或許早就實現了。如何把已經內化了的規範變為作為組織成員或關係夥伴的自覺或「無意識」行為，那要一個轉換的過程，儘管它常是在無聲無息中完成的。比如，某關係中的兩個合作夥伴，一老一少，儘管他們各各擁有50對50的股份，兩人的職務都是「並列董事長」，而且在協議書寫明兩人平等地分享權力，但問題是一個老一個少，而且「老」的是父親，「少」的是兒子。兩位關係夥伴都來自同一個背景文化，都已雙雙「內化」了「少」敬「老」、兒子聽老子的文化規範。在這種情況下，未來的公司的運作將是怎樣的呢？他們的權力關係又怎樣維持呢？他們能否「意識」到隱藏在深層結構的權力分配「觀念」將會嚴重影響表層結構中的權力分配的明確「界定」呢？

　　第二，在很多情況下，表示地位的職務儘管是「明」的，但可能職位顯赫而大權旁落。相反，一些職位「輕微」的人可能掌了大權。他們儘管職位輕微，但可以控制到關鍵的資源。比如，某某副科長官位不到七品，但有著「通天」的關係，誰能惹他？他對人的影響力，即權力，能小嗎？再比如，某某有著別人沒有的技能和知識，缺了他的幫助，你要辦的事就別想辦成，你能不敬他？我大學剛畢業就被派赴非洲某國的一個專家小組做援外，我當時有許多對我不利的條件：年紀輕、經驗少，既不是「紅五類」，又不是共產黨員，什麼「背景」也沒有。我不過是專家組的一個「小」翻譯，我的唯一本事就是能說幾句外語。沒想到，懂外語成了我的獨特資源，使我在西非的貧窮鄉村裡頓時身價倍增[8]。當然一個小翻譯的「權力」怎麼大也大不到哪裡，看看當今的一些秘書，無論是秘書先生還是秘書小姐，無論是在中國大陸、台灣或香港，還是在外國，誰能不刮目相看？為什麼呢？因為他（她）們常常掌握了包括關係資源在內的許多關鍵資源。對關鍵資源的有效控制是取得沒有權力標籤的權力的輕便途徑。但是千萬別忘了，當你一旦喪失對關鍵資源的控制，你就會像被罷了官、免了職一樣，一夜之間你的「權力」會消失得無影無蹤。

　　第三，資訊和傳播技術的迅速發展，正在無可抗拒地改變著組織和關係的權力結構。二十年前，在中國大陸做官的一個「特權」就是看「大參考」，聽「內部傳達」，讀「內部文件」，在資訊爆炸的今天，這些特權已經沒有必要，就像已經沒有必要再辦以前的那

種「友誼商店」一樣——現在有了錢,去哪兒都能買到以前必須去「友誼商店」才能買到的物品。培根說,知識就是力量。這是千眞萬確的。就今天來說,資訊就是力量,誰掌握了資訊,誰就會「有職有權」或者「無職也有權」。由於資訊傳播技術的發展和它們在現代組織的廣泛運用,資訊,已經不再是一部分人的私有財產,不再是能單獨享有的一種特權。資訊獲得、處理和傳播的容易正在使組織的權力結構趨向扁平。事實上在世界範圍內,過去的十年正是企業、公司的中層管理被裁員最多的十年。市場競爭的空前激烈更是使企業的權力實實在在地下放到第一線的理由。組織權力的金字塔結構正在變成倒金字塔結構,甚至正在變成一個面或一條線。

第四,被批判了幾十年的「一言堂」和「長官意志」,不僅依然在,而且有更甚之勢。美國的傳統企業是最不講民主的,從來就是一言堂,講「首席執行長意志」,最典型的例子可能就是GE的原董事會主席兼首席執行長的威爾許了。你如果讀過他的自傳,就很難相信他是一個講民主的企業家。美國企業界的腐敗和無作非爲,與高度集權有關。看一看,美國哪家大公司的高階主管不是身兼兩職的,一是董事會主席,一是首席執行長。有的公司是一身兼三職:除了董事會主席和首席執行長之外,還要加上「總裁」的高帽。一方面是高度集權,另一方面是鬆懈的制約機制,腐敗和無作非爲便成必然的了。近來,美國已經有人嚴肅提出公司應該把這三個職務分拆,變成三駕馬車,以便相互制約。中國大陸、台灣和香港的有些企業也熱衷於「虛假共識」,有時總裁一個眼色,手下的

人就開始「認真領會」，然後便是硬性地「統一認識」，殊不知這是一種建立在沙灘上的自欺欺人，早晚會倒塌。可怕的是，這樣的爭取「虛假共識」的權力遊戲一旦變成集體或組織無意識，變成一種深層結構，會嚴重阻礙企業員工對組織的忠誠度，引發對領導的不信任。

至此我們已經討論了權力表層結構的四種現象和深層結構的四種表現。對這些現象和表現的理解，將會增強對他們進行有效管理的意識、提高權力管理的能力。下面我們來著重來看一看關係的權力管理與6個大C的關聯。

 ## 權力管理與6個大C模式的運用

在這一節，讓我們把討論的重心放在如何用6個大C模式來指導關係的權力。下面就分6小節來討論。

### 一、權力管理與Common Interest（共同利益或興趣）的關聯

權力本身無所謂好或壞。要求在關係中對權力進行合理分配的人不能說是「壞」，而對權力表示毫無興趣的人也不一定是「好」。為了維護關係的共同利益或興趣，對權力應該進行合理分配。同

時，為了權力的使用做到合理、合法、合乎道義，也需要必要的相互制約。現今在世界範圍內，對企業、組織、關係中的權力使用進行相互制約的機制都並不完備，都有繼續健全的必要。比如美國2002年集中暴露出來的企業貪污受賄、胡作非為的惡性案件，究其原因，重要的一條是企業高層權力過於集中、CEO的權力過大。CEO是企業的首席執行長，是個行政首長，應該受到公司董事會的制約，當CEO同時又是公司董事會主席的時候，這種制約就常常是一句空話了。現在相傳美國的企業管理改革也要造成「三權鼎立」以相互制約的格局，當然究竟如何發展，仍須拭目以待。中國大陸的企業，一人大權獨攬的情況比比皆是，怎麼「獨攬」法，則要看具體單位了。比如，有的組織無論是黨務還是政務，一切都是黨委書記說了算。有的企業是「總裁」或「總經理」一言九鼎，誰都不能說個「不」字，就連書記也只能忍氣吞聲。這些都是權力制約機制不健全的反映。一旦大權獨攬，企業管理高層管理人員之間的關係勢必出現不和，以至互相傾軋的不良局面，這對企業管理的負面影響常是致命的。

權力分配不是權力平分。在合作關係夥伴中，有三種基本結構。一種是50對50的「平等結構」，平分秋色，在所有問題上，不管大小、輕重、緩急都要來個舉手表決，這像在聯合國了。在現實生活中，關係的性質各各不同，日常要處理的問題也五花八門，如果事事碰頭開會，每每要等到意見完全一致以後才能定奪，這不僅大可不必，而且常常會誤事、誤人、誤了機會的。第二種結構是一

方權大一方權小的「傾斜結構」，這不一定好，也不一定不好，要看關係的性質和任務的性質。一般原則是權大的一方要謹慎用權，權小的一方要做好協助、監督工作。出了問題應該多商量多協助。第三種結構是一種「平行結構」，比如一方負責對內關係管理，另一方負責對外關係管理，關係夥伴在分工範圍內享受「完全的」權力，在各個具體領域內權有大小，但總起來說權力的分配是平等的。

權力制約是嚴肅的，但權力制約並不是「等著人家犯錯」、更不是「就等著逮那小子」了。這樣的「制約」，從一開始就毒化了氣氛、褻瀆了關係的神聖。權力制約的建立是為了防微杜漸、防患於未然，為了防止獨斷獨行、以權謀私，為了在權力系統設置上對關係的共同利益進行保護。

## 二、權力管理與Communication（交流、溝通）的關聯

權力與人際交流和溝通的方式有著極其密切的關係。首先，權力的分配、相互制約及其表達無可避免地會表現在關係雙方的交流、溝通方式上。我們知道，資訊交流、情感溝通有兩個基本層次，一個是內容層次，一個是「關係」層次。內容層次講的是交流了什麼[9]、溝通了什麼，而「關係」層次講的是如何[10]交流的、如何溝通的。「意義[11]」就是「交流了什麼」和「如何交流的」的相

加。有意思的是，在「關係」層次上表述的「如何交流」和「如何溝通」常常比「交流了什麼內容」和「溝通什麼情感」更有「表意性」。比如，在一對關係中，甲的權力大於乙，人們從甲對乙講話的腔調、口氣、眼神、手勢、神態中可以把關係的權力結構看得一目了然。反過來，看著乙對甲的唯唯是諾、亦步亦趨，誰都能猜準了他是個職位卑微的無權之輩。這種情況在一個講究權勢大小、輩分高低、尊貴有別、階梯明顯的社會結構中，是一種日常儀式，長此以往也就成了我在前文所說的「集體無意識」或「關係無意識」。

　　一方面，權力會影響關係夥伴之間的思想交流和情感溝通。另一方面，思想交流和情感溝通以及交流和溝通的方式，也會影響到權力的行使和權力行使者的威望和信譽。我以為，越是職位高、權力大的人，越要禮賢下士、平等待人，越是傾心聽取別人的意見。這樣只能贏得關係夥伴或一般民眾的擁戴和尊敬。但現實世界總是難盡人意。有些人官運亨通，升官如坐直昇機，對人的態度則可以變得更快，如坐火箭，今天眼睛看人，明天眼睛朝天上看了，什麼與人交流思想、溝通情感，早已忘得一乾二淨。更有甚者，自己職位並不顯赫，權力也不大，但終日趾高氣揚、不可一世，欺壓百姓，比誰都狠。這些人常在背後被人恥笑或怒罵，一旦革命來了，就少不了挨上幾扁擔或幾拳頭。人們總是說，這是態度問題。我想，這不僅是對人的態度問題，更是對手中權力的濫用。對濫用手中權力的人，應該按權力管理的要求來認真處理。

## 三、權力管理與Credibility（信譽、可信）的關聯

　　從本質上說，權力是「別人」給的。就關係夥伴中的甲和乙權力分配來舉例，假如他們之間遵循著一種「平行結構」，那麼這種結構的維持是建立於相互信任、相互支援的基礎上的。如果甲在乙背後玩弄權術，以至信譽喪失殆盡，逼得乙收回對甲的支援，那麼甲就可能被置於一種權力旁落的局面。一個人要有職有權，他必須建立自己的信譽，在關係夥伴的心目中是個可信的人。

　　就權力管理與信譽的關聯而言，最忌諱的就是對關係夥伴玩弄權術。權術是射向信譽的最致命的子彈。在關係夥伴背後搞「宮廷政變」，成功也好，失敗也好，最終必然導致信譽的喪失。我在上文曾經提到我在武漢的朋友B的故事，他在不久前就經歷了那場「宮廷政變」，在他心靈深處引起的震盪是空前的，使他全面地來審視與合作夥伴的關係。有一點已經肯定，那就是他從今以後不會再相信那位要從背後把他拖下馬的股東。

　　上文幾次提到，權力本身是中性的，對權力本身不能作出價值判斷。但是一旦有人介入，一旦有人權欲薰心，千方百計地要以權謀私，那麼權力便成了人手裡的工具，他可以把它變成貨幣、變成財富、變成與人討價還價的一種籌碼，甚至變成置人於死地的利器。他或許得了，或許贏了，但他又同時失去了很難失而復得的、最珍貴的東西——信譽。權力，就像金錢和美女，對人似乎有著巨大的誘惑力。所以要當心，別讓權力坑了！

## 四、權力管理與Commitment（承諾、執著）的關聯

　　權力這東西說是中性，但喜歡它的人古今中外遍地皆是。喜歡權力，只要用得合情、合理、合法，不一定是壞事，但倘若過於迷戀權事，就像過於迷戀金錢和女色一樣，早晚為權所累，以至為權所害。第5章談關係成功要素之一「承諾、執著」的時候，說過四句話：對人對事要執著；凡事要盡職盡責；承諾是一種自律行為；時過境遷，承諾不變。這四句話對關係的權力管理同樣有著重要意義。

　　首先，有了對人對事的執著，就會以一種非常嚴肅的態度去對待關係中的權力管理。我朋友B的合作夥伴玩弄「宮廷政變」的危險遊戲，正是說明了這位合作夥伴已經背信棄義、撕毀承諾。凡事要盡職盡責，不應該是一句空話，而是必須去認真實踐的一種責任。所謂盡職盡責，就是要非常謹慎地將權力與責任分清，而且要把權力本身看作為一種責任，而不是謀取私利、尋求個人權欲滿足的一塊跳板。如何使用好權力就是對關係和關係夥伴的最好承諾，它本身也是一種自律行為。美國2002年發生的公司腐敗醜聞，一個個CEO或CFO[12]的落網，究其根本原因，就是大權在握、金錢在手使他們鬆懈了對自己行為的自律。時過境遷，是最能考驗人能否堅守承諾的時候。當自己的合作夥伴的資源到了糧盡彈絕的地步，是乾脆落井下石來個席捲一空統統歸為己有呢，還是信守承諾、同甘共苦，以利重整旗鼓、東山再起？第5章寫到的D的故事，裡面的

反面主角選擇了落井下石的卑劣作法，嚴重侵犯了D的權益，是對權力的濫用、對權力神聖的褻瀆。

## 五、權力管理與Collaboration（合作、協作）的關聯

關係成功的又一個要素是精誠合作。同樣地，關係夥伴之間的精誠合作也不應該是句空話。精誠合作最重要的內涵是看合作夥伴如何在權力分配和使用上的態度和作法。去美國前我原在上海的一所大學裡執教，至今我仍記著我的這所大學當時的黨委書記與校長的合作。由於我只是霧中看花，看不清楚，所以很難說他們是精誠合作還是「在場面上還過得去」。在當時所處的環境和形勢下，就是「在場面上還過得去」就已經難能可貴了。我的印象是，他們在權力分配上輪廓清楚，黨委書記就是行使黨委書記的權，校長就是行使校長的權。更令我欽佩的是，那兩位德高望重的領導在公開場合，總是相互支援，相互「抬舉」，一唱一和，頗為協調。我們現在的一些單位的領導把那個「權」字看得太重，高階主管不和或面和心不和的情況時有所聞，權力鬥爭導致資源內耗、人心渙散，為組織目標的實現設置了人為的障礙，實在不可取。

在權力行使上做到精誠合作的一個條件是，有問題就該放到桌面上來談，而且一定要以誠心誠意解決問題為目的。有問題不放到桌面上來談，或者放到桌面上，但沒有解決問題的誠意，那麼離玩弄權術只有咫尺之遙了。

## 六、權力管理與Compromise（妥協、讓步）的關聯

假如權力管理是一種藝術的話，那麼妥協和讓步與它的關聯最大了。這兒指的並非是權力衝突鬥爭（它屬於下一章討論的任務），而仍然是指權力的分配、行使和相互制約。既然權力說的是人對人、對事、對過程的一種影響力，那麼就有個妥協、讓步的問題。首先是職位的分配（權力分配常常是透過職位的分配來完成的），誰當主管不光是權大權小的問題，更重要的是看能力、看經驗、看威望，甚至要看關係、看需要、看擺得平擺不平。這不是一個數學問題，而是一個戰略問題。在某種情況下，合資企業的大股東不一定任董事長。比如，我曾幫助建立的幾家中美合資公司，儘管美方是大股東，但任董事長的幾乎都是中方。這是從戰略上考慮的結果，也有妥協、讓步的因素在內。

在行使權力的時候，也不一定是權小的必須聽權大的，這要看誰對誰錯。有時對的還偏偏要聽錯的，這是妥協、讓步的需要。一般說來，有權的要向無權的讓步，權大者要對權小者妥協。但是倒過來做的也有，不是就事論事，就是以大局為重。當然，妥協、讓步也要有個程度，一味的退、一味的讓也會導致權力結構的過度傾斜，引出最終一方給另一方吃掉的可能。

在權力的相互制約上，也應講究讓步、妥協。權力制約結構無疑地應有相對的穩定性，但環境在變、公司的目標、人員、經營策略以至各種外部條件都在不斷的變化中，這注定會影響到權力結構

的穩定，而且會促使權力結構的變化：有些職位要裁掉，有些職位要增加，有些環節要加強制約，有些環節則要放鬆制約。這就要在關係夥伴中講相互的妥協和讓步了。

## 本章提要

· 從遠古的中國，到文藝復興時代的義大利，到近代的曾國藩，再到現代的基辛格，從渺若煙雲的歷史卷宗中，從無數歷史學家、政治家、軍事家、戲劇家和小說家的著作中，從中國的孫子到英國的莎士比亞到義大利的馬基雅維里，那一個又一個的權術圈套讓人讀得目瞪口呆、自歎不如，而不能不為他們的智慧叫絕。

· 對嚴肅的關係管理來說，「暗」的權術不可取，我們要提倡的是「明」的權力分配。玩權術不好，但權力本身是中性的，無所謂好也無所謂壞，因為權力只不過是人影響人的力量。

· 每個組織都有權力行使者和被行使者的明顯區別，因為每個組織都是一個權力系統。

· 權力的外在表現形式包括命令、指示、獎勵、恐嚇、懲罰……等。

· 權力和地位的象徵符號系統包括：職稱、級別、薪水、獎金、辦公室的方位、大小及擺設、轎車的牌子、有無專職司機、有無專職秘書，以及分得住房面積的大小等等。

· 權力分配不均、權力高度集中、權力的絕對化（即不受到制約），最終會導致權力的濫用，並引起各種腐敗現象的出現和難以克服。久而久之必然會引起內部矛盾以至招來人的公開挑戰。

· 權力的深層結構，指的是那些不貼權力標籤的權力現象，是一種「集體無意識」或者「關係無意識」。

‧對組織和關係權力分配和行使，同樣地會受到背景文化的規範的
制約，而且這種制約常常在不知不覺的「轉換」中進行和完成
的。

‧對關鍵資源的有效控制是取得沒有權力標籤的權力的輕便途徑。

‧由於資訊傳播技術的發展和它們在現代組織的廣泛運用，資訊，
已經不再是一部分人的私有財產，不再是能單獨享有的一種特
權。資訊獲得、處理和傳播的容易正在使組織的權力結構趨向扁
平。

‧爭取「虛假共識」的權力遊戲一旦變成集體或組織無意識，變成
一種深層結構，會嚴重阻礙企業員工對組織的忠誠度和對領導的
不信任。

‧美國2002年集中暴露出來的企業貪污受賄、胡作非為的惡性案
件，究其原因，重要的一條是企業高層權力過於集中、CEO的權
力過大。

‧權力制約的建立是為了防微杜漸、防患於未然，為了防止獨斷獨
行、以權謀私，為了在權力系統設置上對關係的共同利益進行保
護。

‧一方面，權力會影響關係夥伴之間的思想交流和情感溝通。另一
方面，思想交流和情感溝通以及交流和溝通的方式，也會影響到
權力的行使和權力行使者的威望和信譽。

‧權術是射向信譽的最致命的子彈。

· 美國2002年發生的公司腐敗醜聞，一個個CEO或CFO的落網，究其根本原因，就是大權在握、金錢在手使他們鬆懈了對自己行為的自律。

· 精誠合作最重要的內涵是看合作夥伴如何在權力分配和使用上的態度和作法。

· 一般說來，有權的要向無權的讓步，權大者要對權小者妥協。妥協、讓步也要有個程度，一味的退、一味的讓也會導致權力結構的過度傾斜，引出最終一方給另一方吃掉的可能。

# 注釋

[1] 此書的英文名爲 *The 48 Laws of Power*，由美國 Penguin 出版社 2000 年出版。

[2] 即英文 Power 一詞。

[3] 就像有人以「又愛又恨」四字來形容中國和美國這兩個大國的關係，中國人與美國人的關係似乎也是如此。這種「又愛又恨」的情結讓他們相互之間常有戒備之心。

[4] B 正好到我任教的中康州大學做了半年的訪問學者，我正好被請去講了幾堂課，我們因此而相識。

[5] 有一次，我讓班上的兩個德國來美留學的學生雙雙得了個「F」（即不及格）。兩位小姐火冒三丈，當即找到了我所在的文理學院院長，要院長出面調解。院長說「放一碼」吧，我說「這兒不行『治外法權』，非殺不可」。院長無奈，只得讓我享受我當教授的評分「極權」。其實這樣的事絕無僅有，我一般是採取「放一碼」的作法，而且我常常爲不能讓每個學生都得「A」而覺得做了錯事似的。現在美國大學的研究生，個個都要得「A」，世風日「上」，從哈佛到耶魯的教授們也都跟著潮流走，成了美國大學「分數膨脹」的「責任者」。我想讓良心作主，但招來的往往是一半歡天喜地，一半怨聲載道。有人問我，在大學教書，最頭痛的是什麼？我會不假思索地說：是我的「評分權」！我眞希望，我的「評分權」讓校長、院長、系主任拿走。

[6] 我在心理上特別厭惡這種「象徵」，特別是在車位根本不緊張的地方也來圈個 "RESERVED" 方塊，會招來許多人的不快。我每次去我的那個特別停車位停車，心裡就感到像做了賊似的。

[7] 「集體無意識」是社會心理學的一個概念，指文化成員把天天做的事視爲理所當然，不再去思索以至不能意識到它的存在。佛洛伊德提出過「個體無意識」，指的是人常常對自己行爲背後的動機沒有意識。我這裡提出的「關係無意識」是指關係夥伴對關係中發現的現象司空見慣、熟視無睹的一

種思維和行為特徵。關係中的許多權力現象，由於經常發生，也就不以為然了。

[8] 我的熱得像蒸籠一樣的住所天天賓客滿堂：專家開會需要我，廚師上街買菜要我帶路，快要期滿回國的同事要我陪著去買禮品，禮品買錯了叫我去退，連堂堂司局級的專家組長也常「請」我陪著去哪兒走一趟。受到「尊敬」的那種感覺真是美極了。好在我自知是個「小」翻譯，想的更多的是如何好好地為大家服務，始終未敢濫用「權力」。現在回過頭去想想，這真是我一生中享有最大權力的時期！

[9] 在傳播學裡，內容層次上講的是What。

[10] 在英文裡就是How一詞。

[11] 這裡指的是Meaning的意思。

[12] 指首席財務官。

# 關係的衝突管理

在美國每天打開電視機，看到的新聞往往不是本土的暴力兇殺，就是第三世界國家的兵荒馬亂。2001年9月11日以來，看到、聽到最多的當然是關於恐怖主義和反恐怖主義活動的消息、關於為什麼要打伊拉克的報導。戰爭、暴力、殺戮、報復、自殺爆炸、恐怖活動成了天天震盪耳膜的辭彙。人們以為，柏林圍牆倒了，冷戰結束了，世界太平無事了。這種美好願望到了911以後已經被撕得粉碎。人們都已清醒地意識到：今天的世界更不太平了。在美國或在其他任何國家或地區，如果我們把眼光轉向組織，轉向公司，轉向人際關係，那麼我們看到的也是矛盾不斷、衝突多多。組織關係中的衝突，固然少有刺刀見紅的惡性事件，但去哪裡都能聽到拍桌子、摔杯子的聲音，在哪天都可以看到為了一件小事而要爭個面紅耳赤的情景。衝突的存在永遠是常規，像地球一樣永遠地在轉，像太陽一樣晚上落下早上又升起了。所以，大到國家與國家，中到組織與組織，小到個人與個人之間的關係，衝突管理就成了所有國家的政府、所有組織的高層管理和所有的關係夥伴的一門必修課。

社會學家多少年來爭論的一個問題是社會的、組織的和個人與個人之間的衝突）到底好還是不好？暴力兇殺、恐怖活動之類的惡性衝突當然不好，要堅決制止。那麼一般的衝突呢？有的社會學家[1]強調衝突的負面影響，說衝突會動搖、破壞社會、組織或關係的穩定。有的社會學家[2]則更多地重視衝突的正面功能，說它可以成為社會、組織和人際關係的「溢洪道」，可以幫助發現矛盾進而有針對性地去解決矛盾。理解了衝突的種種表現、衝突的性質、衝突

可能引起的負面影響、衝突潛在的積極因素，就可以幫助提高對衝突管理的重要性的認識。就像第6章所討論的情感、第7章所涉及的權力，這一章要寫的衝突也是關係的伴隨品，就像有關係就有情感問題、有權力的分配，有關係也必然有衝突。但衝突作爲一種客觀存在無所謂好也無所謂壞，問題是如何來對它進行管理，以促進它向積極的方向發展。

 ## 衝突的種種表現

衝突的種種表現粗略地可以分成四類：第一類是衝突走向極端的表現形式，如戰爭、火併、恐怖活動、暴力兇殺……等，我們可以把這些衝突叫做「極端衝突」。第二類衝突是基於利益、文化價值、個人信仰的相背而引起的「鬥爭」，可以把它們歸入「原則衝突」一類。第三類是由經驗世界的不同、知識結構的差異、認知視角的千變萬化而引起的「分歧」，這種衝突可以被稱爲「非原則衝突」。第四類是言語或非言語交流和溝通方式的不協調而發生的「摩擦」，可以叫作「言語和非言語衝突」。下面讓我們來對每個類別作分析。

## 一、極端衝突

極端衝突可能一方代表正義，另一方代表非正義，也可能是合作夥伴，甚至兄弟之間出於種種原因而發生的自相殘殺。如果是非正義的，那麼勢必會造成環境的動盪，對社會、組織、人民生活會造成極大的破壞。有的表現為極端形式的衝突可能是正義的，如反侵略戰爭，但在客觀上也會有破壞甚至要死人。打戰，即便是正義的，總是不得已而為之。民族之間、宗教組織之間，由於歷史的原因而引起的相互殺戮，常常很難說有正義與非正義、錯誤與正確之分，但雙方表現出來的那種世代怨仇、那種你死我活的愚蠻精神，除了令人歎息之外很少會有好結果。

在最初起草本書這一節的時候，正值聯合國安理會通過關於解除伊拉克武裝、令其接受武器檢查決議這一天[3]。現在我正在為本書的出版而在對原草本進行修改，美國與伊拉克的戰事已經進入第19天[4]。人們希望戰事儘快結束，以停止造成更大的傷亡。現在擔憂的是，這場戰爭對將來造成的負面影響將是世代性的。極端的暴力衝突從長遠看，只有輸家，而無贏家。全世界都知道，美國一旦出兵伊拉克，伊拉克必敗海珊必亡是鐵定的，但從今以後，恐怖主義的火極有可能燒到美國的後院，那時美國人更難過上太平日子了。道理很簡單，贏家要把敵人剷除乾淨，輸家則要報仇雪恨，加上種族、宗教、窮富以及歷史因素的糾纏，這樣多的恩恩怨怨怎麼

可能了呢？我始終認為，對極端形式的衝突，應該有兩手，必須「軟」、「硬」兼施。一手是打擊，來硬的，但打擊的範圍一定不能大，要集中打擊罪大惡極的。另一手是招安，來軟的，就是我們一直說的「分化瓦解」。在很難定正義與非正義、誰對誰錯的情況下，應該多考慮用招安的手法。以牙還牙，以暴力對於暴力，更多的只能導致惡性循環。儘管「批判的武器」不等於「武器的批判」，但「武器的批判」來解決衝突，人類已經用過太多了。

戰爭常是國家與國家、民族與民族或地區與地區之間的極端衝突形式。恐怖活動已經成為一個世界範圍內的棘手問題，多與一個國家的對外政策、一個民族的歷史、一個宗教派別的極端理念以至某些不法組織的興風作浪有關。對於組織或個人與個人的合作關係來說，極端的衝突形式（如放火殺人之類的報復行為）儘管時有發生，但情況可能各各相異，必須具體情況具體分析，以便作為個案來處理。

## 二、原則衝突

這種鬥爭儘管有情感因素的介入，但是更多的是一種理性的、非暴力的抗爭或論辯。原則衝突可以是由利益發生矛盾而引起的。第5章討論關係成功的6個要素的時候，把「共同利益或興趣」列為第一個要素，認為它是任何關係的基礎。唯其重要，才會有那麼多衝突的圍繞「利益」二字展開的。可以說，利益的衝突是各種組

織、關係的「第一原則」衝突，誰也避開不了，誰都會認真來對待、認真處理。

原則衝突還涉及到兩個基本價值層面，一個是法律層面，就是合法與非法的衝突，另一個是道德層面，即道德與非道德的衝突。法律和道德都屬於歷史的範疇，因時因地而異。比如今天的法律同樣一個概念名稱，其內涵與50年甚至20年之前相比就可能很不一樣，又比如婦女流產墮胎在美國有些州是合法的，但在另外一些州就是非法的，再比如美國有些州有死刑，有些州就沒有死刑。就道德而言，比如在某個民族或宗教組織屬於道德的行為（如原先在美國的摩門教實行過一夫多妻制），到了另一個民族就可能變成不道德的了，另外過去被認為不道德的行為（如同性戀），今天在許多社會被認可或者接受了。就個人來說，那麼對法律，特別是道德的看法由於文化價值、個人信仰的差異更是參差不齊了。因此，在組織範圍內，在各種關係中，由於價值層面上的分歧而引出的衝突，可以說每天都有。

## 三、非原則衝突

假如「原則衝突」要遠遠多於「極端衝突」，那麼「非原則衝突」比「原則衝突」更是司空見慣了。組織成員、關係夥伴都有自己獨特的經驗世界，都有自己獨特的知識結構，而且各人的看問題的視角正是由於經驗世界和知識結構的不同，而變得五花八門、應

有盡有。有些人，一遇到矛盾和衝突，就要上綱上線，一定要上到
「原則立場」的高度，把真偽、是非爭個清楚。這其實大可不必
的，因為日常工作和生活中發生的衝突，許多連「是非」都說不
上。表面上看雙方爭得面紅耳赤，實際上都是對的，或者都是錯
的，或者誰對誰錯誰都不知道——他們的衝突可能只是來自「認知
視角」的不同。就是說只是看法不同而已。

　　大量的非原則衝突所表現出來的是組織成員的經驗世界、知識
結構和認知視角的豐富多采，這事實上是件大好事，如果引導和運
用得當，可以成為組織各級決策層的決策依據或參考，同時也可以
讓組織成員、關係夥伴常常聽到不同的聲音，對提高他們的視野、
開闊大家的眼界應該是極為有利的。

## 四、言語和非言語衝突

　　組織成員、關係夥伴之間進行交流和溝通，不是用言語，就是
用體語（一種非言語，這在全世界都是一樣）。但如何用言語或非
言語來交流和溝通，不僅各種文化之間有差異，而且每個人都是不
一樣的。比如，有的說話直截了當，有的卻轉彎抹角[5]；有的「話
多」，有的「話少」[6]；有的注重「角色」的扮演，有的則強調自
我風格的發揮[7]；有的以達到自己的目標為最高原則，有的想方設
法不讓人家傷著了心[8]。世界上有六十億個生靈，誰能找出其中的
兩個人用的是完全一樣的言語和非言語風格？

　　言語和非言語風格的不同導源於文化、家庭教育和薰陶的不同、個性或情緒的不同、所處語境的不同等等[9]。「話多」與「話少」也會引起小衝突,看看周圍的同事,似乎總有幾個能說會道的、一說就沒完沒了的,也總有幾個害羞沉默、不善言詞的。有些人一旦談興起來,便會口若懸河,再也不讓別人插嘴。有些人不鳴則已,一鳴則語驚四座。這是風格的不同,誰也沒有對,誰也沒有錯。另外,在一個歷來講究「君君臣臣父父子子」的文化環境中,就必須清醒地知道自己所處的「角色」位置,遣詞造句、一輕一重都要十分當心。美國的大學生講究以自我為中心的平等,他們總是以直呼我的名[10]為榮,以為這樣才能讓他也讓我感到一種「平等」的安撫,當然也有叫「居教授」的,但那說明那位學生與我還有一段距離。在我去過的中國大陸和香港的大學裡,我從來沒有聽到哪個學生會當面直呼我名的,因為大家對「角色」位置都有極為準確的把握。這也是沒有什麼好、沒有什麼壞的,只是文化習慣不同而已。最後,有些人說話時功利目的明確,總以實現目的為最高言語標準,至於是否得罪了人家從不在乎。有些人則更多地去考慮別人的接受能力,對說話的時機、口氣、氣氛特別注意,總試著既說了自己要說的話,又照顧了對方的面子和接受能力,以為這樣可以減少不必要的言語衝突。

　　非言語衝突的可能常常比言語衝突還要多,因為非言語行為從本質上說是一種「無意識」行為。人們對自己的體語、對自己所用的物品[11]、對時間和空間內在的交流潛能,以及其他非言語行為,

很少去留意，更不會去精心設計和策劃，除非你要達到某種目的或在演戲[12]。因爲體語比言語少有策劃和修飾，所以更能表現人的眞實的一面。但是「眞」不一定就好，人家不一定喜歡。「眞」了——體語之眞，也會引出矛盾和衝突來。假了不行，眞了也不行，那麼怎麼做人呢？所以做人眞是難，想來該怎麼做就怎麼做，反正怎麼做都免不了會有矛盾和衝突。

像比喻總是彆腳的一樣，任何分類也總是彆腳的。世界本來是混混沌沌、渾然一體的，一分類就把一個整體支解開了，怎麼可能不「彆腳」呢？但分類又是必須的，因爲只有分了類——儘管可能很不全面，我們才能對某種現象作出比較深入的分析。對任何現象進行分類，必須有分切的標準。我在這裡對衝突的分類，是一種很粗的、根據衝突的性質和表現方式來分的分類法。讀者完全可以根據需要定出自己的分類標準，來對衝突進行分類，以幫助自己對衝突進行分析。下面我們來深入一步討論衝突的性質和構成因素。

 衝突的定義和構成因素

爲了深入理解衝突的性質、把握衝突的特徵、進而找出衝突管理的有效方法，同時鑒於本書的重心，我想有必要對關係中的衝突作一個工作定義。有了工作定義後，我們就可以在特定的工作定義範圍內，對衝突的構成因素來進行分析了。

　　如在前文一再強調的，本書的重心是在組織，在組織必須應對的各種關係，在關係成功的要素和關係管理的諸個基本層面。我們可否這樣來界定關係中的衝突：關係中的衝突是關係中處於相互依賴的雙方或幾方，由價值、目標的相背或被阻、資源、利益分配的不均、情感不合或交流溝通方式的差異而引起的，並且已經表達出來的鬥爭或不和。這個工作定義含有四個構成因素：第一個構成因素是關係夥伴的相互依賴性；第二個因素是關係中出現衝突的原因；第三個因素是一方對另一方目標、利益實現的干擾（即一方干擾一方被阻，或者雙方相互干擾和被阻的情況）；工作定義中的第四個因素說的是衝突已經成為表達出來的鬥爭和不和（矛盾的外化）。下面我們來就每個因素進行討論。

## 一、關係夥伴的相互依賴性

　　關係夥伴的最帶有根本性的特徵就是相互依賴性。我總是對我的學生說，老師上課上得好，必定要有好的學生配合：專心聽講、積極提問、努力溫習、及時回饋。我的經驗就是這樣，同樣一門課，有的學期就上得好，有的學期就上得不好，究其根源，總是與班上的學生的配合好壞有關。倘若碰到一個班哪怕有百分之五的學生是「搞蛋」的，那你就難了。看美國的NBA籃球比賽也有這樣的感覺，光一個球隊是打不出好球的，一定要「棋逢對手，將遇良才」，水準才能發揮得淋漓盡致，以至能有超極限表演而出現奇

蹟。舞台上唱戲的與電影演員不一樣，他們直接面對觀眾，戲的「命運」就拴在觀眾的手裡了：好，一半在觀眾，壞，一半也在觀眾。在企業當領導的，似乎很有權，其實這權是握在企業職員的手裡，假如有一半員工對你不予支援，你的領導就難當了。兩個合作夥伴之所以要成為合作夥伴，原因說到底就是他們相互有依賴的需要，即所謂優勢互補。一旦建立關係，那麼更要在價值、目標的實現上，在資源、利益的共用上，在思想、情感的互動上，發展成更為緊密的相互依賴關係。

關係夥伴對他們之間的相互依賴性的感知將在很大程度上決定他們對衝突處理的態度。如果一方或雙方感到他們的相互依賴性已經蕩然無存，那麼他們對出現的衝突的態度將會變得相當消極。假如雙方依然看到相互的作用，那麼積極緩解衝突、重新恢復「倚賴性平衡」將是題中之義。衝突，換成另外的一種說法，就是一種依賴性平衡的破壞或消失。關係夥伴只要恢復依賴性平衡的欲望依然在，那麼就會找出解決衝突的辦法來。

## 二、衝突從何而來？

上文說了，關係夥伴之間出現的衝突來自相互倚賴性平衡的破壞或消失。說得具體些，就是關係夥伴在價值、目標的實現上，在資源、利益的分配上，在思想、情感的交流上，原有的平衡被破壞了。比如，關係的甲方注重人的因素，認為用對了人企業才有希

望，而乙方改變初衷，以爲生意只有靠運氣，沒有財運，人再有能耐也是沒有用的。不難想像，甲乙雙方在企業運作的價值觀上出現了嚴重相背。原有的平衡被破壞了。再比如，在利益的分配上，在合作夥伴之間也會出現不公平甚至嚴重不公平的現象。我曾幫助成立過兩家合資公司，一家是中美合資（美方控股），公司設在中國大陸；另一家是兩家美國公司組成的合資企業（也由前一家美國公司來控股）。兩家合資公司的大老闆是同一個，但是一家設在中國大陸，一家設在美國，由於工資結構的原有差異，美國雇員的收入應該高於中國大陸同行的收入，這完全可以理解。但如果在利益分配上有意欺負中國人，那麼就難以容忍了。美國大老闆的作法果然出了格：決定美國公司總經理的薪水是中國大陸公司總經理（是個入了美國籍的中國人，並且還是合作夥伴之一）[13]薪水的三十倍！這好像在中國人的臉上刮了一下，衝突的出現將是必然的。我一再警告美國大老闆，這遲早要出問題的。兩年之後，嚴重不公平的利益分配而引起的衝突把中美合夥人的關係推到了破裂的邊緣。

關係的衝突也可以出於情感不合、思想交流的中斷或停止。關係夥伴無論是誰，都不能脫離情感的交流，思想的經常溝通也是不能停止或中斷的。這好像水的流動，一旦停止，就會變成死水。我發現在美國的組織裡，組織成員之間的情感、思想交流本來就不多，現在則變得越來越少了。原因多多，其一是組織成員對組織的忠誠度的普遍下降，受這一大趨勢的影響，一個組織上下級之間、平級之間的關係不再像以前那樣緊密。其二，由於辦公自動化程度

的提高，組織成員之間多用電話、電子郵件等「先進的」媒介傳遞資訊，一對一、面對面的傳統交流方式常被擱置一邊。有的只有一門之隔，也是開門關門之聲相聞，老死不相往來。其三，組織氣氛「政治化」也可能是個原因。美國的組織環境在許多方面比世界上任何一個地方都更政治化，最敏感的政治話題有種族問題、性騷擾問題，911以後又多了恐怖主義話題、對阿拉伯民族和伊斯蘭教的評論問題，組織成員在這些問題上一般儘量避免公開討論，就是偶然談起，在遣詞用字也要小心翼翼，以免踩了「地雷」。這給美國許多組織的內部本來已經緊張的氣氛可謂雪上加霜。由情感交流、思想溝通不夠而引出的各種各樣的衝突，在美國的組織裡似乎更多、更尖銳了，人們屢次從新聞裡聽到的組織成員之間的暴力兇殺事件，不能不讓人與組織內部的政治氣氛的緊張聯想起來。

## 三、一方對另一方目標、利益實現的干擾、阻擋

我們首先假設關係一方對另一方的目標實現的干擾和阻擋是發生在矛盾出現以後。比如說，甲方因乙方違反利益公平分配的原則而公開表示要糾正（即衝突已經發生），對乙方來說，只有兩個可能，一是承認錯誤表示願意改正，二是對甲方的糾正行為予以干擾和阻擋。假如乙方選擇第一種作法，那麼衝突有望很快解決。如果乙方採取的是第二種作法，那麼矛盾就可能進一步加深。我們再來假設一方對另一方的目標實現的干擾和阻擋是在雙方矛盾正在醞釀

的時期，那麼這種干擾和阻擋可能加速矛盾的加深和暴露，很快就表現為衝突。

這裡說的「干擾」和「阻擋」有確確實實存在或發生的，也有可能事實上並沒有發生，即被認為進行「干擾」和「阻擋」的一方實際上並沒有這樣去做，而是被另一方「認為」這樣做了。現實和感知之間出現了距離。這可能是一個不小的距離，在處理衝突的時候一定要弄清楚這一距離。這對雙方今後建立新的信任會有積極的意義。

## 四、衝突：一種表達出來的鬥爭和不和

我們對衝突的定義之所以被說成為「工作定義」，是因為它有一定的適用範圍，換句話說，我們這裡對衝突下的工作定義只適用於本書的範圍。在這個工作定義裡，衝突的一個界定標準是它必須是「一種已經表達出來的矛盾」。這就是說，關係夥伴相互有矛盾，但如果雙方都沒有把那個特定的矛盾用某種形式表現出來，那麼根據我們的工作定義，他們之間沒有衝突可言。關係夥伴有矛盾是否一定表達出來好？當然不一定。世界上的事情常常很難用一個尺規來丈量，作法也必須因人因時因地而異。有些矛盾屬於非原則性的，有些矛盾微不足道，那麼常常會被「模糊」。「模糊」為什麼就不好了呢？有些矛盾事關重要，說不說？今天說還是等到以後說？也要看人看時機，不一定越早說就越好。但是，許多矛盾，特

別是關於原則問題的矛盾、那些一犯再犯的事，還是表達出來比較好，而且可能越早越好。

　　何時何地對何人表達、如何表達，對衝突的解決會產生影響，或者是積極的影響，或者是負面的影響。對此，我將在本章的最後一節「關係的衝突管理與6個大C模式的運用」進行具體討論。

　　瞭解了衝突的種種現象、衝突的一般分類、衝突的工作定義以及衝突的構成因素，對把握衝突的管理會有幫助，但不夠。我以為，瞭解一些關於衝突功能的理論更會加深讀者對衝突本質的理解，從而可以站在更高的層次上做好衝突管理的工作。

 關於衝突功能的理論

　　世上對衝突作過最透徹的研究、說過最透徹的話的人大約莫過於馬克思了。馬克思與恩格斯合著的《共產黨宣言》可以說是近代最經典的衝突理論範本了。《共產黨宣言》於1847年寫成，次年正式發表，馬克思時年30，恩格斯才28歲。他們在第一節「資產階級與無產階級」的標題下的寫的第一句話就是，整個人類的歷史是階級鬥爭（衝突）的歷史。這句名言被引用了一百多年，至今仍在被引用，可見其威力和神奇。經典馬克思主義者認為，只有階級鬥爭才是推動歷史發展的真正動力。儘管中國大陸不再用「階級鬥爭」的眼光來看待所有的鬥爭和衝突了，也不再說只有階級鬥爭才能推

動歷史的發展和社會的進步。但事實上不能否認的是「階級」依然有，「階級鬥爭」依然在，即便不再是馬克思和恩格斯在19世紀中葉講的「資產階級與無產階級」之間的那種鬥爭和衝突。比如在美國，就存在著一大批高級職業管理人員組成的特殊「階級」或「階層」，他們不一定是資產的擁有著（大部分擁有公司的股份，或作為薪水的補貼，或作為對貢獻的獎勵），但可以拿到成百上千萬美元的年薪，對公司和公司職員的命運有著極大的決策權，甚至對整個國別或地區經濟都會有舉足輕重的影響（如2001年退休的GE總裁威爾許）。從某種意義上說，他們已經構成了當今資本主義社會的一支不可忽視的力量，他們與組織成員的種種鬥爭和衝突，有的是明的，大部分卻是作為「集體無意識」而存在的，而且近年來暴露出來的衝突以及衝突的被化解，給研究社會、組織衝突的人提供了豐富的資料。對當今資本主義國家裡的「高級職業經理」這支隊伍，對沒有「資產階級與無產階級」的社會裡的「階級鬥爭」的新形式，馬克思和恩格斯在150年前是無法預見的。

在一本《關係管理》的書裡談馬克思的階級鬥爭理論可能會被視作怪事，特別是中國大陸從50、60、70年代過來的人，身上或許還有「階級鬥爭」留下的傷疤。階級鬥爭到底是推動了歷史的發展和進步，還是破壞了社會的生產力，不知是否已經有了定論。但毫無疑問地，馬克思的階級鬥爭理論是一種最為經典的衝突理論[14]，同時，衝突理論在整個社會學說中占了顯要位置。事實上，如何來看待衝突對社會、組織以及個人生活的影響，一直是一個國家的政

黨和政府領導人、社會學家、組織管理專業人士所特別關心的。在我採用的組織傳播、企業管理的教科書中，沒有一本是不談衝突的功能的，而且沒有一本不是把衝突理論當作重要章節來處理的，其重要性於此可見一斑。我不想用太多的篇幅來介紹和闡述衝突理論——那不是本書的重心所在，我們就一般地看看衝突對社會、組織和人際關係所能產生的功能。

著名社會學家科塞在他的經典性的《社會衝突的功能》[15]一書以及其他相關文章中，認為認識衝突的類型和衝突發生的社會結構對理解衝突有重要意義。他認為，就衝突類型而言，有一類衝突與關係的最高價值和目標相背，這種衝突對組織、社會將可能造成危害。另一類衝突與關係的最高價值和目標並不相背，那麼他們將有利於規範和權力關係的重新調整，這樣的衝突往往帶有積極的意義。他還說，就社會或組織結構而言，也有兩類。一類是關係比較緊密的團體，成員之間交往甚多，且有大量的個性的介入。這種團體特別關注成員之間的親疏，一旦有衝突的苗子，就會予以壓制。但是如果長期積聚的矛盾突然爆發，那麼衝突就會表現得非常激烈。那是因為被壓得太久，所以等到衝突爆發，乾脆一吐為快，新帳舊帳一起算。另外由於團體成員之間一直有長期的親密接觸，一旦發生衝突，所有的情感因素會一併調動起來，以至不可收拾。這是一類社會和組織的結構。另一類團體的結構比較鬆弛，團體成員對團體的參與也只是部分的或分散的，相互之間的關係少有重疊，所以個人發展的方向也可能各走各的路。在這種情況下倘若有衝突

發生，就不會出現所有的人都「集中」到一個衝突上去的現象。在這一類結構裡，對衝突的處理比較容易體制化——每當團體中的成員有不同意見，「體制」會允許他「直接地」和「及時地」進行發表。科塞認為，社會、組織結構中如果有了這種「安全閥」，團體的秩序和個人的安全才能得到維護和保障。

生於德國的英國社會學家達倫道夫受到馬克思階級衝突理論的影響，注重階級分析法，注重「衝突與歷史的辯證法」的關係，認為特定的衝突放在特定的歷史條件下予以審視才有價值。達倫道夫在概念闡述上比較有深度。他同意科塞的關於衝突有著對社會體制的整合功能，以及衝突可以幫助暴露和消除關係中的有害因素，有利於重建團結和社會變革。他也同意社會學家杜賓的關於「衝突是社會生活的一個頑固事實」的說法。他說，「哪裡有生活，哪裡就有衝突。」「個人生活中的所有創造、創新和發展在很大程度上都是由團體與團體、個人與個人、情感與情感之間的衝突而造成的。」[16]所以，衝突從本質上說總蘊藏著積極意義。達倫道夫在〈衝突團體與團體衝突〉[17]一文中，特別介紹了兩個概念：一、衝突的介入深度和介入成本[18]；二、衝突表達的激烈程度[19]。他用社會階級分析的方法對這兩個概念做了令人信服的闡述。我覺得這兩個概念對我們理解衝突的內涵和表達方式會有很大幫助。所謂「衝突的介入深度和介入成本」，可以用這個例子來說明：比如在一個職員大會上，你公開站出來批評工會主席不講民主，立即引起轟動，以至造成了你與工會主席矛盾的公開化，但是你與工會主席的

衝突不至於讓你丟飯碗。在另一個職員大會上,你又公開站出來,直言不諱地批評公司總經理有營私舞弊行為,並表示決心要告到法院去,弄得全場譁然,逼得總經理站起來說要告你「誣陷無辜」。只要稍稍比較一下就不難得出結論:你對第二個衝突的介入成本和介入深度超過了對第一個衝突的介入,因為得罪的是總經理,你不僅可能丟飯碗(一種介入成本)而且可能要承擔法律責任(介入深度)。所謂「衝突表達的激烈程度」,是指溫和的表達與激烈的表達、合法的表達與非法的表達、個人的表達與群體的表達等等的區別,它們也可以包括申訴、談判、罷工以至非法的暴力行為等一系列的表達方式。在不同的社會制度和文化背景下,選用哪一種表達方式將在很大程度上決定衝突將會縮小還是擴大,將會妥善解決還是惡性發展,將會穩定局面還是破壞安定。

 衝突管理的一般程序

我同意達倫道夫的說法,特定的衝突都是在特定的歷史條件下發生的。但這不妨礙我們來討論衝突管理的一般程序。我根據自己這些年來教學實踐和本身在各種組織裡實際經歷過的衝突案例,總結出這樣一個一般程序:第一步是要弄清楚衝突的內容、原因、性質、介入程度和表達方式,即發生了什麼衝突;第二步是雙方或幾方如何來處理衝突;第三步是如何用第三方來調解;第四步是如何

運用法律手段來解決衝突。

# 一、衝突的內容、原因、性質、介入程度和表達方式

　　首先要弄清衝突的內容。只知道「雙方爭起來了」是遠遠不夠的，要知道為什麼爭起來了。是僅僅為了一句話，還是為了開發產品A還是產品B，還是為了關係夥伴甲比乙多分得了多少萬台幣、港幣或人民幣，還是甲已被乙打破了頭正在醫院搶救。或者都是。或者都不是。或者又是又不是。首先要把這些內容弄清楚，才可能進入下一步。知道了衝突的內容後，要問的第二個問題是為什麼會發生衝突。聽起來是一個很簡單的問題，其實不然。有時候從表面上看是為了一句話，實際上可能有著更深刻的原因。關係夥伴的任何一方如果有解決衝突的誠意，那麼就應該問一問對方或另幾方關於衝突發生原因的看法。有時候還應該請與關係無直接利害關係的第三方來「會診」，因為當局者迷、旁觀者清是常有的事。我的朋友D與他的美國合作夥伴發生衝突的故事，很有點當局者迷的味道。事實上，在他們攤牌之前早就有矛盾醞釀的跡象，比如美國的合夥人已經不讓D參加關於公司發展方向的會議，D只以為那些事並不重要，美國合作夥伴只是要他把精力放在中國市場的開拓上。事實上，D在中國大陸的負責市場具體開拓的朋友，早已警告他要當心他的資源已經用光（衝突的真正原因），他的老謀深算的美國

合夥人請他捲起舖蓋走路的日子已經不遠了。但D總說他的朋友是杞人憂天。結果證明D並未把握好他與美國合夥人的關係最終發生衝突的真正原因。到他明白過來的時候，已經晚了。

知道了衝突的內容和發生原因還不夠。還要知道衝突的性質，要弄清楚是原則性的衝突還是非原則的衝突。儘管有些衝突的表現形式可能異常激烈，但性質未必嚴重，很可能僅僅是為了一句話而已。有些關係表面上看似乎風平浪靜，暗地裡關係雙方可能已經磨刀霍霍。有些矛盾的性質可能是致命的，不僅關係要終止，而且可能引出非法的暴力行為來。如果衝突仍然在進行過程中，一時可能難以定性。在這樣的情況下，當事人特別要耐心。持理性態度的人會靜觀事態的發展，不急於草草地下結論。對衝突如何定性會在根本上影響衝突的解決方法。

另外要問的兩個問題就是關於上文提到的達倫道夫的兩個概念：一個是介入深度（含介入成本），一個是衝突表達的激烈程度。有些人衝突經歷得多了也就不在乎了，對人家的一頓臭罵可能就當補藥吃了，人家對他進行人身攻擊也一笑了之。有些人則碰不得，更吃不得虧，喜歡上綱上線。這樣常會改變衝突的性質，自己的「介入成本」（介入成本的意思就是一旦事情真的鬧大就可能會出現什麼樣的後果）也隨著大大提高。我特別要指出觀察衝突「表達」方式的重要性。有兩個原因：一個是因為「表達」是衝突的一個界定因素。根據我們的關於衝突的工作定義，矛盾只有被表達了才被當作衝突來處理。第二，「表達」可以幫助我們觀察矛盾的外

觀形式，這對深入瞭解衝突的原因和性質無疑是有極大好處的。

## 二、如何來解決衝突

　　從一般道理來說，確定了衝突的內容、原因、性質、介入深度和成本以及衝突的激烈程度，是有助於衝突的解決的。那麼到底如何來解決衝突呢？這似乎是一個太大的問題，回答也必定是籠統的。首先我們必須強調，任何衝突都是在特定歷史條件下的特定衝突，所以必須具體分析並用具體的方法來解決。同時，我們也可以介紹一些常用的解決衝突的辦法。

　　三十六計走爲上計，這「走」的辦法用在解決衝突上在特定情況下也是一條好辦法。日常生活中關係夥伴之間的摩擦是常有的事，它們大多是一些小事而引起的小衝突，不值得一提，也不值得爲之去爭去吵。在這種情況下還是走開爲妙，免得無謂的爭吵。有些時候衝突可以表現得異常激烈，雙方都在「氣」頭上，呈一觸即發之勢。這時候也是走爲上計。常常到了第二天大家再見面的時候，可能又是豔陽高照了。所謂「走」，並不一定是人眞的出「走」了。人不一定走，要避開的是衝突、是問題。有些衝突是發生在「大同小異」基礎上的，既然是「小異」，就可以擱下，以後再議。最傻的事莫過於爲了「小異」而重起戰火，以致丟失了來之不易的大同。

　　第二種辦法是個「順」字。用在非原則的衝突上這個順字最有

用了。如果你的合作夥伴說，用「8」要比用「4」吉利，你不服，說這是數字拜物教，一定要用「4」不要用「8」，為此雙方開始爭吵。值得嗎？在這種非原則問題上，應該儘量地「順」，給人一個面子，如果人家真是把個「8」字看得那麼吉利的話。所謂順，就是通融，讓人家贏，讓自己輸。不是所有的衝突都應該贏的，生活常像體育比賽一樣，有輸有贏。有時候要輸不要贏，而且要爭著輸。以前誰與皇帝下棋是贏不得的，因為你贏了，皇帝一怒之下說你當眾羞辱皇上，你的人頭不就落地了？與你的關係夥伴下棋，你倒不必擔心人頭落地，但也可以讓他贏的，假如他是個輸不起的人的話。

第三種辦法是「妥協」。通融是給人贏，讓自己輸，而妥協是人家退了你也退，或者人家不退你照樣退。退，不一定是全退。可以退一步，也可退半步。所以「妥協」的方法是尋求雙贏的途徑。在60年代的文革時期，避開矛盾被視為害怕鬥爭，通融是向「階級敵人」投降，妥協就成了「半吊子革命家」了。我以為，今日世界呈多極對壘、各不相讓的局面，應該更多地讓位於通融和妥協。中國的「中庸」之道，講的就是通融和妥協，是我們祖先留下中國人解決人際衝突的法寶。美國人、阿拉伯人、以色列人都應該學點中庸之道的。

第四種辦法是精誠合作，衝突雙方或幾方以大局為重，以理性、公正、平等、互讓的態度來檢討衝突的發生緣由、衝突對關係維繫和發展的影響，以及解決衝突的各種最佳辦法。如果衝突雙方

或幾方能真正做到精誠合作,那麼說明他們自身的成熟,也說明他們對關係的珍惜和對未來的期待。

第五種辦法通俗地說就是「互不讓步」。你打一槍,我也打一槍。你開炮,我也開炮。你退,我不退,一定要爭個理,討個公道。如果衝突雙方都是採取互不讓步的方法,那麼有可能使衝突急劇升級。升級可以表現在三個方面。首先是問題的擴大,比如本來引起衝突的原因是權力分配不均,現在可能擴大到把利益分配的問題也一併拉了進來。第二是衝突雙方或幾方介入程度的深化,比如本來有一方是代表職員的利益來理論的,現在乾脆把所有的職員全部地叫出場了,以便造出聲勢來。第三是衝突的介入方變得更為情緒化。情緒化常常是走向極端的危險信號。「互不讓步」無疑是一種可以選擇的方法,但要慎用,要見機行事,要知道衝突的暴露或升級,在一些特定情景下是有助於衝突的解決的。

如何把上述五種辦法用到實際的衝突中去,如我在前面強調的,要具體情況具體分析。沒有哪一種方法永遠是最好的方法。

## 三、第三方調解

我曾經參加過不少中美合資或合作公司的調解工作。每當衝突雙方的矛盾無法自己解決的時候,就可以請第三方來調解。首先,調解者要做到公正坦白、不偏不倚,只有這樣,衝突雙方才可能放心讓你在兩邊來回穿梭。其中一個首要條件是,調解者與矛盾雙方

不能有利害關係。其次，做調解工作的人要有點威信，就是既要有點威，權威的威（比如是某一個領域的專家），又是講究信，信譽的信。第三，調解者必須花足夠的時間對衝突進行調查，弄清事實真相以及衝突的來龍去脈。第四，在瞭解衝突雙方的立場、態度和要求的基礎上，調解者可向衝突雙方提出一、二個可行的解決衝突的方案來。

## 四、訴諸法律

　　透過法律手段來解決衝突是在衝突雙方或幾方無法達成解決衝突的協定、第三方調解又失敗的情況下走的一條路。法律在哪個社會都不是萬能的，但在一個法制健全的社會裡，尊法、守法、用法律的手段來解決民事糾紛和由民事糾紛而引起的惡性刑事案件，是一個文明社會的重要標誌之一。美國的法律多如牛毛，有聯邦法、州法，還有數不清的地方法規，所以全世界的律師都湧到美國去了，有了糾紛就請律師。兄弟、姐妹、父母與子女、朋友、合作夥伴對簿公堂的事可謂司空見慣。訴諸法律，不一定上法庭，衝突雙方可以雙雙請律師，然後由律師按照衝突雙方的意願出面談判。這與上面提到的第二種由當事人自己出面、第三種由第三方調解的方法都不一樣，因為雙方已經請了律師，已經做好上法庭的準備。許多案子在雙方請的律師談判階段就能圓滿解決，那麼就不必上法庭，因為雙方簽的關於如何解決衝突的協定同樣具有法律效力。

　　我的好友D與他的美國合作夥伴關係的終止就是用雙方請律師的方法解決的。由於D已經與他的美國合作夥伴到最後陷入關係徹底破裂的局面，本身協商解決已經完全不可能，由第三方出面進行調解也不是D和他的美國合夥人的選擇：因為他們要的已經不是關係的修補，而是關係的徹底終止。美國老闆以為可以先下手為強，首先由他的律師向D寄去了終止關係的協定草本，以為D會像以前一樣豁達可愛，連讀也不讀大筆一揮就簽了[20]。吃一塹長一智，此時的D已經今非昔比了。他開始用法律來保護自己了，儘管已經吃了虧。但他不能吃更大的虧了。美國人慷慨地在協定草本上寫了D仍然能享受他在美國公司裡的原有全部股份（那個股份比例倘若能兌現的話，D還可以繼續做他百萬富翁的）。但D已經不再為「股份比例」激動，他現在深知「股份越多，債務越大」。D認定美國的那家公司必死無疑。所以，他委託律師在協議書上寫明：放棄全部股份。同時也寫明：不承擔公司以前、現在和今後的所有債務和一切法律責任。當D在協定的最後文本上簽上自己的名字的時候，他意識到，他從關係的終止中學到的東西的價值並不亞於他的已經付之一炬的八年心血，更重要的是他又成了受到法律保護的「自由人」。

關係的衝突管理與6個大C模式的運用

我們又回到了6個大C模式。第5章提出的關係成功的6個要素，即所謂「6個大C模式」，從邏輯上說應該統管關係管理的整個過程和所有層面的。6個大C模式不僅與關係的情感管理和權力管理有著緊密的關聯，而且與關係的衝突管理也密切相關。下面我們逐一來進行討論。

## 一、衝突管理與Common Interest（共同利益或興趣）的關聯

關係夥伴對作爲關係基礎的共同利益，必須在關係建立之前就要摸得一清二楚。在關係發展的過程中，時時要溫習這個基礎，並進行及時的調整。一旦發生衝突，特別是發生了關於「共同利益」的衝突，那麼關係各方就要重新問一問：我要的是什麼？對方要的又是什麼？誰犯了對維護關係共同利益的大忌？誰又作出了利益犧牲？等等。這就是第5章在闡述「共同利益或興趣」時強調的「知己知彼」。第二，如果關係夥伴果然在利益問題上發生了衝突，果然是你的關係夥伴「吞」了應該屬於你的利益，那麼這是原則衝突了，至少你「以爲」是這樣的。此時，問題就不能不攤到桌面上，

雙方都不必以「言利為恥」。我的朋友D犯的一個致命錯誤就是把一切想得太理想化，在關係的早期以為「言利」是一種羞恥，以至最終吃了大虧。第三要注意的是，有了利益衝突，也不能只顧一己私利、只為自己爭，而要努力置共同利益於一己私利之上。關係夥伴之間出現利益衝突，常常是一方只顧了自己的利益，而忽視了對方的利益，有時雙方都忘了維護共同利益的重要性。無論有衝突，還是沒有衝突，關係雙方時時處處要把共同利益置於一己私利之上。最後，在處理關係衝突的時候，哪怕是在處理看起來並非是原則問題的衝突，也要看一看關係的共同利益基礎是依然在還是已經蕩然無存。如果關係的共同利益基礎已經消失，一個明智的作法就是不僅要解決好已在手頭的衝突「案子」，而且應該思考並且及時提出關係終止或轉化的可能。儘管在情感上不一定能夠接受，但這是有利於關係雙方或幾方的理性行為。

我們應該強調由衝突而引起的關係性質的轉化。所謂關係的「性質」轉化，可以是在「利益」或「興趣」層面上的轉化，比如商業關係轉化為純粹的朋友關係。商業關係的終止可以指關係雙方「商業利益」糾纏的結束，而朋友關係可能是其他「興趣」使然──比如雙方仍然可以是最好的橋牌搭檔。在實際生活中，這種由利益衝突引起的關係轉化並不容易，原因可以是情感上的過不去，或面子上的下不來。關係的徹底了斷，亦即關係在所有面向上的結束，也應是人的生活的一種常規。

## 二、衝突管理與Communication（交流、溝通）的 關聯

　　第5章談交流、溝通這一個大C的意思時，著重談了「聽」、「說」、「做」和虛擬互動與面對面交流這四個層面。關係的衝突假如是小摩擦，那麼不過是吹點小風、淋點細雨，假如是傷筋動骨的爭鬥，那麼就是一場暴風驟雨了。衝突無論大小，總是平衡的失調，所以也總會牽動人的情感、情緒。人一旦有了情緒和衝動，是很難「聽」人說話的，更「聽」不進對方的爭辯，甚至可以斷然拒絕「聽」人家的說理。這幾乎是所有人都曾陷入過的衝突誤區。有誠意解決衝突的人要做的第一件事，就是把自己的耳朵豎起來，用心地聽一聽對方要說的話。先聽，而後再說，或者多聽少說。到了該說的時候，要想好該怎麼說。直接了當一點，還是委婉曲折一點？說多一點，還是說少一點？自己想說就怎麼說，還是注意自己的身分和對方扮演的角色？一心想著解決問題，還是同時照顧到對方能否接受？人人都會說話，但真正會說話的人並不是很多的。我以為，在現實生活中，解決衝突的藝術，一半是說話的藝術。

　　假如說話是解決衝突的藝術，而且只是一半，那麼另一半就是「非言語」部分了。「非言語」部分就是「做」的部分。判斷一個人有沒有解決衝突的誠意，人家可以從你的眼神、手勢及其他體語中看個究竟。懂得如何「做」、如何用「非言語」來傳情達意的人，往往比較善於處理矛盾、解決衝突。真情最感人，一旦有了衝

突，倘若能以誠相待，將心比心，那麼可能一半矛盾「不打一槍」就解決了，而另一半則可能迎刃而解。交流、溝通的第四個層面是決定用電子媒介呢還是進行面對面的互動。電子媒介有跨越時空的優勢，也能發揮「背靠背」互動的獨特功能。如果誰為衝突一時拉破了臉皮，不便或不好意思直接地面對面地與人對話，那麼透過電子郵件傳達資訊、意願或建議是一個好方法。在另外的許多情況下，解決衝突的最好方法或許是當面認錯、當面賠禮、當面握手言歡，或者是當面點穿、當面批評、當面要求答覆，不管怎麼樣是非得面對面不可了。

## 三、衝突管理與Credibility（信譽、可信）的關聯

關係夥伴相互之間的信譽度是減少關係衝突的一種不必言表的保證，信譽同時也是幫助解決衝突的一位不聲不響的有效助手。本書第5章討論信譽時說過的四句話對解決衝突應該有用。第一句話是不要弄虛作假。我們且不說關係夥伴之間的衝突是否導源於弄虛作假，要強調的是一旦有了衝突，一定要來「實」的、來「真」的。是什麼就是什麼，不可摻半點虛假。不知什麼時候中國人給人留下了「太過聰明」的印象，我們族內的許多人確實喜歡穿「小道」走「近路」，出了問題也是總想來個瞞天過海。我曾與我的一位合作夥伴在經商理念上發生嚴重衝突，我的觀點是，生意就是做不成也不能坑人，不能弄虛作假。但我被說成是「十足的書呆子」氣，

是對市場運作方式無知的表現。更令人擔憂的是，當理念衝突已經阻礙了關係的維繫時，有的合作夥伴依然選擇把眼睛閉起來，不願意面向現實、面向良心。講信譽就不可對關係夥伴亂開空頭支票。亂開空頭支票既會引起矛盾，又會導致衝突的發生。空頭支票總是讓人一場歡喜一場空，還不如老老實實，是一便是一，是二便是二，不去許自知不能兌現的願。在衝突發生後，更要力戒以信譽為兒戲，切忌亂許願，切忌亂開空頭支票。第三是不要奉承拍馬。我在中外文化比較研究中發現一個有趣現象：不管在哪個國家、哪種文化，人人都喜歡聽馬屁話，但人人又不喜歡專事拍馬的人。究其根源，想是因為拍馬人的命譜上缺了個「誠」字。大凡缺了誠，就一定不會有信。有些人以為，只要馬屁一到，就萬事大吉了。這是一廂情願。馬屁固然人人吃，要注意的是，人吃了你的馬屁，一面受用，一面已經開始防著你了。只有「誠」字當頭，才是建立信譽、減少猜忌、避免衝突的好辦法。第四是不要諱忌認錯。錯誤人人犯，但承認錯誤的似乎總屬少數。犯了錯其實不是什麼了不得的事，而犯了錯又敢於認錯，倒給了你一個難得的鶴立雞群的機會。認錯的人常會得到別人的寬大和原諒，還能得個額外的信譽分，壞事變好事，何樂而不為？其實生活中的許多衝突，只要犯錯的一方及時、誠懇地認個錯、道個歉，關係夥伴之間的陰霾也就頓時廓清了。

## 四、衝突管理與Commitment（承諾、執著）的關聯

　　當關係夥伴發生衝突的時候，常會出現「承諾危機」。特別是面對關於利益問題的衝突，人有可能動搖自己曾經對關係作出的承諾。固然，對衝突的性質進行分析、對自己曾經作出的承諾進行審視是完全必要的，但這時候是考驗關係夥伴的「承諾、執著」程度的最佳時機。要看到關係中的大部分衝突是非原則性的，對關係的承諾、執著是解決矛盾、衝突的最堅實的基礎。此為一。有了衝突，不迴避、不掩蓋、不敷衍，而是盡職盡責、認真對待、認真處理，顯現出宰相風度，即便衝突尚未解決，人家已經對你欽佩不已了。此為二。矛盾天天發生，衝突時時出現，作為生活的「頑固事實」，矛盾和衝突是生活的常規。一俟承諾成了一種自律行為，將會大大增強對關係衝突的承受能力，這是維繫任何一種關係的最可靠的保證。此為三。事過境遷，時過境遷。新人新事層出不窮，新的機會誘惑無比，如何保持承諾不變、執著依然，對誰都是一個挑戰。如何在充滿關係機會的環境中，保持六根清靜、審時度勢、綜觀前後、統領大局，也是個極大的挑戰，但不是做不到的。關係夥伴之間如果有了這樣的境界，那麼無論發生了什麼樣的衝突，都不在話下了。此為四。這四條做到了，關係的衝突管理就比較容易做好。

# 五、衝突管理與Collaboration（合作、協作）的關聯

　　本章上文在討論衝突管理的一般程序的時候，曾提到過
「走」、「順」、「妥協」、「精誠合作」和「互不讓步」五種處理方
法。關係夥伴如何在衝突管理上精誠合作是個怎樣做的問題。關係
的情感管理和權力管理，都需要關係夥伴的精誠合作，以解決怎麼
來做的問題。同樣地，關係的衝突管理也需要關係夥伴的精誠合
作，以便找出解決衝突的具體辦法來。首先要定出的是解決衝突的
共同目標：比如是現在解決還是日後再議？求同存異還是徹底解
決？就事論事還是定出規章以免再犯？沒有這些目標的確定，很難
指望衝突雙方能用「同一種語言」對話。當然光有目標是不夠的，
要使雙方做到實際上的，而不是口頭上的精誠合作，還必須相互尊
重、相互信任。這裡說的是「相互」，而不是某一方。界定衝突的
一個重要因素就是衝突雙方的相互依賴性。這種相互依賴性決定了
關係夥伴在處理衝突的時候，必須是相互尊重和相互信任的。不然
精誠合作就變成不可思議的了。再者，既然是精誠合作，關係夥伴
就應該具體地拿出自己的解決衝突的方法來。比如說，一方可以定
出解決本次衝突的具體方案，另一方可以提交今後遇到類似問題時
防止或減少衝突發生的具體建議。最後，精誠合作應以「默契」為
最高境界。做到天衣無縫不可能，像人的五個手指那樣的相互協調
大約也難以做到，但只要精誠合作，關係夥伴對衝突就有可能做到

應對自如，並會運用衝突來發現矛盾、找出阻礙關係發展的因素來，用以整合關係，以使關係上升到一個新的、更高的層次。

## 六、衝突管理與Compromise（妥協、讓步）的關聯

6個大C模式中的第一個大C「共同利益或興趣」講的是關係的基礎；第二個大C「交流、溝通」講的是關係的資訊通道；第三個大C「信譽、可信」講的是關係夥伴的做人準則；第四個大C「承諾、執著」講的是關係夥伴的一種精神；第五個大C「合作、協作」講的是「怎麼來做」的問題；第六個大C「妥協、讓步」講的是對關係各種現存和潛在衝突的務實態度。換句話說，衝突管理與第六個大C「妥協、讓步」有著最直接的關聯。對關係中出現的衝突採取「妥協、讓步」的態度，在大多數情況下，是一種比較務實的、切實可行的作法。人們說，對久久相持不下的衝突實行妥協、讓步，是一種雙贏的策略，即便雙方都只是贏了一半。雙贏，哪怕各自只贏了一半，總比兩輸要好。生活是複雜的，衝突也同樣千變萬化，如何來解決要具體情況具體分析。妥協、讓步是個務實的策略，但解決衝突不一定總是妥協、讓步好。有時候要「互不讓步」，就是不能妥協。有時候要爭著輸，儘量讓對方贏，因為這次輸了，下次可以大贏。有時候可以爭取百分之百的雙贏。有時候可以實行妥協、讓步，讓雙方都贏一部分。在大量的關係衝突的處理過程中，妥協、讓步是一種一再被證明為行之有效的策略。

　　衝突，就像打仗，沒有常勝將軍。怎麼可能一人獨贏呢？你連續贏了100次，能保證第101次也贏嗎？因此，關係夥伴在對待衝突的態度上，一定學一點概率論。第二，人的職位有高低、權力有大小、經濟地位有窮富，但人的人格平等應是與生俱來的。人在人格上，無尊無卑、無貴無賤。關係管理的一個最大誤區、最大「集體無意識」，就是把人格也分成等級，並且按等級來對待。千百年來，在現實生活中，在處理關係衝突的時候，「王子犯法，與民同罪」常常只是一種價值和理想，而不是一種常規。挑戰已經指向有權有勢有錢的權貴，要求他們自覺放下架子，更多地向無權無勢無錢的平民作出妥協和讓步。第三，事物是多面向的，在每個面向上都有「真理」可言。更重要的是，真理不一定總是在自己手裡，事實上常常不在自己的手裡。有了衝突，已知理虧，就應該有向真理低頭的勇氣和風度。第四，有些人天生倔強，這種倔強與真理在誰的手裡無關。它只是一種個性。這種倔強的個性無助於衝突的解決。學會妥協和讓步可能是他們一生中最漫長、最艱難的旅程。

## 本章提要

· 衝突的存在永遠是常規，像地球一樣永遠地在轉，像太陽一樣晚上落下早上又升起了。

· 民族之間、宗教組織之間，由於歷史的原因而引起的相互殺戮，常常很難說有正義與非正義、錯誤與正確之分，但雙方表現出來的那種世代怨仇、那種你死我活的愚蠻精神，除了令人歎息之外很少會有好結果。

· 原則衝突可以是由利益發生矛盾而引起的。這種衝突儘管有情感因素的介入，但是更多的是一種理性的、非暴力的抗爭或論辯。

· 大量的非原則衝突所表現出來的是組織成員的經驗世界、知識結構和認知視角的豐富多采，這事實上是件大好事，如果引導和運用得當，可以成為組織各級決策層的決策依據或參考，同時也可以讓組織成員、關係夥伴常常聽到不同的聲音，對提高他們的視野、開闊大家的眼界應該是極為有利的。

· 非言語衝突的可能常常比言語衝突還要多，因為非言語行為從本質上說是一種「無意識」行為。人們對自己的體語、對自己所用的物品、對時間和空間內在的交流潛能，以及其他非言語行為，很少去留意，更不會去精心設計和策劃。

· 關係中的衝突是關係中相互依賴的一方、雙方或幾方，由價值、目標的相背或被阻、資源、利益分配的不均、情感不合或交流溝通方式的差異而引起的，並且已經表達出來的鬥爭或不和。

· 關係夥伴對他們之間的相互依賴性的感知將在很大程度上決定他
　們對衝突處理的態度。

· 關係夥伴之間出現的衝突來自相互倚賴性平衡的破壞或消失。

· 生於德國的英國社會學家達倫道夫受到馬克思階級衝突理論的影
　響，注重階級分析法，注重「衝突與歷史的辯證法」的關係，認
　為特定的衝突放在特定的歷史條件下予以審視才有價值。

· 個人生活中的所有創造、創新和發展在很大程度上都是由團體與
　團體、個人與個人、情感與情感之間的衝突而造成的。

· 知道了衝突的內容和發生原因還不夠。還要知道衝突的性質，要
　弄清楚是原則性的衝突還是非原則的衝突。

· 任何衝突都是在特定歷史條件下的特定衝突，所以必須具體分析
　並用具體的方法來解決。

· 不是所有的衝突都應該贏的，生活常像體育比賽一樣，有輸有
　贏。有時候要輸不要贏，而且要爭著輸。

· 中國的「中庸」之道，講的就是通融和妥協，是我們祖先留下中
　國人解決人際衝突的法寶。美國人、阿拉伯人、以色列人都應該
　學點中庸之道的。

· 關係的徹底了斷，亦即關係在所有面向上的結束，也是人的生活
　的一種常規。

· 在現實生活中，解決衝突的藝術，一半是說話的藝術。

· 一俟承諾成了一種自律行為，將會大大增強對關係衝突的承受能

力,這是維繫任何一種關係的最可靠的保證。

· 關係的衝突管理也需要關係夥伴的精誠合作,以便找出解決衝突的具體辦法來。

· 有些人天生倔強,這種倔強與真理在誰的手裡無關。它只是一種個性。這種倔強的個性無助於衝突的解決。學會妥協和讓步可能是他們一生中最漫長、最艱難的旅程。

# 注釋

[1]如德國出生的當代社會學家Ralf Dahrendorf強調衝突可能會產生的負面影響。他的學術生涯主要是在英國發展的，曾任倫敦經濟學院院長。

[2]如美國社會學家Lewis Coser更多地重視衝突的正面功能，認為衝突的有效解決可以調和矛盾、消解仇恨、促進團結或鞏固關係。

[3]這一天是2002年11月8日。

[4]這天正好是2003年4月7日。

[5]我在講授跨文化交流、人際交流這兩門課程時一般會講到四種交流方式或風格的區別，第一種就是直接與間接的區別，英文為direct vs. indirect style。

[6]這一組的英文是 elaborate vs. succinct style。

[7]這一組的英文是 personal vs. role-oriented style。

[8]這一組的英文是 instrumental vs. receiver-oriented style。

[9]我在中康州州立大學系裡的所有教授參加的系務會上，總是看到教授們「直來直去」的言語交流，常為他們的用詞尖刻、不留情面而捏一把汗，而且總是自歎不如。一旦我發言了，我的同事們會聽得十分仔細，我客客氣氣地說，他們客客氣氣地聽，但同事們有不同的看法絕對不會忍著不說。而我呢，聽了不同意的話總是忍著，只有到了極限才會友好地、轉彎抹角地「衝突」幾句。

[10]大多數學生叫我"Ju"，而不是"Professor Ju"。

[11]「物品」在非言語交流中也是一種「語言成分」，如手裡捧著書會給人「此人好學」的印象。

[12]美國的政客競選，都會對自己的非言語行為進行精心策劃，穿什麼衣服、打什麼領帶、怎麼走步、怎麼站立、用什麼口氣說話等等，就像排戲一樣事先要有「劇本」的。

[13]對這兩位「總經理」我都有深入的觀察，如果要我打分數的話，中國人總

經理打得嚴格些仍可得8.5分，美國人總經理打得鬆一點最多只能得6分
（總分爲10分）。

[14] 在2003年再版的美國Peter Kivisto編撰、Roxbury Publishing Company出版
的 *Social Theory: Roots and Branches* (Readings)（《社會理論：主體和分支》）
一書，馬克思是作爲社會理論第一經典作家被介紹的，書中引了馬克思和
恩格斯的《共產黨宣言》主要章節。

[15] 見上書208-211頁。這篇經典論文最早發表於1956年。

[16] 見上書219頁。

[17] 見上書218-226頁。

[18] 達倫道夫用的是intensity一詞。

[19] 這裡用的是violence一詞，不作暴力解釋。應理解爲猛烈或激烈程度。

[20] D與他的美國合作夥伴曾簽過無數個合約、協定、文件，那時的D爲了表
示他對合夥人的信任，常常閉著眼睛就簽了。這是他在美國經商犯過的最
大過失之一。

# 9

關係的變化管理

　　在上海時朋友送了我一本暢銷全世界的《誰搬走了我的乳酪？》。在美國曾讀過它的英文版，當時並不以爲然，覺得作者只是別出心裁，用幾隻老鼠的行爲變化來展現環境變化對人的影響及人對變化的不同的應對態度。現在想想，一本薄薄的、不到兩個小時就能讀完的書，能驚動千百萬的讀者，說明現代人正掙扎於一個充滿變化、動盪不定、未來再也無法預測的世界，苦於不知如何應對。人在本質上是不喜歡變化的，因爲人從小到大養成的思維方式、行爲習慣，一直到天天必須演繹的上班下班、吃喝拉撒的「日常儀式」，早已成爲一種無意識常規。但變化——環境的變化和人自身的變化——無法抗拒地把我們緊緊地包裹起來，誰也逃脫不得。那些無法適應變化的人只能慢慢地被人遺忘。組織也是如此，誰不能適應市場的變化，誰就被淘汰出局。有些企業面對翻天覆地的變化無動於衷，正在不知不覺中慢慢地死去。

　　有一個經典生物實驗就說明了「無意識」導致死亡的簡單道理。我們先將一個盛有溫水的玻璃器皿置於一個尚未點燃的酒精燈上，然後把一隻青蛙輕輕地放於器皿中。青蛙一動也不動，因爲它的體溫與器皿中的水溫正好一樣。於是青蛙舒舒服服地躺在水中歇息了。接著將酒精燈點著，火調得很小，青蛙對環境已經發生的變化木然無知。火開始溫和地燃燒，水溫在漸漸地升高，青蛙處於「無意識」的夢幻蕩漾中。不知過了多少分多少秒，青蛙突然地感到了滅頂之災。它猛然睜開眼睛，發現了自己身下的雄雄烈火，掙扎著要跳出逃命。但已經晚了，青蛙早已精疲力竭。一切都完了。

青蛙死了，它被自己的對火和水溫升高的「無意識」殺害了。許多關係的死亡難道不也是這樣的嗎？

　　關係自身，像所有的「開放系統」一樣，具有無法抗拒的、走向混亂、無序、滅亡的自然趨勢。關係管理就是用人的努力去克服這個自然過程，以保持關係的穩定、有序、生存。人作為一個開放性的生物系統，為了克服走向滅亡的自然趨勢的制約，必須日夜呼吸，必須有規律地進食、排泄，必須保持正常的體溫和其他不可缺少的生存條件。關係也一樣，不僅要應對環境的變化，而且要及時處理環境變化對關係的影響，以便克服關係走向混亂、無序和最終滅亡的自然趨勢。這就是本章要討論的關係的變化管理。

##  環境變化的現代特徵

　　關係的變化是在特定的環境中的變化。瞭解環境變化是瞭解關係變化的最佳入門。

　　古希臘哲學家赫拉克利特說過一句最為經典的關於變化的名言：人不能兩次踏入同一條河裡。為什麼呢？因為河流在不停地流淌，當人第二次走進河裡的時候，原先的水早已流走。依此類推，人不能兩次見到同一個人，這是因為人的一切都在不斷地變化，當你在第二天見到他的時候，他至少已經年長了「一天」，甚至可能已經「換」了一個人：如他所處的環境可能突然地變了，如他可能

中了彩票一夜之間成了百萬富翁，如他可能眼界突然地升高再也不願理睬你了……等。你怎麼還能見到同一個人呢？當然，人的一天之「長」而引起的「年輪」變化很小很小，小得可以忽略不計。但世事難料，人事更難料，晝夜之間從王子變成乞丐的大喜大悲之事也時有所聞。小變也好，大變也好，總沒有辦法止住變。人、事變遷，如星移斗轉，經年不停，這是變與不變的道理。但是假如我們深入一步看眼前的變化，那麼就會發現，今天的環境變化已經不同於二十年之前我們看到的變化。今天的環境變化，其速度之快、規模之大、程序之亂、隱含的危機之深，已經超過了以往任何一個時代。這種變化對關係的變化管理提出了前所未有的挑戰。只有理解了我們身處的環境變化的現代特徵，才有可能把握好關係的變化管理的鑰匙。

下面我們先來逐個解釋環境變化的四個現代特徵：變化的超常速度；變化的超常規模；變化的無序；變化中隱含的危機。

## 一、變化的超常速度

以前，一個新產品從產品概念到大規模生產、到市場飽和、再到被淘汰可以經歷百年，如蒸汽機火車頭的生命超過了150年。電冰箱曾歷時30年才成熟起來，微波爐花了10年，電子遊戲3年。現在，一件電腦產品半年甚至三個月就可能被淘汰。在這樣的快速變化的市場環境中，企業要生存發展，就必須作出迅速應變。比如，

企業必須快速地掌握顧客的需求和競爭對手的應變動向；必須極端
重視新產品的研製並就新產品的生產投資作出快速決策；各生產、
職能部門必須密切配合、精誠合作，以便讓產品快速到達市場。一
連串都是快、快、快！美國傳播界在80年代底、90年代初出現了一
個叫做「高速管理」的學派，就把研究視角瞄準那個「快」字，為
這個「快」字開了不少國際討論會，也出了不少專著[1]。作為一種
新的管理理念和手段，高速管理是在變幻莫測、混亂無序的現代市
場環境中，以資訊和通訊為工具，實現組織（企業）的最佳整合、
協調和控制，以最低的成本創造品質最高的產品和服務，以最快的
速度占領市場，從而獲得組織（企業）的持續增長和競爭優勢。資
訊和通訊是高速管理的基礎和工具。高速管理就是基於組織（企業）
自身資訊系統的高速決策、對決策的高速傳達、高速執行。這完全
是被市場環境變化的超常速度逼出來的。

## 二、變化的超常規模

　　由於資訊和通訊技術的發展，世界早已連成一片。資訊和通訊
革命最具有劃時代意義的是其超地域性、超國界性和超制度性。70
年代跨國公司的成功，80年代超級企業帝國公司（如美國的GE、
GM、IBM和微軟，德國ABB和西門子，日本的豐田等）的稱雄，
從某種意義上說，是資訊和通訊革命的超地域性、超國界性和超制
度性使然的。GE公司的飛機發動機技術的任何一個革命性變化，

就會波及到世界上所有的民用和軍用飛機。微軟公司的一個軟體所引起的小小的電腦使用習慣的變化,就可能會影響到大前研一所謂的整個「看不見的新大陸」。就說駭客製造的電腦病毒,一天之內可以殃及全世界千萬個電腦使用者。這真是「牽一髮而動全球」。當人們坐在太空船裡回頭看地球的時候,地球像一顆透明的、一碰就像要碎的雞蛋[2]。在本書起草的2002年,全世界的印刷和電子媒介出現最多的一個辭彙大約是「大規模殺傷武器」了。當然,人類如果不控制包括核武器在內的大規模殺傷武器[3],那麼我們這個像「透明的、一碰就像要碎的雞蛋」一樣的地球和地球上的人類就有被毀滅的危險。「地球村」和「透明的雞蛋」的比喻說法本身都是對「變化的超常規模」的最好注解。

## 三、變化的無序

當今市場的「混亂無序」是相對於昔日市場的穩定(如穩定的金融、穩定的供需關係等)和按部就班而言的。混亂無序常是市場的表象,表象背後總有規律、有序可循。現在的市場遊戲就好像在打一場無規則的、球籃在不斷移動的籃球:球籃不再固定在籃板上了,而是忽上忽下、忽左忽右地在移動。這樣的遊戲你怎麼玩呢?你怎麼能把籃球投入球籃裡呢?顯然玩這種遊戲的難度要高得多了。當前的環境變化導致的市場遊戲,就好像人人都在打一場球籃在不斷移動的籃球,人人都是丈二和尚摸不著頭腦。在變幻無序的

市場環境中，企業要保持競爭優勢，要進球得分，就必須掌握市場變幻的規律，「變幻」之中尋「不變」，「無序」之中找「有序」，進而摸索到企業管理的新辦法。

## 四、變化中隱含的危機

所有的變化都是對常規的挑戰、對平衡的暫時破壞，所以其中隱含的危機是不言而喻的。當前的環境變化，由於它們速度快、規模大、秩序亂，所以隱含的危機常常更大。當今世界變化的上述特性使得人們對變化的表象和實質都難以把握了。比如人們到今天仍然沒有完全理解美國911事件的背景、它的直接和間接原因、引起的社會心理後果，以及未來世界秩序的涵義。這是因為這一震驚全世界的恐怖事件來得太快、造成的傷亡和各種負面影響太大、之後引起的美國與其西歐盟國和俄國之間存在的戰略分歧太難去除。聯合國派去伊拉克檢查有無大規模殺傷武器的隊伍於2002年11月18日到達巴格達[4]。現在戰爭已經爆發，到本書發行的時候，炮聲可能早已停止。那時人們提的一個問題是：經過第二次海灣戰爭以後，世界變得更安全了還是更為危機重重了？誰能說個準呢？

21世紀將是一個充滿變數、充滿危機、又是充滿活力的世紀。我想，如果地球村的村民們期待擁有一個更為和平、富裕、自由、自律的生存環境，那麼就要學會管理好國家與國家、民族與民族、組織與組織、個人與個人之間的關係。我以為，關係管理，包括關係的變化管理，將是未來世界的禍福所依。

關係的生命變化過程及其管理

　　關係的變化一半來自環境的變化，另一半則導源於關係夥伴自身的變化。一種是外部的變化，一種是內部的變化，引起了關係的生命變化過程。談關係的生命變化過程，有兩種談法，一種著眼於宏觀的變化過程，另一種則把注意力放在變化的每時每刻的細微末節上。這一節將在宏觀上討論關係的一般生命變化過程。把關係的一般生命過程分成幾個階段很難有定論。我們可否將關係的生命過程分成四個階段來討論：第一個階段是關係的建立；第二個階段是關係的發展；第三個階段是關係的衰退；第四個階段是關係的終止。顯然這是把關係的生命過程「理想化」、「簡單化」了。在現實生活中，關係生命夭折的有之，發展到一半就衰退的有之，一直呈發展趨勢然後突然死掉的有之，已經接受衰退的事實但不想死的（當然是暫時的不死）也有之。每種關係生命的實際內容和它的過程可能要比這四個階段豐富、精彩得多，曲折、離奇得多。但有一點可以肯定，有生就有死。《紅樓夢》裡說，千里搭長棚，沒有不散的席。老的關係再好，也總有結束的一天。老的關係死了還可以建立新的。死不一定不好，死不過是某個生命過程的最後階段而已。生，果然要慶祝，死了，也應該像莊子一樣來擊鼓謳歌慶祝生命的周而復始。最為重要的是如何把關係的生命過程的四個階段的

每一個階段——生、長、衰、死——都管理好。下面我們就來討論這四個階段。

## 一、關係的建立

奧特曼和泰勒在70年代時提出了關於人際關係發展的「社會深入理論」[5]，三十年來一直為研究人際關係理論的學者所引用。「社會深入理論」的中心意思是，潛在關係夥伴剛開始接觸時，往往藉助社會禮儀與規範來引導相互之間的互動。比如幾千年演習下來的「以禮相待」的規範是陌生人之間開始交往所必須遵循的。當接觸頻繁、互動增加以後，潛在關係夥伴之間便逐漸地開始用「自我介紹」和「投石問路」的方式逐步地、有序地「袒露」自己，並進入到對方的「心理結構」[6]。就像剝開洋蔥的皮一樣，一層一層地「深入」到中心裡面。這當然是常識。我們都知道，談話是相互瞭解的主要方法。談話話題的廣度和深度可以表明潛在關係雙方對建立關係的興趣程度。奧特曼和泰勒列舉了一些關係「升級」跡象，比如談話話題的擴大；交談效率的提高和方式的多樣化；開始有默契的感覺；開始接觸敏感話題；談話變得越來越帶有自發性；對談話的評論的增加……等。

關係的建立無非是靠直接接觸或朋友、同事的介紹，甚至可以用廣告和招聘的手段來尋找合作關係夥伴。無論用何種方法，總是免不了潛在關係夥伴的親自交流和溝通。但是要警惕的是，哪怕有

了奧特曼和泰勒所謂的「深入」，也常常難以保證關係的建立最終是成功還是失敗，就是說哪怕有了三個月、半年的交流互動，也很難保證關係會不會最終建立[7]。有一所大學在短期內，從小博士到老博士到中博士，連聘三大員，又像走馬燈似地連走三大員[8]，關係一直建立不起來，說明關係的建立縱然要靠交流和互動，但還有其他許多非邏輯、非常規的因素，以至包括難以說清的「緣分」的因素。「緣分」或許是天時、地利、人和三大因素的綜合。小、老、中三位博士與這個大學看來是人到而緣分不到。

在一個充滿變數、充滿危機同時也充滿活力的環境裡，應該如何來處理關係的建立呢？讓我們也來談四點：第一點是關係建立的必要與否；第二點是關係建立的雙向選擇問題；第三點是關係建立的初期互動問題；第四點是關係建立的初期遊戲規則。

沒有必要建立的關係不應該匆匆忙忙地建立起來。由於現今的環境充滿變數，做什麼都要快，慢了一步就搭不上車了。是的，關係的建立該快速決定的，確實慢不得。要提防的是在一切都要快、快、快的環境催促下，人們就常常憑一時的衝動就匆匆忙忙地拉來了關係、辦起了公司。這是很危險的。有些負責任的商業管理或關係諮詢服務機構，總是首先要問一問諮詢對象到底有沒有建立公司或某種商業關係的必要。中國大陸、台灣和香港的有些公司急切地要將產品推到歐美市場，就隨便拉來一家仲介公司，或者直接與國外某家同行業的公司進行聯繫，或者心血來潮要去紐約或巴黎設立分公司或辦事處。在這種情況下，應該先問一問：有沒有必要？這

當然看是什麼產品（低技術的、中技術的、還是高技術的）、國外的市場競爭情況、國內行業的競爭情況、自己的產品在國內、國外同行業中屬於什麼樣的等級……等。弄清這些問題以後，結論可能是暫時沒有必要建立關係，也可能沒有必要去美國建立分公司。首先要做的可能是先要推出一個具有互動功能的網站。要知道，關係建立容易，要退出就比較難了。更要知道的是一種重要關係的建立不是兒戲，要花許多金錢、人力、物力和時間的。

　　再舉一個真實的例子[9]。我在中康州州立大學有兩位得意門生，一個叫德利克，一個叫亨利，都是土生土長的美國人，但對東方充滿好奇和嚮往。德利克和亨利大學畢業後都找到了工作，但心裡總感到缺了些什麼。一天他們來母校訪我，要我談談中國大陸或台灣或港澳的情況。師生一席促膝談心又勾起了他們的中國文化情懷，大家約好改日再敘。這時候德利克和亨利正在醞釀成立一家以促進美中商業交流為宗旨的公司。我沒有表示立即支援，因為他們都有一份很好的工作。隔行如隔山，儘管這兩個美國的熱血青年熱愛中國文化，但熱情不能保證公司的成功。但勸阻不成，他們仍然聯合成立了公司，請我擔任他們公司的顧問。公司運作至今已經近三年，熱情有餘，但業績平平。他們成立公司過於草率，花了許多不該花的精力，交了一筆多餘的學費。德利克和亨利的合作關係作為關係發展的案例，將在下文仍然會與我們見面。在關係建立的必要性的把握上，我給德利克和亨利一個不及格（F）。

　　關係必須建立在雙向選擇的基礎上。指定婚姻的時代應該屬於

20世紀了。但有意思的是,現今的許多關係的建立,就像以前的指定婚姻,常常是由「家長」圈定的。在歐美幾乎天天可以聽到哪家公司兼併了另一家公司的新聞,那大多是「弱肉」被「強食」了,很少有可能是平等的雙向選擇。這裡我們撇開所謂總體的、宏觀的、全局的規劃要求不談,只是談雙向選擇的重要性。一種重要的關係一旦建立,無論是組織與組織的關係還是個人與個人之間的關係,都需要雙方的情願和承諾。特別是涉及到兩個組織的時候,必須慎重研究各方的歷史背景、各自不同的強項和弱項、不同的價值觀念和行為模式、不同的領導風格、不同的員工素質等等。不然勉強湊成的關係可能是一場災難。就是個人與個人的合作,也要做好雙向選擇。哪怕雙方是門當戶對、天生的「配對」,也不一定能結成成功的關係。組織與組織、個人與個人建立關係,就是有100%合的必要,只要有一方不想合,就不能合。在大多數情況下,雙向選擇應該是個原則。

我們再看德利克和亨利的案例。他們成立公司本身表示了他們已決定從「同學」關係進入「公司合夥人」的關係。同學關係很少有直接的利害衝突,但公司合夥人就不同了。他們深明此理。他們知道相互選擇了對方,所以以後發生的一切他們兩人將要負全部責任。這一點他們以簽定合約為準。在關係的雙向選擇上,我給他們一個我難得給的滿分(A)。

關係建立的初期互動可以為關係以後的發展打下一個堅實的基礎。在一個快速變化的社會、市場環境中,好多關係像是走馬燈,

來得快，去得也快。有人將這樣的關係建立稱為「微波爐」式的關係，一上電就熱，一出爐就涼。當然來得快的，不一定去得也快。許多來得快的關係經過一段時間的交流互動，也可能建立比較扎實的基礎。但用「微波爐」方法建立的關係總是含有一定的危險，危險就是缺乏一段交流溝通、相互瞭解的過程。所以關係建立初期特別要強調交流互動。招聘新員工的常用程序有資料審查、應聘面試和錄用見習。錄用見習期間可以進一步考察，三個月或半年之後可以升為正職或者解除聘用合約。所以在頭三個月或半年應該特別關注新聘員工與老員工之間的互動以及新員工相互之間的交流。對於高層管理人員，為了避免招來一個完全的「陌生人」，最好的方法就是從自己組織的內部來挑選。這就是為什麼第3章說到的從優秀跳到傑出行列的公司的領導大多數是從組織內部選拔的。即便是從組織內部選拔出來的高層領導，也應十分注意與員工和下屬的初期互動。因為這時候，新領導的職務變了，工作對象也可能變了，他或她應該放下架子，走到群眾中去，聽取他們的意見（而不是聽取他們「彙報」——「彙報」更多應是領導向群眾做的），從而更好地去為他們服務。

再回到亨利和德利克的案例上。上面提到，他們成立自己的公司之前已經有了工作，所以新公司成立之後，他們仍然保留著自己原來單位的職務。很自然地，從一開始他們就遇到了如何科學安排時間的難題。但由於他們對新鮮事物（新成立的公司）的特有熱情，由於他們年輕、精力旺盛（比如下了班之後可以再趕到自己的

公司上班開夜車），更由於他們還能利用白天工作的空隙相互「偷打」電話、「偷寫」電子郵件（這當然是違反職業規範的），所以他們「公司合夥人」關係建立的初期互動還是相當充分的。德利克和亨利原有的大學同學關係也有助於新關係的初期交流。他們充分的初期互動使他們有可能較順利地進入新公司、新關係的工作狀態。我給他們的這種初期互動打個「良下」（是個B-，不給滿分或優良的理由是他們違反了上白天班不能打私人電話、發私人電子郵件的紀律）。

最後我們來談談關係建立初期的遊戲規則問題。我們平時常說「先小人後君子」，但做起來似乎總是「先君子後小人」。關係建立的初期很有必要建立一套簡單但可行的遊戲規則，這對有條不紊的開局極為重要。關係初期的遊戲規則不必面面俱到，也不必過於死板，但一定要有章可循，有規有矩。這對今後建立自律的「關係文化」可以打一個基礎。這其實與做「小人」還是「君子」無關，但是人們在關係建立的開初常常表現得「宰相肚裡能撐船」，誰遲到，誰早退，誰該做的事沒做，都沒有關係，作為關係夥伴，來個大度量，都吞了！關係的如此開局常會為今後的合作埋下一顆不小不大的定時炸彈。

亨利和德利克果然像中國人一樣一開始也做起「君子」來了。他們一再被提醒要訂出幾條遊戲規則來，但是一再說 "No problem"、"Don't worry"、"Everything would be fine" 這幾句話[10]。他們以為兩個人本來就是「老同學」，好說話，所以不需要什

麼新的遊戲規則。結果不久就出現了「食言」、「突然失去聯繫」、
「三天不見人影」、「誰知道他去了哪裡」、「該付的帳單沒有付」
等等相互批評或發牢騷的話[11]。這給以後的有條有理的合作塗上了
一層陰影。我給德利克和亨利的「初期遊戲規則」的評分又是一個
不及格（F）。

　　下面我們來談關係生命的第二階段：關係的發展階段。

## 二、關係的發展

　　關係一旦建立就進入了發展階段。在關係的發展階段，關係夥
伴所扮演的角色得以試驗、整合和確立；遊戲規則得以健全；工作
業績受到特別關注；「關係文化」逐步形成。我們就這四項內容來
逐個予以討論，並進一步對德利克和亨利的案例進行分析。

　　關係要發展是以關係夥伴對角色的試驗、整合和確立為前提
的。關係夥伴在新的關係中對角色的分配取決於許多因素，其中包
括對個人經驗、能力的考慮、對關係所承諾的責任的大小、政治、
經濟、文化環境的需要……等。有的新建立的關係中，關係夥伴對
對方的經驗和能力的瞭解不一定太多。這樣對所分配的角色就有必
要進行一番「試驗」，看適合不適合或稱職不稱職。由於關係共同
利益的「捆綁」作用，雙方一般都會樂意接受「試驗」。角色行為
有兩層意思，一層是對角色的「期待行為」，另一層是角色實際表
現的行為。比如關係夥伴中一人主外，一人主內。主外的是董事

長，主內的是總經理。對董事長的角色行為，總經理和公司的其他員工都會有一種「期待」。比如，「期待」中大家認為董事長是負責公司對戰略合作夥伴關係拓展的，大家知道他還應該搞好公司與政府的關係。假如主外的董事長實際角色行為，與「期待」他的行為脫節了，而且以後證明他確實不善於從事戰略夥伴關係的開拓或政府關係的發展，那麼就可能引起組織對他的角色和別人扮演的角色進行「整合」，該換的換，該下的下，該上的上，以便人盡其才、各得其所。經過一段時間的整合，角色就可以慢慢地「確立」了。角色的相對確立是關係走向發展階段的重要標誌。

亨利和德利克建立「公司合夥人」關係之後不久就對角色進行了分配，由亨利擔任「總裁」，由德利克擔任「首席執行長」。他們對「總裁」定的角色內容主要是名義上的，是公司對外的一種象徵，而「首席執行長」的工作是負責日常事務。經過一段時間的試驗後，他們發現亨利做事比較細、比較有條理，而德利克有魄力但比較粗糙，所以決定兩人角色互換，由亨利任「首席執行長」，德利克任「總裁」。以後隨著公司發展，他們的角色又有過新的調整。

在關係的發展的同時，遊戲規則也得以逐步健全。人們常說一個人能做的事不必由兩人來做，兩個人能做好的事不必由三個人去做。這是有道理的，因為人越多就越有個協調問題，協調不好就會造成資源的浪費。所以一旦有了關係，從一個人增加到了兩個人或更多人，就有了協調問題，亦即遊戲規則的制定問題。前面說過，

關係建立的時候就應該有初期的遊戲規則。隨著關係的發展、事業的拓展，遊戲規則比開創時候更複雜了。這時就需要對遊戲規則進行經常性的檢討，及時予以更改和健全，其中有財務上的，有行政上的，有新產品研發上的，有顧客服務上的……等。制定遊戲規則並不是要建立一個龐大、繁瑣、相互扯皮的官僚主義體制。恰恰相反，在充滿變數、充滿危機又充滿活力的環境中，健全遊戲規則是為了簡化報告關係，為了讓組織有條不紊地運作，為了有一個應變自如的自律系統。健全不是搞大而全，更不是搞繁瑣哲學，而是要少而精，緊鬆得當，寬嚴相宜。另外，有了遊戲規則就必須嚴格執行。規則定得再周全，不執行等於零。遊戲規則得以健全也包含了執行的意思。

德利克和亨利從關係建立一開始就疏忽了遊戲規則的制定。這個弊端到了關係的發展階段仍然沒有引起注意。他們實際上也制定了不少規章制度，但到了執行的時候就走樣了。他們的最大問題就是沒有很好地律己，沒有用律己來幫助自己執行遊戲規則。這對他們公司的業績平平打下了埋伏。

關係發展不是一句空話。關係發展是由「業績」來表現的。我們知道建立關係都是有理由和目標的，而關係發展的一個重要指標就是要看工作業績，亦即目標的實現情況。工作業績也不是一句空話，是要以實際績效來表示的。作為商業運作，總歸一句話，就是看你贏利還是虧損。計畫再好，不變成具體行動，不變成可以看得見的貨幣收入，那麼計畫再好都沒有用。這道理誰都會接受，但到

了現實生活、到了實際的業務操作，情況可能會大相逕庭。

比如德利克和亨利成立公司是爲了在太平洋兩岸之間架起一座橋樑，一來是做投資和網站設計諮詢以謀取利潤，二來是爲了太平洋兩岸之間的永遠友好。他們對自己的這兩個目標從一開始就很明確，同時知道第二個目標的實現必須以第一目標的實現爲基礎。因爲只有有了利潤，他們才能做更多他們想做的事情。所以從一開始，他們就制定了具體的年度商業計畫。公司成立伊始，他們接到了幾萬美元的網站設計訂單，不久又被邀請去中國大陸訪問洽談中美合作的商機。一切似乎很順利地進行著。第一年很快地過去了：收支略有赤字，但滑坡不大。對一家不該上馬而上了馬的公司能在第一年略有赤字，儘管不能算是什麼業績，或許已經不是太壞。關鍵是第二年。他們在第二年咬得很緊，完成了幾個大的網站設計的專案，賺了一些錢。但後來由於戰線拉得過長，更由於好的點子未能安排人力和財力去實行，漸漸地前期賺來的錢就給「燒」了。年終結帳時只是收支平衡、略有積餘。工作業績只計實際績效，不計豪言壯語。所以他們兩年來的工作業績，考慮到美國整個經濟衰退的因素，只是「平平」而已。

關係發展的過程又是關係文化逐步建立的過程。所謂關係文化，指的是關係夥伴在關係的發展過程中逐步建立起來的行爲模式、價值規範、象徵系統的總和。關係文化的形成是關係發展到成熟階段的一個重要標誌。無疑地時間是關係文化的一個不可忽視的變數。一般要有兩、三年甚至更長時間的磨合和積累，才能談所謂

「關係文化」。關係文化是將一種關係區別於其他關係的參照模式。關係的行為模式，主要指關係夥伴「相互」對待的行為，比如我們可以考察某關係是拘於禮儀的還是不拘小節的，是完全以職業關係相待還是職業關係與私人關係的兩相重疊。關係的價值規範，是指關係夥伴所遵從的關於關係維繫或商業道德的各種價值觀念和道德規範，比如在關係夥伴之間是以誠相待還是各留一手，對顧客是誠信第一還是投機取巧等等。關係的象徵系統，是指言語和非言語表意系統，比如各種言語和非言語的溝通和表達方式及各種各樣的日常儀式。

德利克和亨利的「公司合夥人」關係已經近三年，透過將近三年的共事、交流，他們已經建立了一種獨特的關係文化，比如他們相互之間「總是」不拘小節的，他們的公司合夥人關係「總是」與他們原有的私人關係重疊的，他們「總是」用只有他們才聽得懂的英語和體語來進行相互之間的表情達意的……等。這一連串的「總是」說明他們之間已經建立了一定的行為模式、一定的價值規範和一定的象徵系統，說明他們的關係已經形成了一定的「關係文化」。

下面我們將對關係的第三個階段「衰退階段」進行討論。

## 三、關係的衰退

關係發展到什麼時候開始衰退，從無定論。有的關係延續了幾十年依然松柏常青，有的關係不過半年就可以呈現頹勢，有的關係不進不退、不死不活，有的關係本已退了後又進了，確是一種關係一個樣。從某種意義上說，關係衰退的一個明顯標誌就是關係夥伴逐步地停止了對關係的生命之樹進行「澆灌施肥」。關係作為一個開放系統，像所有其他開放系統一樣，有著走向衰退、死亡的自然趨勢。所以像給樹木澆灌施肥一樣，也要給關係澆灌施肥。比如，該相互關照的事情不關照了，該發展的專案不去發展了，該注入資金的時候不注入了……等。下面我們來談關係衰退的四種現象：關係無意識；對關係激情的喪失；對關係生命之樹停止澆灌；關係衝突的頻繁和激烈化。

佛洛伊德談「個體無意識」，現代文化人類學者談「集體無意識」。我們可以藉由「無意識」的概念來談「關係無意識」[12]。所謂關係無意識，是指關係夥伴對構成關係文化的行為模式、價值規範和象徵系統的司空見慣、不以為然，從而失去感覺、失去意識的一種現象。說關係無意識是一種關係現象，是說它無所謂好也無所謂壞，就像個體無意識和集體無意識是一種現象一樣。但是對關係中的負面行為、負面價值、負面象徵的無意識，就會出現負面影響，導致關係的衰退。比如關係夥伴碰到原則問題就避開，不敢直

面現實，這樣久而久之就會形成一種關係無意識，以後出了再大的原則問題也不會有人提了。再比如如果對上門退貨的顧客一概視為「壞顧客」，因此一概不予理睬，這樣久而久之也會成為一種與顧客的「關係無意識」，以後誰對這種「壞顧客」不予理睬就是對的，誰去熱情接待了反而會被視為怪事。關係無意識如果不予認真對待，就會產生對關係的麻木不仁。昔日有的對關係的激情也會消磨得一乾二淨。

我對德利克和亨利的「公司合夥人」關係的觀察，也讓我看到了他們的關係無意識。比如他們相互都有「食言」問題，就是相互說的話不算數。大家說好何日何時碰頭，但到了時候，誰都可以不到。理由可以是「有事」或「忘了」。有趣的是誰也不當一回事。所以久而久之就成了關係無意識。再比如他們有無窮無盡的新鮮點子，但一到執行就會以人手不足為由將新點子踩到了腳下。久而久之也成了關係無意識：點子照常出，出一個踩一個。出現了這種對負面行為的無意識，我開始警告他們：二位元的公司合夥人關係已經在下滑。事實上他們的關係在不知不覺中衰退了，以後發生的事將會證明這種猜測是對的。

本書第6章中提到激情是人的身心對人、事、物、關係的超常投入，對這種投入的極度體驗。可以想像在關係建立之初、在關係的發展過程中人的「身心」對關係的超常投入和對這種投入的極度體驗。哪天這種超常投入停止了、身心的體驗也沒有了，那麼這是一個信號：關係可能正孕育著衰退。對關係的激情的喪失可能出於

多種原因，可能由於對關係的成功已經失去信心，可能是「喜新厭舊」病毒的侵入，可能是又有了新的生活目標……等。激情的散發可能是一時一地的，但是它的能量積聚可以是延續的。激情的喪失始於「能量積聚」過程的停止。火山內在的運動停止了，怎麼可能再有岩漿的噴射呢？

有趣的是德利克和亨利的關係在逐漸衰退過程中同樣地經歷過對關係的激情的喪失。在關係剛剛建立時，我看到過這兩位熱血美國青年渴望成功、渴望有朝一日要到中國大陸、台灣、香港去闖盪一番的眼神，看到過他們的那種享受著「極度體驗」的眼神。以後這種眼神暗淡了。再以後我看到的是他們沮喪的臉、對關係的前途無以把握的那種無可奈何的表情。顯然他們已經失去了昔日的激情。此時我真正開始擔憂這兩位昔日的學生了。我已經準備好幫助他們。

關係缺了激情或許哪天還會新的湧動、新的激發。但是對關係生命之樹最終停止了澆灌和施肥，那麼關係只能隨著自己的慣性而前行了。關係能延續多久就要看慣性能延續多久。有人說對維持關係來說，有沒有激情並不重要。重要的是能不能經常對關係的生命之樹澆灌和施肥。對關係夥伴的一個親切的眼神、一個緊緊的、充滿信任的握手、一個祝君一路平安的電話，一張祝君成功的節日賀卡就是這裡說的「澆灌和施肥」。試想這一些日常的象徵儀式都消失了，代之而起的是天天的冷眉橫對和不盡的連諷帶刺，這樣的關係還能維持多久呢？或者，還有必要維持嗎？

　　當我正在撰寫這一節的時候，亨利和德利克正在掙扎著關係是否維持下去。他們對三年之前建立的「合夥人」關係已經失去昔日的激情，幾個月來他們的見面從每週三次減少到一次而後再減到每兩週一次。他們已經開始互相埋怨，經常在我的面前互發牢騷。兩位昔日的同學儘管還沒有發展到「冷眉橫對」的地步，但是對「合夥人」關係的發展前景已經感到相當暗淡。

　　事實上在整個關係生命過程中都不可避免地會有各種衝突發生，而且衝突不一定都是負面的。但關係衰退階段的衝突有它的特徵。首先是衝突的頻繁，而且常常是無端而被挑起。其次是衝突的激烈化，每次衝突都會摻入許多情緒成分，經常是無理取鬧、上綱上線，以至到威脅恐嚇。這時候對關係根本談不上激情、談不上什麼澆灌和施肥了，關係夥伴已經開始準備關係的終止。

　　德利克和亨利的關係案例好像是三年前就為本書的寫作準備了，它讓我近距離地觀察了關係的演變過程，從建立到發展再到衰退，前後共三年。2002年深秋的一個上午，他們叫我去參加他們的一個會議，以幫助他們緩解突然變得激烈起來的衝突。我意識到他們的「合夥人」關係已經到了盡頭。我要求他們冷靜思考、禮貌對話、與人為善。但他們沒有能做到：一到公司的辦公室，他們就拉高嗓子，相互進攻。我說你們若像小孩一樣爭吵，我將立即退出、停止調解。他們終於相對地笑了。畢竟，他們是多年的老同學，我們是多年的師生關係。我期待著他們的合夥人關係的「善終」。

　　接下來我們就進入關係生命的最後階段：終止階段。

## 四、關係的終止

沒想到德利克和亨利的合夥人關係只維持了三年：他們已經正式提出解散在三年前成立的公司，終止正式的合夥人的關係。我目睹並介入了他們以後進行的「終止關係的談判」過程。畢竟是老同學，畢竟還看我這個「師父」仲介人的面子，他們友好地開始了「善終」對話。鑒於他們的未了的中國文化情結，雙方希望仍然保持「沒有合夥人關係」的合作關係，建議由德利克全部買下公司實體，進行獨資經營，亨利由合夥人的角色轉化為鬆弛的戰略合作關係的角色。在我寫這一段話的時候談判仍在進行，但有一點可以肯定，兩位老同學終止了他們的合夥人關係之後，仍然將繼續他們的促進中美友好的活動。

一般說來，關係的終止要做這四件事：自我反思；理性對話；社會支援；總結經驗。

任何人在經歷了關係的衰退階段之後，都應該作好關係終止的心理準備。自我反思是作好心理準備的一種有效措施。關係「一場」，已到劃上句號的時候了，是好是壞，應該坐下來好好地思考一下了。所謂「反思」，大抵有兩層意思，一層是回過頭去想，「再」想想、「重新」想想，「反覆」地想想，很可能會想到一些新的層面、新的角度。第二層意思是逆轉原來的思路對一些問題進行思考，那麼可能原來以為對的結果是錯的，原以為錯的可能是對

的了。自我反思最要忌諱的就是自欺欺人。中國人講了多少年的實事求是，結果還有許多人不講實事求是，不講實事求是幾乎成了最大的集體無意識。對別人不講實事求是，是爲了不損害自己或自己要保護的人的利益，還可以理解。那麼如果對自己——即自己對自己說話——也不講實事求是，就等於失去了做老實人的最後一次機會。

有了實事求是的自我反思，就比較能夠正確地對待自己、對待關係夥伴、對待即將劃上句號的關係。如果自我反思做得比較徹底，那麼就可以爲下一步的「理性對話」鋪好台階。

我們的案例的代表——德利克和亨利——在他們關係的最後一段時間裡，雙方都認眞檢討了「自我」，反思了從公司角色扮演到衝突的處理等各種關係管理層面上所獲得的經驗和教訓。這爲他們的理性對話鋪平了道路。

認眞的自我反思是理性對話的最好入門。理性對話是相對於情緒化的發洩而言的。有些人把關係的終止看作一場災難，並總是把關係死亡的責任全部推到關係夥伴的身上，自己則還要藉機把自己的憤怒、嫉恨、埋怨、不平等各種負面情緒全數地發洩出來。這既沒有必要，又是十分有害的。假如「自我反思」自己對自己要講眞話的話，那麼「理性對話」應該儘量做到「情感移入」，將自己放在對方的角色地位上去感覺一番、體會一番。對任何關係來說，關係從建立到發展，從發展到衰退，再從衰退到終止，不可能永遠是一個人錯，另一個人對。人再錯也總有對的時候。懂得如何做到

「情感移入」，不但能發現關係夥伴對的地方，而且即便知道人家錯了，也可以幫助找到造成人家錯的原因。

亨利和德利克果然心平氣和地進行了多次理性對話。美國人既比較崇尚「理性」，又比較講究「對話」，加在一起就成了「理性對話」。亨利和德利克都已年屆三十，曾受到長期民主習慣的薰陶，又加上五年同窗的因素，因此既能坦白解剖自己，又敢於向對方提出尖銳的批評。旁聽他們的理性對話像是上了幾課生動的「民主生活」課。他們能那樣理性對話其實保證了自己的合夥人關係理性終止的可能。

關係的終止，特別是那些日久天長的關係、那些自己為之付出過極大心血的關係，到了必須結束的那一刻，說是容易，做起來可能會經受撕心裂肺的痛苦。在這種情況下，社會──關係夥伴的朋友、親人、同事和各種相關的社會團體──應該伸出援助的手，拉一把，支援一下。這將使經受了關係磨難的人永生銘記在心，同時可以幫助關係夥伴重新振作精神，從過去中解放出來，走向新的生活或新的關係。社會支援可以多種形式，哪怕一個電話、一句安慰話、一封鼓勵的信、一次推心置腹的促膝長談，都是一種極大的精神支援[13]。

至此我們需要糾正一個可能已經產生的誤解：關係終止似乎總是一場悲劇。事實上不是的。有許多關係是「自然死亡」，是生命旅程自然地走到了盡頭。有些關係是「好離好散」。總結經驗是針對所有的關係的終止而言的──其中包括正面的經驗和必須吸取的

教訓。有些寫關係變化的書在談到關係終止時常用「墓地悼詞」來作經驗總結的比喻。墓地悼詞當然是指對死亡的悼念。這其實是一種健康的情緒。死，不一定要哭哭啼啼，更不必與世界末日聯繫起來。死不過是一個生命歷程的終結，是一場戲劇（包括悲劇）的落幕。實行對生命歷程的總結、對在關係舞台上已經落幕的一場戲劇的品評，有助於未來的關係、未來的更為有效的關係管理[14]。

 關係的變化管理與6個大C模式的運用

　　這是對本書在第5章提出的關係成功6個大C模式的第四次再訪了。這樣做的意圖是為了讓6個大C的模式貫穿全書，而且只有在關係管理各個基本層面上用好了關係成功的6個要素，才能真正體會到它們的重要性。

一、變化管理與Common Interest（共同利益或興趣）的關聯

　　上一節我們在宏觀上討論了關係變化過程的四個階段。作為關係成功第一要素的「共同利益」當然也是適用於四個階段的每一個階段。首先在關係的建立階段，正如本書在第5章中強調的，共同利益存在與否是第一要考慮的問題。換言之，關係建立的必要與否

就是共同利益的存在與否，前者以後者為第一條件。在一個充滿變數的環境中，今天的共同利益到了明天就有可能變化，但環境又不允許無休止的等待，要求關係迅速地建立起來。這是一個很大的矛盾。如何既明確界定關係的共同利益，又不失時機地把關係建立起來，是需要深思熟慮和盡力平衡的。這將是今後的關係成功的關鍵。

在關係的開初階段無論怎樣明確地界定關係的共同利益，總是理論上的或者大多是估計的，都不能保證到了發展階段依然不變。關係雙方的共同利益不變固然好，但隨著環境的變化共同利益必須重新框定[15]。關係很少有可能永遠地向上、向前發展的，即便穩步或快速發展了也不可能是一根直線。發展總有回落的時候，關係——哪怕是延續了百年的老關係——也總有衰退的一天。這一天可以很早地到來，人們也可以透過共同利益的不斷調節來延長關係的生命。有人說關係可以是棵常青樹。當然可以。但就是常青樹也有衰退和死亡的一天，比如會不會哪天被人偷著砍掉當柴燒了呢？現實生活中許多關係就是因為自身不能控制的環境突變而過早地衰頹的。在正常情況下，當關係開始衰退的時候，應該用「顯微鏡」查一查關係基礎是否有了「結構」的鬆弛。在現實的關係世界中，由於共同利益基礎結構的鬆弛或解體而導致關係滑坡是經常有的事。

到了關係的終止的一天，是否不必再講關係的共同利益基礎了？恰恰相反，不僅要講，而且要講好。首先應該清醒地認識到，關係的最終死亡在許多情況下是由於共同利益基礎的喪失而引起

的。但在實際處理關係終止的時候，要努力做到「善始善終」，要做好自我反思、理性對話、社會支援和經驗總結。這樣做也爲了關係夥伴的共同利益（當然是一種新的共同利益），是一種成熟和有遠見的表現。死可能是另一種生的開始。現在的關係的終止了，以後環境起了變化何嘗不可能建立新的關係呢？現在關係的終止也不一定是死，一種經常出現的現象是「關係轉換」，比如公司合夥人的關係終止了，但兩個合夥人成了朋友，發展了一種全新的、建立在新的共同利益或興趣的基礎上的關係。

## 二、變化管理與Communication（交流、溝通）的關聯

交流、溝通是一種潤滑劑，有了這種潤滑劑，關係就猶如裝上了四個滑輪可以比較順利地走完生命的全過程。無論是關係的建立、發展還是關係的衰退、終止，每個階段都需要高品質的交流、溝通潤滑劑。 交流、溝通是新興的大學問[16]，它的理論和實用價值是世所共知的。或許一開始就斷言交流、溝通是一種潤滑劑過於唐突，那是因爲它只不過是人人都能用的工具而已，用得好就是潤滑劑，用得不好就會變成關係之車的減速器、破壞器！關係的建立、發展、衰退和終止的整個生命過程與交流、溝通有著密切的關聯。

關係的建立必須透過資訊交流和情感溝通、必須透過對共同利

益界定的多次討論，這是常識。在關係建立的初期如何說，如何聽，如何做，如何運用電子媒介和面對面的互動方式，也是一種常識。第5章討論的關於交流、溝通的四個基本層面在變化過程的每一個階段都是適用的。在這裡要強調的是作為關係互動起始的「第一印象」的重要。關係的第一印象是由交流、溝通的內容和方式造成的，而且第一印象無一例外地都是「第一次」造成的。第一次只能是一次，世上從來沒有第二次的第一印象。這對所有的潛在關係夥伴來說是個挑戰。說起來也簡單，無非就是在第一次交流、溝通的時候就說好、聽好、做好，但做起來就絕不輕鬆了。那麼怎麼來對付第一次經驗呢？是否要準備？當然要準備。是否應該自然？當然應該自然。關鍵是如何把握好平衡，準備過頭了會形成矯揉造作，自然過了限度就變成不管場合不看對象放任自流了。矯揉造作和放任自流都是「第一次印象」的剋星。

關係建立時留下的第一印象果然重要，但更不能忽視的是關係夥伴之間平時、長期、日積月累的互動經驗。關係夥伴之間相互之間沒有必要寫報告、作演講、登台作戲。日常的交流、溝通就像吃飯、睡覺一樣，天天要有。人少吃了一餐、失眠了一宿，人的身體馬上就有不適的感覺以至不良的反應。關係缺了經常的交流、溝通就等於活水變成了死水，其結果可想而知。在平時的互動過程中，如何說、如何聽、如何做的確會影響到關係的健康發展與否，比如第5章在談「說」的層面的時候曾提到的四組共八種不同的「說」法就會造成截然不同的效果。哪怕人人以為都能聽的那個「聽」字

也會嚴重影響到資訊的正常交流、情感的有效溝通。如何「做」事、如何「做」人在關係的長期互動中，潛移默化，久而久之就會影響到關係的發展方向、決定關係的生死命運。有些人說不好、聽不好、做不好，直愣愣地看著關係開始衰退，也不知爲什麼關係不是朝前進而是向後退了。

說到關係衰退，原因之一可能就是出在關係夥伴的交流、溝通上。前文提到，關係失去了共同利益基礎會造成關係的衰退，要指出的是有了共同利益基礎也不等於關係就能管理好。共同利益是關係成功的一個重要的因素，但不是唯一的因素。良好的交流、溝通是另一個重要因素。一旦關係開始衰退，更會在互動的內容和形式上表現出來。交流、溝通晴雨錶誰都會讀：不必去看聽、說、做的內容，就看如何聽的、如何說的、如何做的，就能判斷關係是在繼續地發展還是已經開始走向衰退。

一場喜劇或悲劇就要在關係的舞台上落幕了，劇中人和局外的看官想笑的就笑一笑，要落淚的就落幾滴。笑過、哭過後就該靜下心來細細地品評戲劇的內涵和社會意義了。對關係的品評，包括對關係終止的思考和處理，需要關係夥伴發揮出最高的交流、溝通水準的。該聽的好好地聽一聽，既無偏見又無敵意。該說的好好地說一說，既要實事求是又要留有餘地。該做的事就好好地去做，既要誠心誠意又要適可而止。今天的關係舞台落幕了，明天的另一台戲的鑼鼓就要敲響。

## 三、變化管理與Credibility（信譽、可信）的關聯

　　大家都說信譽的基礎是誠眞。我們先避開「誠」字的辭源不說，就從它的現代字形來作些「爲我所需」的演繹。首先誠字是「言」字旁的，這跟交流、溝通有關。字的本體是「成」字，成即完成，是全部的意思，成也有成熟之解，是大人之見。這個「誠」就難「成」了，人說話總說不全，總選對自己最有利的說，此一。大人說話更有種種顧忌，很難做到全盤托出，此二。所以，「誠」加個「眞」字就補救了單一「誠」字的不足[17]。眞者，孩童也。小孩不成熟，但比大人更能說眞話。這眞是現代文明社會所缺的：「誠」有而「眞」不足，說眞話的大人更是太少了[18]。從某種意義上說，6個大C模式裡，這個Credibility是最難做到的。

　　最糟糕的關係莫過於從一開始就一頭栽進「眞對假」的旋渦，以後的關係演繹注定是悲劇。倘若是「假對假」倒也好：兩相作孽，自尋死路。最令人叫冤喊屈的眞被假騙、眞被假玩、眞被假坑。這種「眞對假」的關係中外古今遍地皆是。善良的人最要當心的就是不要一開始就上了騙子的金錢和眼淚的圈套。所以關係建立時雙方必須遵循的一個原則就是「信」字當頭。這個「信」字的結構組合裡，左邊旁是個「人」字，右邊旁是個「言」字。在古漢語裡人即仁，是好人的意思。所以，好人說的話就是信。從這個意義上說，只要兩人是「好人」，就有了建立關係的一個最重要的保

證。在這個充滿變數、充滿危機、充滿不說真話的大人的世界，知道自己和對方都是好人不是進了最好的保險公司的大門了嗎？

一時的好人並不一定是好人，那可能是裝出來的好人。一時裝做的好人常常比不裝的壞人還壞，因為不裝的壞人是從你的胸前打槍的，容易對付。如果關係是在兩個好人（或者是講信譽的公司）之間建立的，那麼關係的發展前景就可以比較樂觀，今後出現了衝突也比較容易處理。人們都會同意，關係的發展要有一個堅實的共同利益的基礎，也要有一個良好的交流、溝通的氣氛，但是更需要的是關係夥伴的「信」字當頭、以誠相待、堅持不懈。關係的建立和發展，特別是商業關係的建立和發展，總免不了帶有功利的色彩，免不了與金錢、利益的分配打交道，時間長了身上或許會染上些許「生意人」味，這時候特別要注意一日也不可失「信」。唯其如此，好人才能做到底，關係才能有望穩步發展。

關係由於種種原因開始走下坡了，能不能背信棄義了呢？當然不能。或許此時才是考驗一個人是真好人還是假好人的最佳時機。前文一再強調，好人不能做一時而要做一世，關係衰退了，出的問題要面對，對是非曲直要堅持原則，但信不可背義不可棄。即便自己對關係的滑坡負有主要重任，只要仍然堅持誠真第一、信譽第一，也會比較容易取得關係夥伴的諒解，這對關係的好轉或順利轉化也能產生積極的影響。

一個真誠待人的人，即使成了最可怕的競爭對手，也會受到人家的尊敬。任何關係的終止，就像任何關係的開始一樣，總是在特

定的歷史條件下發生的，原因可以各各相異，難以說清。有些問題也不必全部說清。一個講誠信的人一般更有勇氣直面危機，哪怕到了關係的終止階段，仍然會出於道義，更多地把「危機」中的「危險」留給自己，把「機會」讓給自己的或許很快就要分道揚鑣的關係夥伴——只要他或她也是個好人的話。這絕不是聖人之舉，這是一個講究誠信的人做人的品行。

## 四、變化管理與Commitment（承諾、執著）的關聯

關係的整個生命過程始終伴隨著承諾執著與見異思遷的拉鋸戰。特別是到了關係變化的關鍵時刻，是堅持承諾還是見異思遷，會受到許多難以想像磨難和痛苦。在現今的充滿變數和危機的商業環境中，戰略夥伴關係的組合、離散、再組合、再離散已經成了司空見慣的日常儀式，這對許多簽了合約、許了承諾、立了誓言的關係夥伴是個極其現實的挑戰和考驗。

就關係的變化階段而言，立下承諾在關係建立的初期是比較容易的，儘管今天簽合約明天就撕毀的事情也時有所聞。在洽談一種關係的建立時，潛在關係雙方應該冷靜地思考對關係的承諾問題。承諾並不是「終身制」，世上並不是白頭到老的關係就是最好的關係。承諾有長期與短期之分，有無條件與有條件之分，有情感性的山盟海誓與理性的冷靜應對之分……等。明智的作法是，在長期承諾與短期承諾之間搖擺不定的時候先選擇短期的，在無條件承諾與

有條件承諾之間顧慮重重的時候先選擇有條件的，在情感衝動下作承諾與理性思考下作承諾之間難以兩全的時候，先冷靜下來再說。一旦作了承諾，就必須信守，這是關係建立的一個原則。承諾有口頭的，也有書面的。有的口頭承諾還需用書面的形式固定下來，以便受到法律的保護——這時候承諾已被假設為有被違反的可能。無論是誰，如果自知會違反承諾，那麼與其冒違反之險[19]，還不如先不作承諾。在當今這個多變的世界裡，對滿口豪言壯語的人要當心，對那些不輕下承諾的人反而可以寄予更大的希望。

時間是對承諾的最公正的見證人。在任何關係有進有退的波浪式的發展變化中，承諾既是對諾言的信守，也是人的一種品格的顯現。就對關係的承諾而言，世上有三種人，一種是信守承諾的人，一種是見異思遷的人，一種是把承諾當兒戲的人。信守承諾的人最能經得起考驗，承受得起關係發展過程中的種種波浪起伏。見異思遷的人常是這山望著那山高，經不起各種聲色犬馬的誘惑。更有一種把承諾看作兒戲的人，到處許諾，到處欺騙，到處害人，古今中外的故事一再表明，總有一天這些把承諾當兒戲的人會害了自己的「卿卿性命」。在此還要指出的是，承諾、執著不僅僅是對人、對關係而言的，而且也是對事、對任務的。對人、對關係講承諾、執著的，不一定對事、對任務也講承諾、執著。關係發展與事業發展總是相輔相成，只有對事、對任務也執著地去做了，關係才能真正發展起來。

作為關係生命過程第三階段的衰退常有關係夥伴單方面或雙方

面不執行承諾的原因。一個必須回答的問題是，如果關係一方破壞了承諾，信守諾言的另一方該怎麼辦？回答應該是要弄清楚為什麼破壞承諾。破壞承諾的原因可以多種多樣，特別是在對事、對任務上，有時連講誠信的人也會因某種原因破壞了承諾。比如，對任務死線的執行，原先承諾在死線之前一定完成任務的結果未能完成，原因可能是執行任務的人突然病了，也可能是其他無法控制的原因。這在大多數情況下應該原諒。但是如果這種對死線執行的破壞一犯再犯，那麼就是一個人的「自律」出了問題。對事、對任務承諾的一再違反勢必會給關係文化來帶來負面的影響，對已經出現的關係衰退更會雪上加霜。如果弄清了關係夥伴破壞承諾的原因是出於對關係前景信心的完全喪失，那麼作為一直信守承諾的另一方就該作好關係終止的準備了。當然一切應視具體情況而定。

對關係的終止這件「事」，就像對任何事一樣，應從大處著眼，堅持信守關於關係終止的有關承諾，這不僅是做人的原則，也是讓關係「善終」或者順利轉換的重要條件。

## 五、變化管理與Collaboration（合作、協作）的關聯

建立任何一種新的關係等於上了同一艘遠航的船，同舟共濟、有福同享、有難同當。聽來似乎浪漫，但在具體的關係變化過程中會遇到各種各樣的暗礁、風浪乃至生死攸關的危機。關係夥伴如何同心協力走好每一步過好每一天，是關係航程一帆風順還是一路驚

險的關鍵。這在關係成立的第一天就應該成為一種自律行為。

本書的第5章曾提到肯德的美資變壓器公司與中方兩家公司的合作攻打美國變壓器市場的案例。在本書進入這第9章寫作的前後，突然地他們發現運到美國市場的變壓器出了嚴重的品質問題。說「突然地」是因為三方至今發生這樣的嚴重品質問題還是第一次，但可以確定的是已經造成了嚴重的信譽損害和經濟損失。當然從關係管理角度來說，這是對三方合作的一次重大考驗。美方和中方都把這一「危機」既作為一個教訓又作為一個機會：狠抓品質管理的機會。三方人員透過每日的電子郵件往來、多次的國際電話會議，大家精誠合作，找出了十幾個可能出現品質問題的程序和技術關節，並對每道程序和每個技術關節制訂出了更為細緻更為嚴格的品質檢驗程序。這種合作精神對仍在發展中的三方關係無疑地是一個積極的促進。

讀者已經知道，英文的Collaboration的合作程度要強於Cooperation一詞的涵義，前者是一種精誠合作。一人單獨做不需要合作，組成關係了，有兩方、三方的人介入了，那麼相互就必須有合作或者精誠合作。假如「信譽」和「承諾」更多的是指一個人、一個公司的品行和人格的話，那麼「合作」或「精誠合作」就是看關係夥伴怎麼來具體地共同操作了。一個負責任的人或組織即便看到關係在走下坡路了，也仍然會堅持不懈地為關係的維持做出自己的獨特貢獻。

哪怕關係走到了盡頭，關係雙方或三方仍然應該繼續抱著合作

的態度，在滿足自己要求的同時，儘量使對方得到應有的合理對待。本章上一節提到的德利克和亨利到了終止關係的時候，也是仍然各就各位，把應該做的事做完的。在公司進行資產盤點的時候，雙方都能做到實事求是、互謙互讓，希望今天關係的結束爲他們明天的可能建立的新的共事機制創造一個好的合作氣氛。

## 六、變化管理與Compromise（妥協、讓步）的關聯

識時務者爲俊傑，因爲識時務者能審時度勢，該妥協的時候妥協，該讓步的時候讓步。成功的關係在自身的生命變化過程充滿了妥協和讓步。妥協和讓步是智者常用的策略。妥協不是不講原則，讓步也不是你進一步我就退一步。妥協者、讓步者也有非爭不可、堅決不讓的時候；堅持要爭、絲毫不讓也是一種策略，也是爲了關係的更好發展和維繫。

在關係建立時要「先小人後君子」，但不是說不要妥協和讓步。當然可以先爭後讓、先進後退，這樣比一開始就讓、就退可能會多爭得一點。但關係管理的經驗一直告訴人們，在關係的發展過程中，在關係建立初不該爭而爭來的到後來還得退，不該讓而讓給人家的人家也有可能主動奉還給你來個「完璧歸趙」。一個合理的關係經過一段時間的互動，會逐漸地趨向關係的合理的，而關係只有做到了合理才能維持下去、才能向前發展。人都有一個「越多越好」的心理，殊不知小可能是大、大可能是小以及貪小失大的道

理。真正懂生意的人要想盡辦法讓人家贏、讓人家賺而後再自己贏、自己賺，而且都贏得合理、賺得得當。這是在關係建立的時候應該運用的重要談判策略。

在今後的關係發展的過程中，關係雙方或幾方免不了會在決策、權力分配、衝突處理以至情感糾葛上出現分歧，妥協、退讓作為一種「識時務」之「俊傑」者的策略應該是久用不衰的。真正的考驗或許要到關係衰退的時候才會到來。應該看到的是關係從上升發展到開始衰退，其中的原因可以許許多多，但也可能包括一方或雙方拒絕妥協和讓步的因素。在任何情況下拒絕妥協和讓步只能將關係推向極端衝突的邊緣，於各方都不利。中東的巴勒斯坦與以色列、以美國為首的歐美盟國與伊斯蘭極端組織塔利班或伊拉克都正在同時受到死不妥協、死不讓步的政策、策略的懲罰。在這樣的情況下，一般要等到死了太多的無辜百姓、太多的婦女和兒童、太多的年輕士兵，才能回到談判桌上來，再談妥協，再談讓步。

妥協、讓步作為一種策略應該貫穿於關係生命的整個過程，以至包括關係的死亡。在關係行將臨終之際，有些人在絕望之餘會選擇魚死網破的結局，這是不值得的。報復從來不會有好結果，暴力引來的依然是暴力。在任何時候對待任何關係的終止，要試著發揮「山窮水盡疑無路，柳暗花明又一村」想像力，要重溫基於哲學思考的「壞事變好事」的可能，要開闊眼界和胸懷，不僅自己先行妥協，同時也好言規勸對方作出理性的讓步，以便取得一個雙贏的、即便不很完美的結局。

　　妥協是水，讓步是柳，看似柔弱，實為眞強。誰懂了妥協、讓步的藝術，誰就懂了關係生命的眞諦。

## 本章提要

· 變化——環境的變化和人自身的變化——無法抗拒地把我們緊緊地包裹起來，誰也逃脫不得。

· 關係自身，像所有的「開放系統」一樣，具有無法抗拒的、走向混亂、無序、滅亡的自然趨勢。關係管理就是去用人的努力去克服這個自然過程，以保持關係的穩定、有序、生存。

· 今天的環境變化，其速度之快、規模之大、程序之亂、隱含的危機之深，已經超過了以往任何一個時代。這種變化對關係的變化管理提出了前所未有的挑戰。

· 關係必須建立在雙向選擇的基礎上

· 在關係的發展階段，關係夥伴所扮演的角色得以試驗、整合和確立；遊戲規則得以健全；工作業績受到特別關注；「關係文化」逐步形成。

· 關係衰退的一個明顯標誌就是關係夥伴逐步地停止了對關係的生命之樹進行「澆灌施肥」。

· 一般說來，關係的終止要做四件事：自我反思、理性對話、社會支援、總結經驗。

· 關係的最終死亡在許多情況下是由於共同利益基礎的喪失而引起的。但在實際處理關係終止的時候，要努力做到「善始善終」，要做好自我反思、理性對話、社會支援和經驗總結。

· 交流、溝通是一種潤滑劑，有了這種潤滑劑，關係就猶如裝上了

四個輪子可以比較順利地走完生命的全過程。

· 關係建立時雙方必須遵循的一個原則就是「信」字當頭。

· 關係的整個生命過程始終伴隨著承諾與見異思遷的拉鋸戰。特別是到了關係變化的關鍵時刻，是堅持承諾還是見異思遷，會受到許多難以想像磨難和痛苦。在現今的充滿變數和危機的商業環境中，戰略夥伴關係的組合、離散、再組合、再離散已經成了司空見慣的日常儀式。

· 建立任何一種新的關係等於上了同一艘遠航的船，同舟共濟、有福同享、有難同當聽來似乎浪漫，但在具體的關係變化過程中會應付各種各樣的暗礁、風浪乃至生死攸關的危機。

· 妥協和讓步是智者常用的策略。妥協不是不講原則，讓步也不是你進一步我就退一步。

# 注釋

[1]這個學派的領導人是我的紐約州立大學奧本尼分校的導師庫什曼教授。我們曾在高速管理領域裡合作出版了一些書和文章。

[2]我第一次是在華盛頓航太博物館的立體電影院裡看到這一可怕的奇觀的。我記得當時只覺得心一陣緊縮，感到人類的渺小和無奈。

[3]伊拉克要開發大規模殺傷武器固然可怕，更可怕的是美國以包括核武器在內的大規模殺傷武器的使用恐嚇來進一步激怒整個阿拉伯、伊斯蘭國家和潛在的恐怕主義者。

[4]這一天本書正好進入這一節的起草。

[5]Altman, L. & Taylor, D. (1973). *Social Penetration*. New York: Holt, Rinehart & Winston.

[6]即所謂individuality，「心理結構」是一種通俗的說法。

[7]比如，我在一所美國大學的傳播系有過多次招聘教授的經驗。系裡招聘教授首先是看應聘者寄來的資料。系裡的教授讀了資料後就召開系務會進行一般性討論，對各位應聘的人選提出意見。然後是表決。得票最多的排名第一，以次類推。新教授應聘後會有大量機會與系裡的「老」教授進行互動。按常理，新教授與老教授的關係不難順順當當地建立的。然而在實際生活中，關係並不是按這樣的常規建立的。我說的這個大學的傳播系四年前要聘一位大眾傳播學的助理教授。很快系裡聘到了一位從台灣來美國剛拿了博士的才女，大家都很高興，以為找到了合適的人選。但一年之後，女博士另有高攀了。系裡很快又聘到了一位年屆六旬的老博士生，他的博士學位還要等一年的「寒窗」才能拿到。大家想老先生年紀一大把了大約不會走的。結果一年之後也走了，理由是擔心學位拿不到被請走會失面子。好，系裡再找，又找到了一位年齡不大也不小的中年博士。中年博士應聘資料堪稱一流，來系半年後就有專著出版。中年博士研究水準出色，但課上得不好，引起許多學生的不滿，一年以後出於種種壓力，也走了。

[8] 見上注。

[9] 這個例子將貫穿全章，請讀者耐心解讀。

[10] No problem 就是「沒問題」，Don't worry 就是「別擔心」，Everything would be fine就是「一切會好的」。

[11] 以後德利克和亨利的「公司合夥人」關係發生裂縫，這樣的話就慢慢地倒出來了。

[12] 讀者可能已經發現我對無意識三字的偏愛，我已經談到集體無意識、個體無意識和關係無意識三種。當然還可以延伸出許多別的無意識。無意識是一個包含文化學、心理學、社會學、傳播學以至其他社會學科的普遍現像，很值得作爲專門課題來研究。

[13] 我給德利克和亨利這兩位美國熱血青年各個發去了電子郵件，說了一些諸如「死可能是另一種生的開始」的哲學道理，把他們請到中國餐館吃飯、展望中美兩國交往的廣闊前景和他們能產生的積極作用。在餐桌上，我聽了他們各自的關於「關係之死」的戲劇性總結「演講」。

[14] 上文提到的「關係之死」的題目是我開玩笑給德利克和亨利定的，沒想到他們真在飯桌上低聲地吟誦起來了。亨利說，與老同學的三年合夥人關係是一種「繼續教育」，學到了在書本上學不到的知識。他的最大體會是，任何一個好的計畫如果不去踏踏實實地執行，那麼再好也是沒有用的。德利克不善言談，用了剛從我這兒學會的兩個中文字來總結自己今後的努力方向：自律。他說，他今後人生之路要學中國人的克己和自律。亨利、德利克和我用右手掌相互擊了一下，大家互祝身體健康、事業成功。

[15] 我曾經幫助建立的一家中美合作公司原先的目標是開發電力車，開發中國和國際市場，技術和關鍵零件都由美方以貿易形式向中方提供，中方再行組裝並銷售。合作關係成立伊始，情況便發生變化。由於美方提供的零件本身價格過高，再加上高額的關稅和17%的增值稅，按這樣的貿易方式中方不僅賺不了錢還要大大地虧損。結果是中方買不起美方就賣不出貨，原先「估計」要實現的「共同利益」就無法實現了。面對這種情況，解決的

辦法一是解除關係，二是重新探討和界定新的共同利益基礎。我極力建議的是把貿易形式的合作關係轉化為共同開發電力車市場的合資關係：技術仍由美方提供，但所有的零件由合資公司在中國大陸生產，這樣就可能大大降低生產成本，高額的進口稅也得以避免。新的合資公司成立了，新界定的共同利益基礎讓中美雙方都得到了利益保證，關係也隨著發展了。

[16]美國高等教育中，傳播學的教學和研究在過去的三十年內有過蓬勃的發展。中國大陸從80年代中也開始重視引進並著手在其高等院校建設自己的傳播學科系。

[17]請讀者注意，我完全是在做「為我所用」的演繹。

[18]從心理學、社會心理學、政治學、傳播學、宗教學、歷史學都可以找到部分原因。

[19]違反合約裡的承諾不僅在道德上背信棄義了，而且還有可能承擔法律的責任。在一種背信棄義已成「集體無意識」、法制觀念不全的環境下，特別要當心輕下承諾的人。

# 第四部分

# 組織對內、對外關係的整合管理

● 組織對內、對外關係的整合管理

# 組織對內、對外關係
# 的整合管理

　　90年代初國際行銷界提出了「整合行銷傳播」的理念[1]。到了90年代末美國管理學界又提出了「整合傳播」[2]的新說。兩種說法初看似乎區別不大，仔細比較後發現「整合行銷傳播」的理念是屬於20世紀——生產的世紀——的產物，提出這一理念的中心目的是為了對企業傳播職能部門的資源和資訊實行整合，以便在廣告、包裝、品牌、銷售、公共關係各個相關的傳播領域向市場發出「同一個聲音」、傳達「同一個資訊」，最終占領更大的市場占有率。整合傳播新說把自己看成引導企業走向21世紀——顧客的世紀——的前沿思想。它強調的是公司與顧客的雙向交流、互動學習，以便建立雙方都能得益的戰略關係。在對整合行銷傳播與整合傳播的來龍去脈以及它們的理論框架進行深入比較之後，應該提出「整合關係管理」的新概念體系。整合關係管理，顧名思義，強調的是三個核心概念：「關係，管理，整合。」核心的核心是「關係」，關係的建立和維繫在於「管理」，用的方法是「整合」。組織對內、對外的關係成功與否，關鍵在管理，不是分隔的管理，而是裡裡外外、上上下下統籌兼顧的整合管理。

 ## 什麼是整合關係管理？

　　安德思‧格朗斯泰特兩年前出版了他的《顧客的世紀》[3]一書，報告他花了7年時間採訪歐美十四個在整合傳播方面取得過巨

大成就的公司而獲得的調查研究成果，書中應用了大量一手資料。儘管他是用整合傳播的理論框架來「整合」他的資料的，但這些資料仍然可以用作整合關係管理概念的注腳。他在書中講了一個關於整合傳播的生動故事，正好為我們的整合關係管理概念所用。故事是這樣的：

1994年6月，一個雨濛濛的星期六，四萬四千位通用汽車公司Saturn牌車的車主們一齊來到了Saturn廠的所在地田納西州的春山市[4]。他們來自美國的四面八方，也有來自世界各地的。他們來春山是來參觀他們的Saturn車的組裝廠，來看望造他們車的男女工人，也來認識一些萍水相逢的「Saturn人」。活動由通用汽車公司Saturn分公司按車主的要求統一策劃，但所有的旅費由車主自掏腰包。整個春山市像趕廟會一樣，有唱有跳，有吃有喝，熱鬧異常。Saturn公司一共搭了六個舞台演出美國鄉村音樂和各種戲劇節目。接待從遠方來的Saturn車主來廠參觀的是二千三百名志願工人。就在同一天美國全國各地的Saturn經銷商舉辦了類似的聚會，有十三萬名Saturn車主參加，占了全世界Saturn車擁有者的六分之一。這樣的活動在1999年7月又舉行了一次。更有趣的是，有一萬多Saturn車主在美國地方上成立了八個「Saturn俱樂部」，這些以慈善為宗旨的俱樂部主要是為社會做好事，比如紐約和新澤西的Saturn俱樂部在1995年的春天用一天的時間為貧苦居住區的兒童建造了十二個嶄新的遊樂場。大家來了個「有錢出錢，有力出力」的辦法：建造這些遊樂場所需的材料由地方上的Saturn經銷商捐助，勞力由Saturn

的車主和公司的員工出——包括專程從田納西飛來的Saturn的總裁和組裝線上的工人。

故事聽起來像活雷鋒出現在美國的土地上了，就做好事的現象而言，倒眞像，但顯然這不是學雷峰的活動。那麼是什麼呢？是一種促銷還是公共關係？是公司在搞員工關係還是社區的公益活動？是顧客服務還是在搞「活動行銷」？格朗斯泰特的回答是：「整合傳播」。我想也可以回答說：「整合關係管理的一個橫切面。」

上面的故事確實是一種「整合傳播」，因爲第一，從大型聚會到小型派對，再到俱樂部的公益活動，都是資訊、情感交流互動的過程；第二，從Saturn公司的總裁和普通員工，到地方經銷商，到Saturn的忠誠顧客，再到社區的兒童和他們的父母（Saturn的潛在顧客），裡外上下都介入了；第三，從顧客關係到經銷商關係，到員工關係，再到社區關係都囊括了進來；第四，這樣的活動是延續的、經常的，所以具有戰略的意義。把這四天放在一起當然可以稱爲整合傳播了。整合傳播考察的層面是看得見、聽得到、摸得著的交流互動層面。簡言之，整合傳播觀察的是一種表層結構，而不是處於深層結構裡的資源、關係的整合。處於深層結構裡的資源和關係的整合帶有更根本的意義，假如沒有資源的整合，亦即資金、設備、經驗、資訊的整合，那麼怎麼能想像Saturn公司能舉行上面所說的活動呢？然後更進一步地是關係的整合，包括公司與顧客及各個有關團體關係、公司的管理上層、中層與下層的關係、及上、中、下三個層面上橫向關係的整合，其中不可避免地會遇到情感的

管理以及權力、衝突和關係變化的管理。所以從理論範疇上說，整合關係管理涵蓋了整合傳播的概念。整合傳播強調的是表層結構，整合關係管理強調的是表層結構和深層結構的並重以及兩種結構中各種關係的整合。我們可否給整合關係管理作出如下定義：這是一個組織透過有限資源的統籌合理分享和上下裡外的資訊互動以實現以顧客關係為核心的對內、對外關係管理。換句話說，整合傳播是整合關係管理的前提，要深入研究整合關係管理，可以先從整合傳播入門。

 ## 整合傳播：格朗斯泰特的三維模式

格朗斯泰特在他的《顧客的世紀》一書中給我們描繪了一幅清晰的關於整合傳播的三維模式。所謂整合傳播的三維模式，就是讓資訊交流、情感溝通等傳播活動在三個面向上得以整合。第一是組織的對外關係傳播整合面向，第二是組織內部縱向關係的傳播整合面向，第三是組織內部橫向關係的傳播整合面向。特別要指出的是，在這三個面向上的傳播整合並不是分隔地、單獨地進行的，而是同時作為一個整體系統進行整合的。任何分隔獨立的思想和作法都違背了整合傳播的宗旨。羅貫中《三國演義》第一回有言：「天下大勢，分久必合，合久必分」。從組織的對內、對外的關係管理來說在今後的很長一個時間內是「合」的趨勢。這個合不是簡單的

合併，更不是湊合，而是整合，其中有一個去偽存眞、去粗取精、適者生存、有分有合的演化前進過程。在許多組織的管理中，並不是像寫文章這樣簡單，說分就能分，說合就能合的。比如我在教的中康州州立大學傳播系一直有個授碩士學位的組織傳播專業[5]，在原來的專業設置上是把對內、對外組織傳播的課程是放在一起的，在兩年前出於某種行政管理考慮，竟然逆「合」的大趨勢而動，把對內與對外機械地分隔開了。在教學、研究部門這樣做的害處絕不比實際工作部門小，如果我們培養出來的、未來的組織傳播職業人員從一開始忽視了整合的觀念，這對今後的工作無疑地會產生負面影響。

整合傳播有兩個帶有悖論性質的重要特徵，一個是對宏觀視野、整體把握的強調，一個是對微觀操作、個體表現的極端重視。這確實是一個悖論命題，但既矛盾又統一。整合傳播將涉及到所有對顧客關係和公司的生存發展直接或間接有關的部門、團體、個人，它不應該只屬於傳播職能部門的事，而要屬於從組織的高階主管到基層的每一個員工，屬於每一個有關的顧客，屬於每一個與顧客有直接或間接關係的部門、員工及組織的所有戰略夥伴，甚至屬於機器、草木、空氣的味道！在宏觀視野、整體把握上，絕不僅僅是管理上層的事了，也不僅僅是管理中層的事了，而是包括裝配線上的合約工、學徒工在內的所有人的事。這就是說整合傳播的「經」要天天念，念到所有人的心裡去。一言以蔽之，整合傳播就是全員傳播。這是大道理，這個大道理人人要懂。

在微觀操作、個體表現上，有必要再次重申「傳播」二字的涵義。本書第5章在解釋英文中Communication一詞的時候曾提到該詞譯爲漢語「傳播」所帶來的語義的歪曲。Communication比較確切的中文涵義是通訊、交流、溝通。「傳播」在本書的涵義就是「通訊、交流、溝通」，運用的語義傳遞媒介是有二，一是言語，一是包括體語在內的非言語手段。每一個相關的人都要對每一個與顧客的「接觸點」——無論是言語接觸點還是非言語接觸點——認眞對待。比如如何來用言語來解答顧客的問題，這是一種接觸點。顧客開始用產品了，那產品就是接觸點（產品的品質也是能「說話」的）。讓顧客讀公司的產品使用手冊，那手冊就是接觸點。請顧客參與公司座談，公司的化妝室冒出的氣味也是接觸點。所謂微觀操作，就是要抓每一個接觸點，大的接觸點要抓，小的接觸點也要抓。每個個體的表現都應定期地、逐個地進行考評，以保證在每個細微末節上不出問題。

　　認識了整合傳播的上面兩個特徵，我們就可以對三個面向逐個進行討論了。

## 一、組織的對外關係傳播整合

　　組織的對外關係傳播整合涉及到兩大群體，一個是組織的顧客關係傳播，一個是會直接或間接影響到顧客關係或品牌價值的團體或個人，如媒介或媒介的記者、政府主觀部門、社區、競爭對手、

供應商、聯營公司……等。成功的組織都要靠日常的、有效的對外關係傳播的整合。比如上文提到的通用汽車公司的Saturn，為了滿足顧客的不斷提高的需求，Saturn車到了1995年成為美國小型轎車市場賣得最好的品牌，占了10.4%市場占有率。1996年參加包括賓士等高級轎車在內的所有品牌都參加的汽車品質評比，名列前茅。同時Saturn車連續三年被評為能向顧客提供最佳「買車」體驗的品牌，高達97%的Saturn車主說他們會向別人推薦也買土星汽車。奧秘在哪裡呢？奧秘就在Saturn的以一流的顧客及顧客團體（如Saturn俱樂部）關係為宗旨的傳播整合。Saturn待顧客為友，千方百計地為顧客創造附加價值，像保護自己的眼睛一樣保護Saturn品牌的神聖。施樂影印機公司是又一家世界聞名的、曾在顧客關係的管理上取得過輝煌成就的公司。施樂公司在整個70年代整整10年壟斷了美國的90%的影印機市場，銷售收入從1970年的十六億美元猛增到1980年的八十億美元。成功給施樂種下了失敗的種子——施樂把它的「衣食父母」的顧客給忘了。一進入80年代，日本經濟崛起，日本人用一半的成本造出了品質比施樂還要好的影印機。施樂目中無顧客的態度立即受到了懲罰：90%的市場占有率不到幾年便落到了15%。幾乎是致命的市場懲罰讓施樂清醒過來，體認到如果再不重視顧客關係的建設，施樂必死無疑。於是施樂開始了一系列的改革，其中包括管理上層必須親自抓顧客關係管理的決定。施樂決定，公司二十五名高級管理人員每個月必須有一天的時間親自接待和處理顧客服務事宜，而且每個高層管理人員要負責一個或幾個

重量級的大客戶，以便作調查研究，及時發現問題、找出問題的根源，以便把問題消滅於萌芽狀態。施樂的CEO要求各部主管定期就兩大問題向他提出報告，第一個問題是「你上個月訪問了哪幾個顧客？你學到了些什麼？」第二個問題是「你近來舉辦過什麼員工交流活動？你學到了些什麼？」當他第一次問這兩個問題的時候，會議室鴉雀無聲。以後再問，人人都有故事講了。在這基礎上，施樂設計了「全球顧客滿意系統」，目標是顧客的滿意度要達到100%。施樂終於又成了極具競爭力的一家跨國公司。時來運轉，時去運走。進入21世紀以來，施樂又面臨了新的一輪的危機。在這個充滿變數、充滿危機同時又充滿活力的市場環境中，已經沒有常勝將軍。施樂面臨的挑戰只不過是當前市場環境的一個縮影。

日新月異的資訊和傳播技術使世界變得越來越小，天下的秘密似乎越來越少。哪個公司的產品出了品質問題，經媒介（包括網際網路）一曝光，立刻就變得家喻戶曉。直接的顧客關係固然重要，但公司的眼睛不能只盯在顧客身上。公司一定不能忘了另一類天天在影響著顧客關係和公司的品牌價值的團體、個人。這另一類的個人或團體出於各種動機在窺視著你的動向和表現，他們當中有嗅覺特別靈敏的記者，有政府的主管部門（你可不能逃稅、漏稅！），有就在街對面的競爭對手，有可能會給你引出麻煩的聯營公司，還有許多有正義感的或專營「包打聽」勾當的英雄或無賴。你稍稍一鬆懈，倒楣就來敲你的門了。消極的防備是防不勝防的，只有積極地做好各方面的工作，改善和鞏固各方面的關係，才能防患於未

然。中國大陸的裝潢市場近年來發展神速，專業的裝潢商場開了一家又一家。這些商場為了減少物流渠道和環節，許多當地生產的大件商品，一般由廠家直接送貨。問題就這樣出來了。大陸的媒體經常報導，常常由於供貨廠家對銜接程序執行不嚴，會產生送錯貨或送貨不及時等問題，引起顧客的不滿。在很多的情況下，顧客認為混亂是由商場造成的，當這樣的「小」事一傳十，十傳百，商場在顧客心目中的品牌形象就會受到負面的影響。其實問題很可能出在自己的聯營企業的身上。整合傳播要求的是，所有會直接或間接影響到組織的顧客關係和自己的品牌聲譽的事都要制止。80、90年代大陸銀行似乎很少做廣告的。隨著金融市場的逐漸開放、銀行經營體制的改革，為了爭取客戶、維繫好顧客關係，現在銀行也做廣告了。比如中國建設銀行的「建行貸款樂得借，普通百姓樂得家」「建行速匯通，安全便捷越時空」、浙江建行的「金管家」、招行的「一卡通」、民生銀行的「錢生錢」，所有這些廣告都向自己的顧客或潛在顧客傳達了自己銀行「品牌」的內涵，由此推廣了產品和服務的知名度[6]。

## 二、組織內部縱向關係的傳播整合

荷蘭跨國公司菲利浦首席執行長蒂默有一天召集公司五十名高層管理人員開會，他走進會議室向大家宣布：「菲利浦破產了！」所有到會人員頓時愕然。首席執行長手裡搖晃著一紙新聞公告，大

家慢慢地醒悟過來，知道這不過是一場戲劇性的表演。但這是一場帶有極端嚴重性的戲劇表演：首席執行長向大家報告，根據公司已有的債務、現金周轉情況以及從公司競爭對手所傳來的消息，菲利浦假如繼續這樣下去，兩年之內確實就要面臨破產的絕境。菲利浦在全公司範圍內開始了自上而下、自下而上的總動員，從主管到最基層的員工，層層舉行會議，面對現實分析原因然後尋找解決的方法。菲利浦是個生產家電、音響等產品的特大跨國公司，在五十二個國家裡僱有二十四萬名員工，上上下下一共有二百七十二個經營實體。這好比正在大西洋上航行的、一艘已經出了問題的巨輪，如果不進行及時搶修，就要船沉海底。「菲利浦就要破產了」的「嚇人」消息要讓每個「菲利浦人」都警覺到風浪就要來臨！公司先向最上層的管理人員進行傳達，然後由上層管理人員向一萬四千名中層管理人員傳達，然後中層管理人員向下層管理人員傳達，最後下層管理人員向在第一線的二十四萬員工進行全員傳達。中國人對這樣的作法是很熟悉的，沒想到國外的大公司也借去「活學活用」了。特別要指出的是在進行自上而下的傳達的同時，又要給下層人員逐級或越級向上提出改革建議的機會，而且每一級的管理人員必須回答由他或她領導的員工提出的問題。這些上上下下召開的會議引出了成千上萬條的合理化建議，為公司走出逆境產生了顯著的作用。菲利浦的CEO蒂默還用了一竿子到底的方法，直接地與全世界所有的菲利浦員工進行對話。這是一個極其壯觀的場面：公司首席執行長透過衛星圖像轉播向世界各地的菲利浦工廠職員發表談話，

用了三十七種語言的同聲翻譯。蒂默要求每一個基層組織提兩個問題，一個問題提給當地的管理部門，另一個問題直接提給作為總公司首席執行長的他。當天，公司總部備用了五十名不同語言的接線員專門接世界各地向CEO打來的電話。蒂默在他與全世界的菲利浦員工一個半小時的交流中當場回答了三十個問題，其餘的問題都在三週之內以回信的形式一一作答，而且回信都由蒂默親自簽名。此舉把菲利浦這艘巨輪駛過「好望角」，公司終於戰勝了驚濤駭浪，比較平穩地駛向了成功的彼岸[7]。

　　從上述案例中可以獲得三點重要啟示。第一是組織內的縱向傳播必須同時既是自上而下又是自下而上的。就自上而下而言，組織領導對今後發展的遠見和總體思路應讓組織的全球員工知曉。這絕不是一件容易的事，因為它即不能太抽象，又不能過於具體，更不能說假話、大話、空話、套話。組織的經營理念可以用員工一讀就懂、明白易記的口號式的警句。比如聯邦快遞公司有句「讓世界都準時」話，就比較形象實際地概括了該公司的經營理念和準則。自上而下還應儘量開展面對面的交流、溝通，特別是高階主管最要放下架子走到群眾中去，成為他們中的一員，成為他們的朋友。自上而下也應利用先進的資訊、通訊技術與組織的成員虛擬互動，這樣比較能做到及時、準確、省力省錢。比如一些大型或中型企業就可以利用自己組織的區域網來做好上下溝通。自下而上的交流既要有辦公樓「磚瓦」結構的便利，又要有「虛擬」結構的推動。所謂「磚瓦」結構的便利是指管理人員與被管理人員的辦公室如何靠得

近一些、如何實行全部開門辦公、大房間集體辦公[8]……等。虛擬結構指的是組織的下層人員如何用交換電子郵件的方式來向管理中層或上層直接地反映情況、提供建議。我所在的中康州州立大學教職員工和學生有上萬，校長從早到晚從這會議奔到那會議，與他單獨會面經常要約了再約。現在最好的方法就是利用學校區域網向他直接發電子郵件，他要避也避不開。我曾試過多次，每次他都親自回覆，而且一般做到當天收當天回。有時出差在外，他就把電腦設置爲自動回覆，這樣可以讓發郵件的人至少知道電子郵件已經到了校長的信箱。

第二點啓示是縱向傳播在一般情況下應該都是公開和坦誠的，除非涉及到組織的機密或敏感的話題。事實最有說服力，真情最能感動人，無論是自上而下還是自下而上都是如此的。世界上許多組織、企業對涉及到公司「機密」的話題或內容特別敏感，常常不願公布，甚至一些國際名牌公司在這方面也是很落伍的。比如荷蘭易利信（Ericsson）公司有一年管理上層開會確定公司的經營理念和必須要達到的目標，會議結束時，公司的傳播主管建議把公司的經營理念和奮鬥目標做成標語張貼於公司各大樓的走廊牆上，讓公司的員工、訪客都能看到。想不到這一建議讓易利信的主管們吃了一驚，他們說「75年來從來沒有這樣做過」[9]。但從那以後就做了！易利信公司的「秘密」從此大爲減少，他們不僅把公司的經營理念和要實現的目標公布於眾，而且每月把公司的銷售收入、經營成本、所得利潤以至員工出勤情況毫無保留地讓每一個員工知曉。

第三個啟示是高階主管要親自出馬來做組織內的縱向傳播。近年來歐美公司的管理高層職務中出現了許多C和O的組合詞，如CEO是首席執行長、COO是首席運行長、CFO是首席財務長、這些早已為管理界所熟悉。現在比較時行的CTO是首席技術長、CIO是首席資訊長、CCO是首席顧客長，最近又冒出個CLO，叫首席學習長[10]。中外的實踐證明一個組織要推行自上而下和自下而上的縱向傳播，沒有高階主管的支援和領導是不可能實現的。所以人們說CIO必須由CEO來兼任。其實這不僅是對組織內部的縱向傳播而言，而且是針對整個組織的整合傳播乃至整合關係管理來說的。上面提到的菲利浦公司首席執行長蒂默曾經召開的二十四萬大會造成的對公司上下裡外的轟動，沒有他親自來做是不可能想像的。

## 三、組織內部的橫向傳播整合

格朗斯泰特在寫他的整合傳播的第三個面向——「橫向整合傳播」——的時候，引了通用汽車公司Saturn總裁赫德勒的一段話：「假如大樓60秒鐘之內就會爆炸，Saturn人不會亂奔逃命。他們會用30秒鐘作出關於撤出大樓最佳方法的一致決定，然後像軍隊一樣齊步邁出大樓。」[11]這當然是一個誇張，但赫德勒的話點明了團隊合作的力量及其難度。組織內部的橫向傳播的問題就是一個團隊合作問題。在某種意義上說，組織內部的橫向傳播要難於縱向傳播。假如縱向傳播要受到組織的各種上下報告關係的制約的話，那麼橫向

傳播主要地是靠團隊成員的自覺或「自律」行為了。有人一直在傳美國大學的教學常靠班組討論、靠團隊合作。其實這要看是誰上的課了。我在以前也常用「小組專案」來代替個體考核，經過幾年的實踐，我基本上廢棄了團隊合作的作法，因為美國大學生真正對團隊合作熱心的並不多。團隊合作，談何容易！許多年之前《經濟學家》曾有過一則關於團隊合作成功率的報導，報導說，根據在歐美和亞洲的大學、諮詢公司和組織本身所作的調查，所有組織的團隊合作的努力55%至80%是失敗的[12]。研究表明，團隊合作要取得成功至少要滿足三個條件，第一是團隊合作必須有良好的競爭策略來引導；第二團隊的成員必須經過選拔並要受到良好培訓；第三是組成的團隊必須獲得組織高層管理的支援。當然這只是一般條件的滿足，組織性質的不同、必須應對的環境的不同、人員文化、知識、技術背景以及個性的不同會帶來許多意想不到的挑戰。

團隊合作的成功是建築在兩個不同層面上的條件滿足的基礎上的。首先是在團隊成員的「管理功能」層面上。跨部門的團隊常有個管理問題。因某種突擊任務而臨時組建的團隊在任務完成之後便會解散，所以常常缺乏有「正式」領導的感覺。這就給團隊的管理提出了最現實的挑戰。如何在團隊成員中實行對管理職能的分配是解決問題的可行方法。只有當團隊成員中進行了職能角色的分配，並能保證各個成員都能自覺地、有效地扮演好他或她的角色，團隊合作才有了成功的基礎。這是第一個層面上的條件的滿足。第二個層面是對團隊成員素質的要求。人人都知道，不是把幾個人湊在一

起就是團隊合作了。有些人是天才，但並不是天才就能與人合作。許多天才正因為是天才，就無法與人合作。所謂團隊成員的素質指的無非是他們的與人共事的態度、社會經驗的豐富程度、與人交流溝通的水準以及情感移入等諸種能力。在團隊成員的職能分配和素質能力兩個層次上都得到了保證的條件下，我們就可以來談真正的橫向傳播或團隊合作了。

美國傳播學家庫什曼和我合著的《高速管理中的團隊協作》[13]一書曾對組織的團隊合作提出過四個界定要素。第一是團隊合作必須是延續、連貫、一致的[14]。團隊合作第一難就難在它不是一時一事的衝動，而是一種合作精神的延續、連貫和一致。有人說團隊合作像一種易於散發的氣體，瓶蓋一開就會全部散盡。所以人們常常發現有的團體今天表現出驚人的合作行為，但到了明天突然變成似曾相識、不成體統了。有人說，團隊合作是種狀態，今天不期而至，明日飄然而去。事實上必須用瓶蓋壓住的「氣體」絕不是團隊合作，來去自由的「狀態」也不是團隊合作。團隊合作必須是延續的、連貫的和一致的。團隊合作的第二個界定因素是成員的高度認真和執著。特別是在一個充滿變數、充滿危機的組織環境中，對每一個任務的執行光一般認真和執著還不夠，必須有高度的認真和執著。假如某個團隊是從同一班組裡的人員中抽調組成的，團隊解散後，團隊成員仍然在一起工作，對大家提出高度認真、高度執著的要求或許算不上過分。但是當團隊成員選自組織的各個職能部門，相互之間又素不相識，團隊任務完成後又回到各自的部門崗位上，

在這種情況下成員的「高度認眞和執著」常常會是一個問號。這是
團隊合作的第二難。團隊合作的第三個界定因素是成員對現狀的永
不滿足。這個要求也是環境多變、競爭激烈使然。這種壓力一方面
是外界環境造成的，另一方面是團隊成員自己給自己加的。這又跟
我們在上文提到的兩個層面上的要求聯繫起來了，怎麼給自己「施
壓」一方面取決於自己被分配的職能角色，另一方面取決於個體的
自身素質。這是團隊合作的第三難。第四個界定要素是快速、高效
的交流溝通技能。這個要素本身是整合傳播的題中之義。如何用面
對面或虛擬的方式來與團隊成員進行既及時又高效的交流和溝通，
是橫向傳播的最後一道關卡。哪怕前三個界定要素都滿足了，但如
果團隊成員沒有訓練有素的交流溝通技能，無法實現快速高效的交
流溝通，那麼一切努力就有可能功虧一簣。這是團隊合作的第四
難。

　　唯其困難，團隊合作的成功才更加值得慶賀。摩托羅拉公司
（Motorola）是熱衷於團隊合作的一個成功的例子。有一年公司的
十四萬名員工有六萬五千人捲入的五千個團隊參加了公司內發起的
團隊合作競賽。這簡直是一場娛樂性的群體活動了。每個團隊規定
在12分鐘之內完成對他們的團隊專案的陳述，然後由裁判來給他們
的成果和創造性打分。先從基層開始，被選中者參加下一輪的比
賽，層層過關者進入由摩托羅拉世界各地的機構參加的「全球完全
顧客滿意團隊競賽」。這個每年元月舉行的競賽活動被叫作「團隊
日」。爲了增加娛樂氣氛，參賽的團隊入場時由「禮賓大使」引

領，「禮賓大使」身後跟著職務為「完全顧客滿意愛好者助理主任」的木偶人。來自世界各地的參賽團隊都給自己取了名字，有的叫「東方快車」，有的叫「文件醫生」。裁判隊伍由公司的最高領導人員組成。競賽最後決出名次，有金牌有銀牌，熱鬧異常。我想舉行這樣的活動本意主要地不是慶祝團隊合作，而是向摩托羅拉的全體員工和他們的顧客顯示公司對團隊合作、對顧客服務的極端重視。

由於團隊合作有上文說到的「四難」，所以許多組織花了多少時間、精力、辦法都無法完美實現自定的目標。對這些組織來說，與其花大錢來做像摩托羅拉那種每年都要舉行的所謂「團隊日」，還不如扎扎實實深入下去，把它落實到各個管理層次以至所有與顧客服務有關的部門和人員中。

##  對外關係與對內關係的整合：艾頓伯格的4個R

剛進入2002年不久，美國的書市上出了一本叫做《下一個經濟盛世》[15]的書，是紐約「顧客關係全球策略公司」的主席和首席執行長艾頓伯格，根據他長年市場行銷諮詢的經驗積累及對世界特別是美國市場的徹悟而寫成的，讀來非常解渴。艾頓伯格的「下一個經濟」顯然是針對「新經濟」的概念而言的。他認為，新經濟關心的只是技術和速度，既不關心顧客服務（對外關係），也不關心員

工的顧客服務觀念的培養（對內關係）。新經濟以前的傳統經濟是從生產商出發的經濟。傳統經濟講的4個P[16]（產品、價格、渠道和促銷），關心的是怎樣把產品和服務從生產廠商銷到消費者的手裡。艾頓伯格認為新經濟的技術和速度、傳統經濟的4個P已經不能適應（美國）市場的需要，必須提出能適應已經發生巨變的市場需求的模式來。他提出的模式就是所謂4個R的模式。4個R關心的是如何關心每一個與顧客的接觸點，努力在公司的品牌與「最好的」顧客之間建立長期的、互利互惠的關係。作為一個行銷顧問和「顧客關係全球策略公司」的主席和首席執行長，艾頓伯格毫無疑問地關心的更多的是「顧客關係」。但是《下一個經濟盛世》事實上滲透或支援了本章開始時所提出的「整合關係管理」的理念，就是說，艾頓伯格所提倡的以4個R為指導的顧客關係，如果沒有組織的對內關係的依託，那麼就僅僅是一個令人鼓舞的概念。4個R只有在企業的對外關係與對內關係的整合上才能得以實現。讀者須注意的是艾頓伯格的4個R完全是向美國市場發言的。但經濟全球化使得國別市場之間的互動迅速加快，特別是美國經濟與中國大陸經濟之間相互依存關係的逐步形成，使得我們有必要在探究兩種市場不同特點的同時，也注意到它們的日益增多的共通性。另外大陸市場的領域和地區性差別，使有些地區、有些領域與美國市場相去甚遠，但在沿海地帶、有些領域，特別由於二十年來的持續穩定的發展，使大陸市場的不少「塊」也成了買方市場——也意想不到地成了艾頓伯格的4個R所針對的目標。

　　艾頓伯格的4個R是Relationship（關係）、Retrenchment（上門）、 Relevancy（相關）、Rewards（回報）。下面我們就逐個來進行討論。

## 一、關係

　　從50年代中期開始就時行的4個P是適應當時的賣方市場環境的產物，4P著眼於一筆一筆的交易，一筆交易完成了，就等著下一筆。現在面對的是買方市場，它不應該也不可能把眼光放在一筆一筆的交易上，而必須花大氣力建立長期、穩固的顧客關係。艾頓伯格說，對傳統經濟和新經濟來說，每一筆交易是關係的結束，但是對「下一個經濟」即買方經濟來說，每一筆交易是關係的開始。在顧客變得越來越稀少的情況下，「最好的」顧客就成了企業的生命線。艾頓伯格認為，為了有效地去建立互利互惠的顧客關係，公司必須培養員工的一些最重要的「核心能力」[17]。沒有公司員工的核心能力的培養和正常或超常的發揮，4個R只能是一句空話。這就是為什麼組織的對外關係（顧客關係）必須建立在對內關係（員工關係）基礎之上的原因。

　　就建立顧客關係而言，艾頓伯格認為公司員工必須培養兩項核心能力，一項是如何提供優質服務，一項是如何想方設法讓顧客得到最佳的購物和消費體驗。「服務」二字在現代市場經濟生活中或許是用得最多的兩個字，人人都自以為懂服務，但人人又不懂。人

們或許以爲美國這個超級經濟大國的組織和員工是最懂得服務的，這顯然是誤解。美國的顧客總體來說對美國生產廠商、批發商和零售商是不滿意的，不管是網上服務還是傳統方式的服務。服務絕不僅僅是幫助顧客購物，不僅僅是給他或她介紹商品的性能，不僅僅是禮貌待客。這些服務是必須的，但並沒有做好——現今美國的零售商傭用的顧客服務人員大約有一半是不合格的。這裡講的服務是指顧客與公司及其品牌的全部接觸過程——從他或她開始作出採購的決定開始一直到產品或服務消費的整個過程。如果服務要成爲公司的最有效的行銷工具，那麼你的顧客服務人員就必須重新審視、設計顧客與公司和品牌全部接觸過程的每一步。這是一個十分精細的過程。比如如何在向顧客推銷眼前的商品的同時，能夠知曉他的潛在需求。禮貌待客是基本的，能熟練地回答顧客的各種問題也是必要的，但一個更爲重要的能力是能做顧客購物的「顧問」。原來的銷售人員都是爲公司工作的，現在的銷售「顧問」成了爲顧客工作。這裡面有一個很大的區別，當顧客眞正發現了這個區別的時候，他或她就會一次又一次回到你的櫃檯上來。美國的電腦零售商正是由於沒有做好顧客服務，才變得日子日益難過的。現在要買電腦的顧客會直接地去生產商那裡買了。比如戴爾電腦公司就是憑著銷售「顧問」的服務使越來越多的顧客成了他們的朋友。戴爾的銷售「顧問」不僅能賣電腦，還能幫助顧客按照自己的需要設計出他們自己的電腦。與此相反，一般的電腦零售商傭用的常是些大學生或高中生，他們一般對電腦的最新發展知之甚少或者全然不知，更

不用說幫助顧客設計電腦了。兩相一比較，顧客怎麼可能甩下戴爾的銷售顧問而跑到你那裡去呢？電腦到家壞了怎麼辦？如果打電話給戴爾5分鐘之內就解決問題，那麼誰還不放心買他們的電腦呢？

　　與建立顧客關係相關的第二個核心能力，就是顧客服務人員如何能幫助顧客獲得最佳的購物和消費體驗。對零售市場來說，當產品、價格、渠道已經不是主要競爭手段、促銷活動已經不產生奇效的情況下，如何給顧客創造獨特的購物體驗就變得特別重要。去北京王府井步行街與去秀水街的購物體驗是不一樣的，到上海南京東路步行街與去淮海路購物的體驗也有諸多區別，我想在台北購物與去香港購物的體驗也是各有情趣。去哪裡購物就取決於顧客所需要的購物體驗。商店的櫥窗如何布置、如何邀請顧客入店參觀、如何對商品進行包裝，涉及到一個又一個與顧客的「接觸點」，怎樣來設計這些接觸點以便讓顧客獲得賞心悅目的購物體驗是做好服務的重要內容。對產品或服務的消費體驗也是建立顧客關係的重要一環。比如入住旅店有「入住體驗」，假如住宿客人到了他的樓層，看到的是樓層中央設的「服務」櫃檯（五星級旅館已經看不到這樣的「多功能」櫃檯），「服務」櫃檯後面站的是服務員，服務員有的是警惕的目光，那麼3秒鐘之內你已經獲得了一種可能不是太好的「入住體驗」。退房也有「退房體驗」，假如你被「扣在」結帳台，必須等著服務員去查驗房間是否有器具被損壞、有東西被竊走而後才能結帳，你的退房體驗能好嗎？一個懂得服務「真經」的旅店一定會嚴格審核「入住」和「退房」兩個接觸點對顧客的消費體

驗產生積極或消極的影響。

## 二、上門

　　人都有一種惰性，能不動就不動了，能不走就不走了。企業、公司、商店、無論什麼組織卻不能有惰性。知道顧客不會自動來，就走上門，把服務送上門。這是簡單得不能再簡單的道理，但要學到手也不是容易的。如何將服務送上門也須有兩種核心能力的保證。一種是靠先進的資訊和通訊技術，用網際網路和其他數位技術將產品或服務送上門。一種是如何想方設法給顧客創造便利。

　　在歐美目前「貶值」最快的有四類商品或服務：書籍、音樂（如CD）、旅行（如機票）和技術（如電腦），他們同時又是網上銷售最爲熱門的類別[18]。理由是如果他們留在倉庫或電腦的記憶體裡，那麼留一天就貶值一天。所以製造商、經銷商和零售商必須想盡辦法以最快的速度銷售出去，而電子商務可以是一個有效的辦法。戴爾公司的網上電腦銷售就是一種透過網際網路和數位技術將產品和服務送「上門」的方法。美國有家公司已經發明一種技術能讓顧客在網上測試自己的視力，並當場給你配上鏡片，還能攝下你的頭像，然後讓你看到從一萬五千種鏡架式樣中選出你要的樣式架在你自己鼻梁上的樣子。技術靠人發明，又是要靠人去用的，發明什麼樣的技術、技術又如何能爲顧客所用，這就是決定於組織內部員工的聰明才智和超前的顧客關係意識了。

　　給顧客創造便利並不是個新概念。一個國家的郵政服務系統是最好的例子，古代社會是用馬，然後是用馬車，再後用火車、卡車、汽車、自行車，然後用飛機。郵差是最受人尊敬的，因為他們會把你期待的喜訊送上門。網際網路、數位技術固然好、固然快，但一封電子郵件總沒有一張尚留著親人墨香的親筆信紙來得珍貴。美國著名經濟電視台CNBC在2002年11月時曾連續播放了報導中國大陸經濟近年來發展的節目，其中有一個關於中國人如何創造性地經營電子商務的內容，頗讓人感到新鮮：顧客在網上訂了貨，但還要親自看一看、摸一摸，然後決定買還是不買。中國人的辦法簡單：送貨上門或定一個會面地點，讓顧客當面驗過。中國大陸的金融聯網體系尚待健全，但在現在的條件下完全可以採用電子商務與「送貨上門，當面結帳」相結合的方法，讓網際網路與傳統方法一起為顧客創造便利。

## 三、相關

　　艾頓伯格在《下一個經濟盛世》整本書裡談了關於「最佳顧客」的概念。他認為任何企業的所有顧客都可以來個五等分，第一和第二個20%就是公司的最佳顧客。之所以說他們是最佳顧客，是因為他們常常代表了公司80%的生意，是對公司最為「忠誠」的顧客群體。而對最為忠誠的顧客要「善待」無論在實用價值上還是在倫理上都是無可非議的。善待顧客的目的是顯現公司對顧客的「相關

性」，就是顧客爲什麼要忠誠於我而不是心向別的公司，顧客爲什麼感到我的公司跟他或她的需求是「相關」的。「相關」理由當然可以多種多樣，但艾頓伯格特別指出有兩個核心能力公司員工必須牢牢掌握，一個是要有專業知識，一個是要有配貨創意。

美國有一家名字叫Home Depot的大型連鎖倉儲商店，供應家庭所需的建材、裝潢、庭園、衛生清潔用具大大小小成千上萬種商品，涉及到各個門類的專業知識。爲了滿足顧客的各種不同的需求，公司雇傭了退了休的水電工、木匠、泥水匠等各類專業人材。這些人才再經過一段時間的顧客服務訓練，就以專業知識全面、實際經驗豐富、服務態度優良的面貌出現在顧客面前。不難想像，他們是顧客不斷光顧這家家喻戶曉的連鎖店的重要原因之一。提供專業知識不僅僅是一種服務，而且是一種特殊的服務。這種服務是基於專業知識、基於經驗水準的，並非一般人所能提供。這種知識和經驗不僅在與顧客面對面打交道的時候要用到，同時也可以製成小冊子、錄影帶、CD、專門的問題解答，顧客隨時隨地可以索取。一個訓練有素的員工是顧客關係的最有力的保證。這再次證明，良好的對外服務（即顧客服務）是以良好的員工關係爲基礎的。

現代顧客購物，不僅是購物，更是買一種情趣、感覺，一種風格，一種生活方式。那麼現代銷售，不僅是銷售，更是賣一種時尚、趨勢，一種樣式，一種文化品味。零售商如何配貨、如何設計櫥窗，就要看創意水準了。這也是向顧客顯示「相關性」的重要一著。上海近年來開張的一些茶室在配貨上頗有創意。走進茶室，滿

目清雅，茶室牆邊都是書架，書架上放著各種書籍，可讀可買，不讀不買則可作背景，與友人喝茶談話，又與書為伍，真是別有意趣。晚來還有宵夜送上，看書看晚了，吃了宵夜再趕路，豈不回家便能安息？我常回頭想，這到底是什麼店？是茶室但又不是，是書店但又不是，是點心店但又不是。我想這是在推銷一種時尚、一種樣式、一種文化品味。這是一幅現代「配貨」簡單又典雅的作品。還有一類茶室，配瓜子、糖果、撲克牌、香煙，另有電視，外加各類點心，也不失為一種經濟實惠受人歡迎的配法。配貨應該建立在對顧客需求研究的基礎上，要講究邏輯，講究迎合顧客的心理需求，切不可亂配[19]。有一家賣高級影視音響電器的商店，在高層次消費群中享有盛譽，顧客光顧此店都是慕名而來。但當生意做大之後就出了問題，商店的管理層未與富有經驗的銷售人員商量，更置顧客光顧此店的理由於不顧，擅自決定新的「配貨」策略：冒然在商店入口中央顯眼處置放了一個手錶和太陽眼鏡展示櫥窗。顧客來店是來看名牌電視機、錄影機、DVD的，不知為何撞見個手錶、太陽眼鏡櫥窗。時去運走，不久這家紅極一時的店就倒閉了。

## 四、回報

現代人似乎特別講究「等級」，開賓士車的人看上去特別氣宇軒昂，穿鱷魚牌T恤的人突然之間胸也挺得直了許多。有些名牌商店走進去就感到是一種風光，走出來提個新買的名牌包更是神氣十

足了。上北京秀水街與其說是去購物，還不如說是去買名牌。「高級」不一定多花錢，大部分上秀水街的人——包括外國人——是去買便宜的「名牌」的。因此，無論哪家公司創建了名牌都隱含著對所有新老顧客的回報，即給人以提高等級的回報。第二種回報是「時間」的回報。當今世界什麼東西都可以買就是時間買不到，什麼東西都可以借就是時間借不到，什麼東西都可以送就是時間不能送。時間太寶貴了。一個懂得顧客關係的人就會想方設法地去為顧客節省時間，這往往是給顧客最好的回報。給顧客提升等級、幫顧客節省時間是實現「回報」策略的兩個核心能力。

聯航美國聯合航空公司[20]很知道怎麼「回報」它的忠誠乘客[21]，它不僅送你免費機票、讓你上貴賓候機室候機，而且給你提升飛行「等級」，在經濟艙滿員的情況下，你會被提升到商務艙的「等級」，商務艙滿員的話就給升級到頭等艙的「等級」。當你從經濟艙轉身不得的椅子被領到寬大的商務艙的沙發椅並喝上一口航空小姐及時送上的香檳酒的時候，你的心就會與聯航一起飛上天了！你心裡明白，一張經濟艙的來回票不到一千美元，而一張商務艙的來回機票是五千美元。航空公司給乘客升艙其實是一舉兩得，一是「回報」忠誠乘客的忠誠，二是多帶走一個經濟艙的乘客——走不走反正飛機照常飛。這樣的好事何樂而不為呢？

幫顧客節省時間的作法有許多種。比如有些政府部門為了提高工作效率，安排受理某種申請要蓋的幾十個印章在同一個地方蓋[22]，這當然是好事。送貨上門也是節約時間的一種方法。超級市場

實行「快道」和「慢道」也是一種好方法。去中國大陸，去台灣，去香港，到哪裡都是人多，火車站、地鐵站、計程車接客站沒有一個地方不是人丁興旺，這是件好事，說明生意興隆人氣火旺。對這種人氣火旺的生意局面要給予「回報」，要想盡方法讓顧客省時省力，能讓顧客3分鐘之內上車的，絕不讓他們等上30分；能讓他們30分鐘之內到達目的地的絕不拖延三小時。這又讓我想起了聯邦快遞的「讓全世界都準時」的這句口號。一切都準時就是最好的為顧客省時省事。用好時間不一定是少用時間。有時候對時間則要慷慨給予，要讓顧客每分每秒的體驗都是難忘的。比如茶室是讓人喝茶看書、聊天的地方，人在讀書、談話是最忌被人趕的。與其去趕人，還不如給客人送上一碟點心、一條熱巾，只要收費合理，茶客不僅樂意付帳，而且改日還會再來。

不難看出，艾頓伯格的4個R無非是他提出的顧客服務的四種策略。這4種策略的實現要靠組織或組織成員的8個核心能力的發揮來保證。換句話說，沒有組織內部關係的配合，組織的對外關係只能落空。

 ## 組織對內、對外關係的整合管理

格朗斯泰特的三維模式著重露於表層的傳播面向的整合，而艾頓伯格的4個R則側重於具體的策略和核心能力的發揮。本章開篇

說「關係整合管理」含有三個概念，一是關係，二是管理，三是整合。組織對內、對外關係的整合管理還必須面對組織虛擬發展和人本再造的大背景（本書第一部分），必須以6個大C為引導（本書第二部分），必須進入到關係的基本層面（本書第三部分），只有這樣才能從根本上實現對內、對外關係的整合管理。所以談組織對內、對外關係的整合給了我們一個重新回顧本書第一、二、三部分的機會。

## 一、面對虛擬發展和人本再造的大背景

組織的虛擬發展作為生產力的一部分對組織的對內、對外關係以及它們的整合管理可以造成一種巨大的推動力，順水推舟，不走也被推著走。資訊、通訊技術，亦即關係技術，使組織的對內關係（如員工關係）和對外關係（如顧客關係）逐步趨向扁平、趨向平等。因為在資訊急劇爆炸的今天，原來的資訊特權階層（往往是組織的高層管理）已經無法把資訊作為維護自己特權的一種武器，而必須及時、準確、有效地在縱向、橫向、對外三個面向上向有關部門和人員予以傳達。在很多情況下，上層還沒有向中層通報，中層已經瞭如指掌；中層還為向下層傳達，下層已經家喻戶曉；內部還未向外界透露，外界已經傳得紛紛揚揚。在「地球村」裡，上海或紐約或巴黎發生的事，瞬間會傳遍全「村」。組織的虛擬發展不僅是一種推動力，而且成了關係整合的最經濟、最有效的工具之一。

一個組織的主管可以用區域網在幾分鐘內將資訊發到所有有關部門和人員的電子信箱裡。對整合傳播、整合關係管理更為有意義的或許是，在區域網裡的任何一個人——無論是上層、中層還是基層的管理人員——都可以像主管一樣將資訊及時、準確、有效地進行「全員」溝通。區域網內的交流、溝通，從技術上說已經不分上下左右，組織內的任何成員都在一個平等的節點上。但這並不意味組織成員可以濫用技術、濫用職權、無所顧忌地搞「無政府主義」。技術只是提供了可能，如何來運用則要看怎麼來「管理」了。

人本再造是從根本上解決管理問題的必經之路，關係的整合管理也不例外。如在第3章提出的，人本再造含有制度再造和人的再造兩層意思。在組織對內、對外關係的整合管理上，所有的組織——無論是贏利性的還是非贏利性的——都應該從制度結構上來看一看有哪些妨礙推行整合管理的障礙，比如縱向的報告關係死板不死板？橫向部門和個人的團隊合作關係順暢不順暢？顧客直通管理高層的渠道有沒有設置和公開化？公司內部的「隔牆」應該保留還是拆除還是有去有留？「乘客乘錯了車要不要及時下車？」……等。社會主義、資本主義組織的制度結構都不完善，對制度必須對照關係整合管理的要求，進行經常的、認真的自我審視、自我否定，而後進行自我設計、自我再造。制度再造與人自身的再造是連在一起的。人自身的再造要圍繞人的「自律」培養來進行。組織的對內、對外關係的整合管理的先決條件是每個部門、每個個人都要參與，教育、紀律、獎懲制度固然是必需的措施，但更帶有戰略意

義的是每個組織成員的「自律」培養。當然上錯了車的人還要被請
下車，這樣就可以有章有法、規規矩矩。組織處於第一線的員工要
自律，不直接與顧客打交道的部門和人員也要自律，上、中、下的
管理人員更應「自律」地上下左右地來回穿梭，不斷地為組織對
內、對外關係的整合管理提供後援。

## 二、重訪關係成功的6個要素

　　除了要把組織對內、對外關係的整合管理放在組織自身的虛擬
發展和人本再造的大背景下來考察，我們還應該用6個大C的模式
來審視三個面向上（縱向、橫向、對外）的種種關係。首先要弄清
楚的是各種關係是否有了共同利益（Common Interest）這個基礎，
不僅僅要弄清楚被認為是重要的關係，還要弄清一般的、被人認為
暫時並不重要的關係。比如人們往往比較容易看到組織與顧客這一
對外關係的「共同利益」，但對組織內部的部門與部門、小組與小
組之間的團隊合作關係常常是「只見樹木，不見森林」。這時候就
有必要讓部門和小組的領導和其他成員看到團隊合作關係中常為人
所忽視的間接或遠期的「共同利益」——即便直接的、近期的共同
利益一時並不明顯。組織對內、對外關係的整合管理一定要講相互
之間的交流和溝通（Communication），不僅是虛擬的交流和溝通，
同時包括經常性的面對面的互動。現代資訊和通訊技術的發展、網
際網路（區域網）的廣泛運用、今後十年個人便攜無線設備對桌上

型電腦的逐漸替代，將為組織的三個面向上的資訊即時共用提供以往任何時代都無可比擬的方便。關鍵仍然是如何做好「全員傳播」，只有領導在動而沒有中層和基層的配合，只有一線員工對顧客的熱情而無幕後人員的配合，那麼對內關係、對外關係、對內和對外關係的整合管理只能流於形式。

本書自始至終講了信譽（credibility）的重要，無疑地在談關係整合管理的時候更要強調作為關係成功的6大要素之一的信譽。比如在進行關係整合的時候要把「不該上車的人請下車」，那麼到底把誰請下車呢？講信譽就不能把自己的死對頭請下車而把自己的兒子女兒拉上車，講信譽也不能只是下對上而不包括上對下。組織只有對縱向、橫向、對外三個面向上的關係一視同仁，堅持一個信譽標準，關係的整合管理才不至於是一句空話。我們知道關係成功的第四個要素是承諾和執著（commitment）。在過去20年中，由於社會的快速變化，由此引起的組織所有制和管理結構的轉化，以及環境變化引起的個人生活方式的變化，這一連串的變化使得人心浮躁、見異思遷，一時間對事業、理想、關係的承諾和執著成了負擔。許多組織和個人漸漸地養成了說話不算數、承諾不兌現的習慣。所以關係整合管理一定要把承諾作為一件大事來做。關係的整合管理是專「整」那些把承諾當兒戲的部門和個人的。一個部門、一個人講承諾容易，但只有當所有的部門和個人都講承諾的時候，違背承諾的行為才可能成為老鼠過街人人喊打。

組織的對內、對外關係的整合管理最講精誠合作

（collaboration）了，顧客關係也好，員工關係也好，縱向的上下級關係也好，橫向的團隊合作也好，無論在大的原則還是細節問題上都要講精誠合作。本章開始時引用的關於通用汽車公司Saturn分公司如何創造性地做好顧客關係整合的案例，是組織上下內外、各個方面自覺進行精誠合作的範例。我們講的是內外上下、各個方面，是一種「全員合作」。6個大C的最後一個C是妥協、讓步（compromise）。任何關係過程是一個妥協、讓步過程，組織的對內、對外關係整合管理也必須是一個妥協、讓步的過程。事實上「關係」、「整合」、「管理」這三個概念各各隱含有妥協、讓步的意思。在關係的整合管理中，必然會涉及到關係的情感、權力、衝突和變化這幾個基本層面，每一個層面上的管理都要講究妥協、讓步的策略。

下面我們來談一談組織的對內、對外關係的整合管理應該如何落實在這4個層面上。

## 三、再談關係管理的4個基本層面

關係的4個基本層面是情感、權力、衝突和變化，組織的對內、對外關係的整合管理將落實到這4個層面上。

人無時無刻不在情緒之中，世上所有的人都是有情有感的（所謂「某某無情」事實上是說沒有善良沒有愛心的意思。無情的人可能是善良和愛心的反面──惡毒和仇恨，但那也是一種「情」和

「感」)。對一個組織來說，無論是縱向、橫向還是對外的關係，天天會有情感「糾葛」的。組織的某個部門或某個個人常常由於不善情感管理而經常引出矛盾或衝突來，從而不自覺地給顧客服務、上下溝通或橫向的團隊合作造成負面影響。當然情商低的人並不一定智商低，他不一定適應第一線的顧客服務或天天與人打交道的工作，但也不一定要被「請下車」的。這裡面有一個整合問題。「整合」不僅含有「調整」的意思，而且對情商低的人實行再培訓也該是題中之意。因為情商含有兩種能力，一種是情感的界定能力，一種是情感的表達能力。有些人有較高的情感界定能力，但不一定就能表達好。有些人對情感既不懂界定又不善表達。對這些人都是可以進行再培訓的，即便可能不是一件容易的事。如果說要改變一個人的情商並非易事，那麼人的情感管理能力則一定是可以培養的。第6章曾談及忍、發並舉的情感管理方法就可以對組織的員工實行分期分批的培訓，這對組織、個人都有利。

權力也是組織各種關係中的一個普遍現象。組織的對內、對外關係的整合管理是調整組織權力分配的一項重要內容。關係管理整合是一個過程，權力分配不均的現象經過整合後可能變得合理有效了，那些常玩弄權術的人也可能被「整合」到更適合他的位子上去了，也可能被最終「請下了車」。在關係的整合管理過程中會經常遇到權力的表層結構和深層結構縱橫交錯複雜無比的情況，這時候就需要用關係中的權力和權力分配的一些概念來逐層逐層地予以理清。權力的表層結構和深層結構兩相比較，前者露於表面比較容易

發現，後者常常已經被內化爲一種組織的「無意識」。關係整合管理的一個任務就是對組織的權力「無意識」現象實行經常的梳理，從而引起組織成員對縱向、橫向和對外關係權力分配合理的思考。當然除了關係權力的合理分配之外還有權力的有效行使問題，弊端常常在整合過程中得以暴露，從而得以解決。

假如權力是組織的一種普遍現象的話，那麼衝突就是社會學家杜賓所說的「社會生活的一個頑固事實」了。確實，哪裡有生活，哪裡就有衝突。個人生活中的所有創造、創新和發展也確實在很大程度上是由團體與團體或個人與個人之間的衝突而造成的。所以，衝突從本質上說總蘊藏著某種積極意義。但是衝突──特別是極端衝突和可以避免的非原則衝突──常會破壞組織的穩定狀態，而組織的相對穩定是實現其目標的必需條件之一。組織對內、對外關係的整合管理的又一個任務是如何來平衡衝突的兩個相反相成的功能，一方面讓矛盾、衝突以有節制的方式表達出來，以助問題的暴露，另一方面要幫助保持組織的相對穩定，以利組織目標的按計畫實現。

最後我們又要回到當今世界的充滿變數、充滿危機、同時充滿活力的環境之中。沒有一個組織、沒有一個人生活在眞空中，誰都無法躲開環境的變化對我們的挑戰。環境變化的超常速度和規模，變化的無序，變化隱藏著的危機都會影響到組織的每一個部門和成員，這對關係的整合管理製造了困難。困難是整合的速度和規模往往難以趕上環境變化的速度和規模。常常會發生這樣的情況：本來

設計好的嶄新的顧客服務思路或內部人員調整計畫到了下一個月甚至下一週就失效了。怎麼辦呢？只有來「二次整合」。二次整合又跟不上形勢了，那麼就來第三次整合，別無其他出路。極而言之，從事組織對內、對外關係整合管理的總設計師應早日學會打一場球籃在不斷移動的籃球，變無序為有序，變危機為機會，做環境的主人。

## 本章提要

· 組織對內、對外的關係成功與否，關鍵在管理，不是分隔的管理，而是裡裡外外、上上下下統籌兼顧的整合管理。

· 整合傳播觀察的是一種表層結構，而不是處於深層結構裡的資源、關係的整合。處於深層結構裡的資源和關係的整合帶有更根本的意義。

· 整合關係管理強調的是表層結構和深層結構的並重以及兩種結構中各種關係的整合。

· 從組織的對內、對外的關係管理來說在今後的很長一個時間內是「合」的趨勢。

· 整合傳播有兩個帶有悖論性質的重要特徵，一個是它對宏觀視野、整體把握的強調，一個是它對微觀操作、個體表現的極端重視。

· 組織的對外關係傳播整合涉及到兩大群體，一個是組織的顧客關係傳播，一個是會直接或間接影響到顧客關係或品牌價值的團體或個人。

· 組織內的縱向傳播必須同時既是自上而下又是自下而上的。

· 組織內部的橫向傳播的問題就是一個團隊合作問題。

· 傳統經濟講的4個P（產品、價格、渠道和促銷）關心的是怎樣把產品和服務從生產廠商銷售到消費者的手裡。

· 就建立顧客關係而言，艾頓伯格認為公司員工必須培養兩項核心

能力,一項是如何提供優質服務,一項是如何想方設法讓顧客得到最佳的購物和消費體驗。

· 如何將服務送上門也須有兩種核心能力的保證。一種是用先進的資訊和通訊技術,用網際網路和其他數位技術將產品或服務送上門。一種是如何想方設法給顧客創造便利。

· 「相關」理由當然可以多種多樣,但艾頓伯格特別指出有兩個核心能力公司員工必須牢牢掌握,一個是要有專業知識,一個是要有配貨創意。

· 給顧客提升等級、幫顧客節省時間是實現「回報」策略的兩個核心能力。

· 組織的虛擬發展作為生產力的一部分對組織的對內、對外關係以及它們的整合管理可以造成一種巨大的推動力,順水推舟,不走也得走。

· 除了要把組織對內、對外關係的整合管理放在組織自身的虛擬發展和人本再造的大背景下來考察,我們還應該用6個大C的模式來審視三個面向上(縱向、橫向、對外)的種種關係。

· 關係的4個基本層面是情感、權力、衝突和變化,組織的對內、對外關係的整合管理將落實到這4個層面上。

# 注釋

[1]Schultz, D. E., Tannebaum, S. I., & Lauterborn, R. F. (1993). *Integrated Marketing Communication*. New York: McGraw-Hill/Contemporary Books; Schultz, D. E., & Kitchen, P. J. (2000). *Communicating Globally: An Integrated Marketing Approach*. New York: McGraw-Hill/Contemporary Books.

[2]Gronstedt, A. (2000). *The Customer Century: Lessons from World-Class Companies in Integrated Marketing and Communications*. New York: Routledge. 2001年11月23日我在上海公共關係協會主辦的「上海公共關係論壇：全球經濟一體化對公共關係的挑戰」的國際會議上應邀題為「整合傳播：打開新世紀成功之門的鑰匙」的主旨發言。

[3]見上。

[4]田納西州的春山市是我對Spring Hill, Tennessee的意譯。

[5]Master of Science in Organizational Communication (MSOC).

[6]參閱2002年11月30日《人民日報》海外版〈銀行也做廣告了〉一文。

[7]參閱注2一書的第3章。

[8]這當然要根據工作的性質、人與人之間交流、溝通的需要來決定。

[9]參閱注2一書第90頁。

[10]CEO: Chief Executive Officer; COO: Chief Operating Officer; CIO: Chief Financial Officer; CTO: Chief Technology Officer; CCO: Chief Customer Officer; CIO: Chief Information Officer; CLO: Chief Learning Officer.

[11]注2第114頁。

[12]參閱1992年4月18日《經濟學家》第68頁。

[13]Ju, Y., & Cushman, D. (1995). *Organizational Teamwork in High-Speed Management*. Albany, NY: SUNY Press.

[14]我們用的英文概念是Consistency一詞。

[15]Ettenberg, E. (2002). *The Next Economy: Will You Know Where Your Customers*

*Are?* NY: McGraw-Hill.

[16]四個P是Product, Price, Place, Promotion這四個單字。

[17]核心能力在這裡是Core Competency這個片語。

[18]參閱注13第152頁。

[19]我在中國大陸某地看見過一家設在街頭的豆漿店，是賣豆漿、燒餅之類的。店鋪門前放了幾本書賣，我以為是介紹豆漿的營養價值之類的書。一看書名吃了一驚，那是幾本關於唐宋詩詞鑒賞之類的書，我想不出吃豆漿與唐宋詩詞有什麼關係。這是有點「走調」的配貨法。

[20]美國聯合航空公司由於所有制的結構問題，經營成本大大高於同行業競爭對手的水準，加上911的影響，更是雪上加霜，公司已經頻臨破產絕境。

[21]我從1994年以來坐這家公司的飛機來回於太平洋兩岸之間，成了公司「忠誠乘客」中的一員。每次回上海從經濟艙上升到商務艙的概率大約是50對50之高。

[22]當然效率更高的是一個印章也不必蓋。網上受理申請事宜不是不要蓋章了嗎？

# 結　語

　　兩天前完成了正文最後一章，緊繃了三個月的神經終於鬆弛下來。腦子一鬆馳就變成了空白，竟然不知如何落筆寫結語了。我自嘲曰：「眼前既無筆又無紙，何從落筆？」從「引言」一路寫到「結語」事實上從未落過筆，我是在鍵盤上一個字一個字地把書稿「打」出來的。三個月在家和學校的兩個電腦的鍵盤上總共「打」了大約不下五十萬次。我從2002年7月正式學電腦中文打字，為了快學快用，就學了拼音法。結果欲速則不達，由於我的普通話發音不準確，常常一個漢字要試打五、六下才能打出要的字來。打第1章耗掉了五十個小時，我就開始擔憂在2002年底完成全部書稿計畫的實現。我急的是我的中文字打得實在太慢。

　　我在這個秋季學期有四個班的課要上，週一到週五白天很少有整段的時間可以抽出寫書。我只能利用晚上和週末。事實上我用了從9月1日至12月8日十四個星期的所有晚上和週末。用中文直接「打」書，開始是擔憂，然後是疑惑，再後曾感到進退兩難，最後竟然慢慢地喜歡上了。從10月中旬開始自感打字的速度明顯提高，但直到現在還不敢說個快字。就像GE總裁小時候有口吃病，他母親說他腦子轉得比嘴巴快才口吃的，我就安慰自己說我的腦子比手指要靈巧，所以手指總沒法把字打在腦子的前面。在整個「打」書

過程中，我確實是一邊思考一邊「打」，是在手指的既笨拙又緩慢的彈跳之間進行構想、反思、自辯和不斷地調整語句結構的。

書稿脫手，無非拋出了一塊磚，拋磚是為了引玉。這磚先是向我的學生拋的。這學期我帶了一個「高速管理」的研究生班，為了把班上十五位研究生全部引上「關係管理」的思路，我推開了原有的教學大綱，擅自決定試講本書的概念體系（開講的時候只有提綱），並要求學生的學期論文都以組織的關係管理為題，觀點則可以隨意發揮。現在學生的論文還未交上，我的《關係管理》的書稿已經打完。現在，我向我的讀者拋出了一塊比較完整一點的「磚」。磚再完整仍然是磚。我懷著極大的好奇和興趣等待讀者對我的這部稿子提出批評和建議。我自認關係管理是一門學問。學問，學問，既要學又要問。現在這本《關係管理》所用的理論框架和概念體系還比較粗糙，我將透過不斷的學和問，來修補、擴充、深化，甚至推倒重來，也希望在若干年之後及時推出修訂本，與廣大讀者再次見面。

# 後 記

　　《關係管理》簡體版由上海人民出版社2003年3月於中國大陸出版。我專程從美國飛回上海，在上海圖書館、上海教育電視台《世紀講壇》節目及有關高校作了幾次以「關係管理」為總題目的演講。在一片誇獎聲中，我不禁得意起來。得意之餘，我向曾是上海一重點中學資深語文老師的舅舅送去了我的書。舅舅接過書，順手翻將起來。我專等著他老人家的獎語。

　　不過三分鐘，舅舅就說：「你這裡有錯！你怎麼可以寫『關係管理』這個名詞？」

　　我說：「怎麼不可了？」

　　舅舅說：「『關係管理』是個片語，這個片語是由『關係』和『管理』這兩個名詞組成的。」

　　我被說得啞口無言。服了。也只有舅舅能這樣直截了當地開教授外甥的刀。

　　這或許是一瞬間的疏忽，但立即引起了我的注意。3月底回美國後，我立即開始了繁體版的修正工作。我逐字逐句地從頭讀到尾，對有些用語的提法、有些文字的搭配、有些案例的描述作了認真的修訂補正。

　　在修正過程中，我時時感到舅舅就站在我的身後，再也不敢馬虎。別說不敢馬虎，我已經變得很有點誠惶誠恐了。儘管我覺得《關係管理》的繁體版比簡體版又進了一步，但我想，錯誤和遺漏仍然難免。我誠懇希望台灣的讀者對我提出批評和建議。

# 參考書目

Albrecht, T. L., & Bach, B. W. (1997). *Communication in Complex Organizations: A Relational Approach.* NY: Harcourt Brace & Company.

Anderson, K., & Kerr, C. (2002). *Customer Relationship Management.* NY: McGraw-Hill.

Beckwith, H. (2000). *The Invisible Touch: The Four Keys to Modern Marketing.* NY: Warner Books, Inc.

Bedbury, S. (2002). *A New Brand World: 8 Principles for Achieving Brand Leadership in the 21st Century.* NY: The Penguin Group.

Bly, R. W. (2002). *Direct Marketing.* Indianapolis, IN: Alpha Books.

Bowman, J. (2002). *The History of the American Presidency.* North Dighton, MA: World Publications Group, Inc.

Chu, G., & Ju, Y. (1993). *The Great Wall in Ruins: Communication and Cultural Change in China.* Albany, NY: SUNY Press.

Collins, J. (2001). *Good to Great: Why Some Companies Made the Leap... and Others Don't.* NY: HarperBusiness.

Conrad, C., & Poole, M. S. (2002). *Strategic Organizational Communication in a Global Economy.* Orlando, FL: Harcourt, Inc.

Cooper, K. C. (2002). *The Relational Enterprises: Moving Beyond CRM to*

*Maximize All Your Business Relationships.* NY: American Management Association.

Daniels, T. D., Spiker, B. K., & Papa, M. J. (1997). *Perspectives on Organizational Communication.* NY: McGraw-Hill.

Dyche, J. (2002). *The CRM Handbook: A Business Guide to Customer Relationship Management.* NY: Addison-Wesley.

Etterberg, E. (2002). *The Next Economy: Will You Know Where Your Customers Are?* NY: McGraw-Hill.

Drucker, P. F. (2002). *Managing in the Next Society.* NY: St. Martin's Press.

Galvin, K. M., & Cooper, P. J. (1996). *Making Connections: Readings in Relational Communication.* LA, CA: Roxbury Publishing Company.

Gates, B. (1999). *Business @ the Speed of Thought.* NY: Warner Books, Inc.

Gosney, J. W., & Boehm, T. P. (2000). *Customer Relationship Management Essentials.* Roseville, CA: Prima Publishing.

Gronstedt, A. (2000). *The Customer: Lessons from World-Class Companies in Integrated Marketing Communications.* NY: Routledge.

Gudykunst, W. B., Ting-Toomey, S., Sudweeks, S., & Stewart, L. P. (1995). *Building Bridges: Interpersonal Skills for a Changing World.* Boston: Houghton Mifflin Company.

Hocker, J. L., & Wilmont, W. W. (1995). *Interpersonal Conflict.* Dubuque, CA: Brown & Benchmark.

Ju, Yanan (1996). *Understanding China: Center Stage of the Fourth Power.* Albany, NY: SUNY Press.

Ju, Yanan, & Cushman, P. D. (1995). *Organizational Teamwork in High-Speed Management.* Albany, NY: SUNY Press.

Kelly, K. (1998). *New Rules for the New Economy: 10 Radical Strategies for a Connected World.* NY: The Penguin Group.

Kivisto, P. (ed.). (2003). *Social Theory: Roots and Branches.* LA, CA: Roxbury Publishing Company.

Ledingham, J. A., & Bruning, S. D. (ed.). (2000). *Public Relations as Relationship Management.* Mahwah, NJ: Lawrence Erlbaum Associates, Publishers.

Littlejohn, S. W. (1989). *Theories of Human Communication.* Belmont, CA: Wadsworth Publishing Company.

Marshall, E. M. (2000). *Building Trust at the Speed of Change: The Power of Relationship-Based Corporation.* NY: American Management Association.

Musgrave, J., & Anniss, M. (1996). *Relationship Dynamics.* NY: The Free Press.

Welch, J. (2001). *Jack: Straight from the Gut.* NY: Warner Books, Inc.

Ohmae, K. (1999). *The Invisible Continent: Four Strategic Imperatives of the New Economy.* NY: HaperBusiness.

Wood, J. T. (1995). *Relational Communication: Continuity and Change in Personal Relationships.* Belmont, CA: Wadsworth Publishing Company.

# 附　錄

## 感覺居延安和他的新作《關係管理》

胡明耀（上海立新會計學院國際經濟副教授）

　　居延安《關係管理》的初稿剛剛完成，就從網上傳給了我，要我提出一些修改意見。展現在讀者面前的這本《關係管理》，是居延安教授的新作。居教授80年代早期留學美國，曾任復旦大學新聞學院國際新聞教研室主任。中國大陸傳播學、公共關係學界都知道，他是我國這兩領域裡的先驅性學者。居延安80年代後期受聘於美國中康州州立大學傳播系任終身教授，整個90年代連任美國夏威夷東西方研究中心特聘高級研究員，從事中美文化比較研究和著述。關係管理是居博士赴美後長期從事跨文化溝通、人際關係、組織傳播和高速管理等領域教學和研究的延伸，也是他在傳播、管理、跨文化領域的新拓展、新成果。在經濟全球化的今天，中國大陸和台灣，都在更為積極地扮演地球村一個「村民」的角色，迫切需要在各個領域超越世界先進水平。居延安的《關係管理》首先以中文版問世，表達了作者對中華這塊土地的一種赤誠和奉獻之心。

　　當讀者第一眼看到「關係管理」這個書名的時候，很可能會聯想到「公共關係」，這是很自然的，因為其中都有「關係」一詞。1987年，上

海人民出版社出版了居延安的《公共關係學導論》，率先提出公共關係
「三要素」模式，這在當時國際上也是一種創新，對大陸公共關係的理
論建樹和日後的發展作出過重要貢獻。90年代初上海復旦大學出版社出
版了在《公共關係學導論》理論基礎上的居延安與趙建華等學者合著的
《公共關係學》，成為中國大陸最為權威的公共關係學理論與實務相結合
的著作之一。在整個90年代再刷三十多次，不久前出版的二版依然倍受
讀者青睞，銷售總量已過七十餘萬冊。事實上，居延安從80年代後期已
經把教學和研究重心轉向「高速管理」和「關係管理」上。從著述興趣
上講，也開始「移情別戀」於嶄新的領域。居延安對國際上新的研究領
域的敏感和濃烈興趣，讓他始終有新鮮的概念成果湧出，這也是他能在
美國的傳播、跨文化學界迅速成為一名深受美國同行尊敬的學者的原因
之一。作者長年客居美國，經常穿梭於大洋兩岸，目睹和體驗浩瀚太平
洋兩岸的巨變及中美各自的特點和深刻差異。居延安一方面不忘自己的
曾有過豐碩成果的學術園地，一方面感到有股力量逼著他去開拓新的天
地。他在《關係管理》中寫道：「我感到有一種使命在催促我踏入一個
新的領域——『關係管理』，一個與我原來就有涉獵的公共關係學有著
姻緣聯繫，但在時代精神上更超前、在學術視野上更開闊的新的研究和
應用領域。」

　　這本《關係管理》是作者從2000年初開始概念醞釀和資料準備的，
最後在2002年9月後的3個月裡一邊教學一邊寫作而完成書稿。居延安在
繁忙的教學之餘，拚搏了整整14個星期的夜晚和週末。說是「寫」書實
際上是「打」書。作者為了寫中文版以先奉獻給國內的讀者，重新學習
中文打字，從「引言」一路寫到「結語」事實上從未落過筆，而是在鍵
盤上一個字一個字地把書稿「打」出來的。3個月時間裡在康州家和中

康州州立大學大辦公室的兩個電腦的鍵盤上總共「打」了大約不下五十萬次。作者的頑強毅力和執著精神令我感動。居延安說：「我在我的中康大傳播系辦公室的電腦螢幕上經常顯示我為之驕傲無比的方塊字，我的美國學生和同事總要湊過來問一句‘What are you doing, Professor Ju？’我總是得意地回答：『我在寫我的《關係管理》』。他們問：『為什麼不用英文寫在美國出版？』我說：『我的讀者在中國（大陸和台灣），如果美國人有興趣，我可以考慮將中文翻譯成英文。』」話語間真切地流露出作者的一顆拳拳中華心，也從側面反映中文版《關係管理》在國際相關領域的超前性。

　　從2000年初居延安就開始醞釀為中文讀者寫一本《關係管理》，這與他的教學和學術生涯相聯繫。其一，關係管理領域是居教授研究和講授《高速管理》的積累和延伸。他在講課中涉及最多的是高速競爭時代的「關係」問題，即如何用關係管理作為一條線把企業的上游供應商一直到下游客戶的橫向關係、從上層領導一直到基層員工的縱向關係，穿起來、管理好。多年來，作者一直想把他十幾年來在美國大學講台上講授《高速管理》課程中關於「關係」問題的積累和這些年來的研究新成果，寫成「關係管理」奉獻給國內的學界和廣大讀者。其二，關係管理與公共關係有很大區別，儘管在概念姻緣上有聯繫。公共關係關心的是組織形象的塑造和傳播、溝通的效果，而組織的「關係管理」的根本宗旨是組織的整個運作、生存和發展。公共關係指的是一個「組織」的公共關係，而作為跨學科領域的關係管理包括大到國家與國家，中到各級組織——包括企業內部、企業與客戶、企業與企業的關係，小可以小到各種人際關係。因此，公共關係只是在組織這個層面上與關係管理相交接。居延安認為，用「關係管理」的視野去審視公共關係中各種關係的

建立、維繫、發展或終止，努力克服「一切從即時效果出發」的短視公共關係行為，將是今後的公共關係學術研究和實務操作的發展方向。他深信，關係管理將是一個研究、教學、應用的新的園地，它的觸角將伸向企業管理、行銷、公共關係、廣告，以至國際關係、組織行政管理、幹部培訓等廣闊領域。其三，是作者試圖對中國大陸出版界近年來出現的新鮮氣象作出呼應。近年來，大陸和台灣的出版事業蒸蒸日上，氣象萬千，在管理、行銷領域，有從美國、日本、歐洲、新加坡來的理念，有哈佛大學MBA類的書，有中信出版社出的《傑克·威爾許自傳》等等。作者特意讀了其中的十幾種英文原版，想瞭解國內行家對管理、行銷英文概念的漢語譯法，發覺其中的翻譯品質良莠不齊。居延安認為，美國比任何別的國家出版多得多的企業管理、行銷方面的書。我們當然可以實行一點「拿來主義」，可以借鑒為我所用。但他特別告戒，美國社科類的學術論文和各種應用領域的著作，大多是針對美國的國情發言的，如果把美國在這方面的著作照本直譯介紹給中國大陸和台灣的讀者，不作必要的說明，就可能有過重的「美國口音」，很容易造成誤解和混亂。居延安本人希望藉由撰寫《關係管理》作一些嘗試，把包括美國在內的外國有關關係管理的理論和實踐，放在中國大陸、台灣和全球的大背景下來考察和檢驗，以便創建具有較強通用性的、適合本土語境的關係管理學的理論和概念體系來。

從上世紀的80年代中葉到已經進入21世紀的今天，所有地球村的村民，都在經歷著生命史上最深刻、最帶革命性的變化。是什麼變化呢？不是柏林圍牆倒塌，不是前蘇聯解體，不是中國加入WTO，也不是911紐約世貿雙子星大樓被炸，而是網際網路、全球資訊網的誕生。作者引用國際知名策劃家、戰略家、前麥肯錫（日本）諮詢公司總裁大前研一

的話，喻之爲一個「新大陸」的出現。這是一個看不見、摸不著、無邊無際的新世界的誕生，是一張巨大的、已經把整個地球都包裹起來的網路。或許因爲已經有越來越多的人群都已進入這個新世界，從不會到會，從陌生到熟悉，在精彩繽紛的世界興奮地點擊、漫遊，繼而習慣，最後麻木，會像魚一樣，再不問爲什麼會在水中游，像鳥一樣，再不問爲什麼會在天上飛。居延安不無興奮地在書中描述他搶灘「新大陸」進行網路「遊戲」的情景：「我邀請讀者再隨我回到我的辦公室，我自己的能移動的小天地。我的辦公室，或者說辦公室裡的電腦，是諸多網路中的一個『節點』。我回到上海，我這個『節點』從中康大移到了地球的另一邊。我的大學辦公室的終端機，『轉化』成了國內家中的用筆記型電腦『臨時』支撐起來的『節點』。我把中康州大學的辦公室『移動』到了上海的家中。我辦公的主要平台是網際網路。我在這個『節點』的平台上，可以時時刻刻與正在美國佛羅里達州，或法國巴黎，或非洲尼日，或泰國，或無論在哪裡的學生、同事，與網中任何一個或一批『節點』取得聯繫，不論時間，不論地域。每當我們的節點連通的時候，我就感到這是再自然不過的事，早已忘了時間和距離的概念。我甚至不再問：十年之前能有這樣的事嗎？」

　　居延安在擺弄「我自己的移動天地」的同時，憑著他對新生事物的敏銳和對自己所從事的專業的執著、勤奮，他網上網下、飛來飛去，出入於現實與虛擬兩個世界，奔波於大洋兩岸，思索、探求自己從事的專業怎樣跑贏這個新世界，怎樣開墾這塊「新大陸」。《關係管理》一書的寫作、出版，可以說就是一個拓荒者的收穫，是居教授奉獻給中文讀者的一擔新鮮的穀子。書市上充斥了包括物和人的管理在內的各種管理理論和應用讀物，爲什麼今天要提出關係管理呢？答案首先是，關係管

理源於「新大陸」的關係技術以及在此基礎上的正在蓬勃發展的關係經濟。什麼是關係技術呢？人類一旦發現大前研一所謂的「新大陸」，新概念、新理論層出不窮，在經濟管理、行銷領域更是如此。「新大陸」就它的技術本身來說，這是電腦和通訊技術的合璧所形成的一個漫無邊際的、無窮無盡的包括網際網路在內的虛擬世界。每一種網路有兩個基本結構因素，一是「節點」，二是對節點的聯接。每個節點都有一個技術終端，就是單台電腦或電腦組合。人腦創造電腦，電腦可以超過人腦，但電腦如果不予連結，就是一個「死」的節點，有人說「電腦已經死了」，不無道理。ICT（Information and Communication Technology），意思是「資訊和通訊技術」，通訊技術將無數技術終端連接起來構成活生生的網路，產生和引出各種各樣的關係，節點可以是任何單一物體，無生命的，有生命的，大可以大到一個組織、一個國家，小可以小到一台電腦、一封電子郵件、一個矽片。居延安在書中寫道：「這個神奇的網路的技術基礎就是小小的矽片、細細的矽酸鹽玻璃纖維。它們就是我們說的關係技術、關係經濟的基礎之基礎。」這看似簡單，是小小的矽片和細細的矽酸鹽玻璃纖維的組合，是在玩0和1的遊戲，恰是由比爾·蓋茲引領的一場創造一個前所未有的新世界的偉大革命。這場革命的偉大之處在於人們習以為常、不以為然的東西，在於一個真理：簡單的偉大組合。

當「新大陸」的關係技術堅如磐石之時，在關係技術基礎上形成的關係經濟大行其道了。關係經濟是一種建立在關係技術、關係市場和關係資本基礎上的經濟。關係經濟著眼於虛擬關係和現實人際關係，由此而言，關係經濟存在於兩個層面上。首先是「新大陸」即網路層面上的關係經濟，也就是虛擬經濟、網路經濟。由於關係技術突飛猛進的發

展，地球已經變得越來越小，物流、人流、資訊流在更大程度上突破了
國界的限制，虛擬地走出國門，虛擬地把各種商機引進國門，已經成為
時尚，成為必須。製造網路的ICT產業以及運用ICT技術所產生的高倍價
值增長已是不爭的事實。誰不登上新大陸，誰就會被全球化經濟所淘
汰，任何國家、組織、個人都是一樣。其次，是傳統經濟中業已存在的
直接與人打交道的大量的服務經濟和服務成分，如第三產業的服務經
濟，第一、第二產業中的所有服務成分。特別值得一提的是休閒產業，
未來15年內已開發國家將進入休閒時代，發展中國家也相繼跟上，以旅
遊渡假、體育健身、文化娛樂和社區服務為主的休閒經濟將成為又一個
經濟大潮。休閒產業將在2015年前後主導世界勞務市場，並占有世界
GDP的50%的占有率，從而成為名副其實的世界支柱產業。在今天的資
訊時代，網路與非網路、虛擬經濟與現實經濟、新世界與舊世界日益融
為一體，在互動中推進。

　　在關係技術、關係經濟的大背景下，以不可抗拒之勢，組織、公司
進入了虛擬發展的時代，也就是它的生產、服務及組織管理過程的電子
化、網路化和數位化。那些網路公司、網上商務公司，如雅虎網站、亞
馬遜網上書店、戴爾模式以及CRM行銷模式、ERP計畫平台等，是地道
的組織虛擬發展。傳統經濟中的企業則面臨虛擬發展的巨大機遇和挑
戰。居延安在書中敘述了大名鼎鼎的GE通用電器公司個案，這是一個
傳統經濟中的成功代表。奇怪的是，為GE企業帝國連續20年創造巨大
財富的奇才、公司總裁傑克‧威爾許，直到1999年4月才開始學習打
字、上網、發電子郵件，他立刻意識到「改變遊戲規則」已是必然，並
著手企業的虛擬發展，迅速訂定企業新的遊戲規則，使採購、製造、銷
售數位化。威爾許在他的自傳中寫道：「網路給了我們一顆全新的檸

樣。」這是傳統經濟中企業虛擬發展的範例，在關係技術和關係經濟推動下，組織的虛擬發展及關係管理的迫切性和意義是顯而易見的。

居教授與我在學術交流上也用了新的網路遊戲規則。他在網上一個點擊，就將書稿的全文傳給了我！在數分鐘之後，我就津津有味地讀起來了，享受起一個「新大陸」居民的樂趣。上海和康州新不列顛的遙遠似乎只是一河之隔，一個在河東，一個在河西。我一口氣讀完，留連忘返，竟接連翻讀了兩遍，覺得全書有一氣呵成之功、一瀉千里之勢，立意高，創意新，仔細想來有四「新」、四「特」。

《關係管理》有以下四個「新」。第一是管理理念新。回顧近百年來組織、公司管理的演化過程，從上世紀最初以韋伯、費爾、泰勒為代表的經典的組織「章法」管理理念，強調組織的結構、權威、規章和秩序，到50、60年代，人際關係論和人力資源論，強調對人的尊重和潛能的發揮，到80年代，日本的企業文化論，以及90年代高速管理新說，強調在持續競爭中忠於企業利潤，都是適合西方社會一定發展階段相適應的管理理論。進入21世紀，市場環境變化了，「新大陸」和全球化出現了，面對企業的虛擬發展和人本再造，迫切需要提出關係管理。居延安認為，關係越是變得虛擬，組織越要注重人本再造，也即人的問題，包括制度再造和「組織」的人的再造。中文版《關係管理》在中國大陸和台灣相繼誕生，意味確實深長。

第二個新是內容框架新。居教授基於他研究關係管理的成果以及他自己處理關係管理的經驗和教訓，設計、提出了「6個大C」模式。這一模式包含了關係管理成功的6個基本要素，為成功關係管理搭建了一個平台。這6個大C是：Common Interest（共同利益或興趣）、Communication（交流、溝通）、Credibility（信譽、可信）、Commitment

（承諾、執著）、Collaboration（合作、協作）、Compromise（妥協、讓步）。在這個基礎上，作者根據關係管理學者和國際傳播學界常用的切分方法以及應用性，著重討論了四個重要層面上的關係管理，即關係的情感管理、關係的權力管理、關係的衝突管理和關係的變化管理。書的最後一部分談了組織的對內關係、對外關係的整合關係管理，介紹了艾頓伯格針對買方市場提出的擬取代傳統「4P模式」的「4R模式」，即對顧客的四種策略：Relationship（關係）、Retrenchment（上門）、Relevancy（相關）、Rewards（回報），極具啓發性。

　　第三是關係作爲無形資產的闡述新。「關係資本」在美國也是一個比較新的概念，如見之於美國經濟學家布魯斯‧摩根的近作《關係經濟中的策略和企業價值》。在關係經濟中只要還存在價值關係，關係就有價值，關係就是一種資產。無形資產可以分爲兩類，一類是包括專利、版權、商標和品牌在內的各種「智慧財產權」或者「知識資產」。另一類就是能代表未來交易的、各種各樣的「經濟關係」。無論是「知識資產」還是「關係資產」，只要是「資產」，按理就該列入公司的「資產負債表」裡，但是在各國現今的會計制度和條例裡，我還沒有看到這些明細類別。居博士認爲關係資本有不同於有形資本的特點：第一，組成關係的是「能動」的人，人的介入使關係資本變得比較難以計量；第二，關係資本的市價取決於對未來帶來的利益和機會的估計，關係投資的風險大回報也可能大，所以對關係的投資需要有眼光和魄力；第三，關係資本跟有形資本和金融資本一樣，也需要管理，對關係資本的管理有它的獨特性，所面臨的挑戰是它的變化；第四，關係資本也有優、劣之分。比如在審核一個客戶名單以及該名單的形成過程的時候，就要注意到優和劣的區別。關於關係作爲一種無形資本的討論還剛剛開始。隨著

對關係管理研究的深入，可以預計對關係資本的研究也將逐漸地深化，學者們和實際工作人員都將在定性和定量兩個層面上提出新的理論和運行模式來。

第四是觀點、資料新。全書觀點鮮明、分析透徹、資料翔實。讀者在閱讀本書的過程中時時會感受到作者思想火花的閃爍和靈感的跳動。談論的常常是世界上最新的人和事，比如最近美國人碰面，大家第一句話總是問：「小布希會打伊拉克嗎？」作者引用的資料是權威的，有的是自己費盡周折，苦苦搜尋到的。如作者介紹《從優秀到卓越》一書中觀點、資料，柯林斯用「黑盒子」方法研究人本再造問題，提出了許多卓越的思想，比如「先決定用誰，再決定做什麼」，企業卓越的條件是「三個圓的簡單相加」及「三個自律」（自律的人、自律的思想、自律的行動）。居延安在書中寫下許多哲理性的思想深邃的警句，如「偉大的理論都是簡單的」，「成功的個人、成功的企業、大凡都基於成功的關係」……等。你知道什麼是關係中的「洋蔥現象」嗎？你知道為什麼「員工第一、顧客第二」嗎？你知道今天的美國，除了有大家熟知的CEO、CFO、COO外，還有噱頭十足的CTO、CIO、CCO、CLO嗎？居延安在書中簡直開了一家新鮮觀點、資料陳列鋪，你讀了本書，一定獲益非淺。

居延安的《關係管理》還有「四特」。第一個特點是視野寬廣。書中所說的關係不僅指人與人之間的關係，而且涵蓋了各種各樣的社會關係。居延安說，人是關係的總和，組織也是關係的總和。由此來推論，文化、文明、國家、社會從關係管理的視野來看，都是關係的總和。關係管理所述及的內容，從範圍上包括虛擬世界和現實世界，從論及物件上大至國家，中至組織和公司，小至個人，居延安在書中展現了廣博的

知識、寬廣的視野。如作者在分析中國人關係時，指出中國長期封建社會的歷史影響，一定不能忽視了「祖傳」的「人」、「夷」兩分基因的不盡的糾纏，中國的家庭關係與親屬和其他社會關係好像一個洋蔥，如果我們可以把芯心比作「家庭」，把包著芯心的一層一層蔥片比作「關係」，那麼一般說來，離芯心越近的，與「家庭」的關係就越密切，離芯心越遠的就越疏遠。這是中國人處理關係遵循的一般規矩和習慣。再如，在分析關係的權力管理時，作者舉了歷史上一些玩權術的人和事，從曾國藩的《面經》看，曾公玩權不講權，而只談面經。格林的《權術48法》中說人人都玩點權術，誰能成為關係夥伴存在的根本依據，那麼誰就在關係中占上風。他舉了五百年前法國宮庭裡國王路易十一與星占師的故事，頗有警示意味。

　　書的第二個特點是，在中美文化差異比較中，我從居延安的語氣中聽了更多的「中國口音」。居延安生在上海、長在上海，受到過中國文化的濃重薰陶。他在美國前後已經生活、工作17年，再加上他又是跨文化的資深學者，不僅在中國大陸和台灣出版了多部專著，而且在美國學界發表了單人或合作的五部重量級英文專著，涉及到各種知識領域。因此，在中美文化差異比較上居延安是有發言權的。我們在書中處處可以看到作者對中美文化的差異比較，讀者在閱讀中可以細細品味。居延安在引言中就倡導建立適合本土語境的關係管理學的理論和概念體系，他認為美國出版的這類書帶有過於濃重的「美國口音」。 我們可以看到，作者非常注重西方關係管理理論、觀點、經驗的本土化、中國化。作者寫三峽工程建設中的混凝土專業品質總監、美國人米切爾，他說「三個臭皮匠，勝過一個諸葛亮」，「米切爾的一席樸素的話把Collaboration（合作）這個英文單字的涵義說了個透！」作者寫道，美國人喜歡向全

世界發話，許多美國學者對別國的理論建樹和發展不聞不問、漠不關心，但同時作者又表示了對美國人碰到尖銳矛盾時願意坐下來「理性對話」的讚賞。在情感管理上，作者用中國人的「忍」與「發」來概括情感管理的兩種方法，中國人多有大忍小發，而西洋人多有大發小忍，一個情商高的人將時間轉化爲一種情感管理的機會。

第三是寫作風格獨特。居延安寫道：「我在書稿醞釀、寫作、修改的全部過程，始終感到心中在與我的讀者對話。」讀完全書，讀者感到好像與作者進行了一次面對面的長談。作者文筆通俗、順暢、輕鬆自如，把理論書籍難以擺脫的「理論架子」徹底放下了，但又嚴謹，引經據典，言必有據。作者深知世間「簡單」之深刻而寶貴，善於把複雜的東西簡化，這正是居延安治學精通的表現。居延安有著極其豐富的國際學術經歷並已經達到相當的國際水準，但他少有故弄玄虛，裝腔作勢。作者的手筆是個性化的，從學生到學者，從教書到管理諮詢，從非洲到北美，把自己生活經歷的體驗都融入了書中，讀來倍感親切。本書結構包括正文、提要和注釋，是三合一。讀者千萬不要放棄讀提要和注釋，提要具有概括、復習的功效，且頗多警句，注釋是正文的延伸和補充，多有精彩之處。比如，在Communication（交流、溝通）一段內容裡講到美國有個叫做「交火」的節目，看一下注釋就可明瞭共和黨與民主黨是怎樣在美國電視公眾面前「交火」的。

第四是《關係管理》的可應用性和可操作性。管理理論源於實踐，又高於實踐，爲實踐服務。關係管理的內容直接指向組織發展中最迫切、最現實的問題，提供適合當代環境的解決方案或途徑。本書關係管理的6個大C構架及四個層面的管理都是有直接操作意義的。例如，關係中最重要的兩個層面是「激情」和「承諾」，就像一個人的兩條腿，缺

了一條就站不穩。這是理念，顯然是可操作的，有「激情指數」可以用來衡量一個企業是否有活力。在情感管理中必要的「忍」是不可少的，但怎樣忍呢？書中提供了「I與Me對話」的舉例，很具參考性。

　　我有幸這些年來能近距離感覺居延安，這次更是由於我們的學術交流關係先得書稿而得先讀為快。願讀者去感覺居延安用心、用激情寫給讀者的《關係管理》，在閱讀中感覺居延安這位極少拋頭露面、嚴肅而又充滿激情的國際學者。

　　　（此文有關內容曾刊於《上海立新學報》2003年第3期、《中華
　　　　　　　　　讀書報》2003年4月16日）

國家圖書館出版品預行編目資料

關係管理－企業的虛擬發展與人本再造＝
Relationship Management / 居延安著. --
初版. -- 臺北市：揚智文化, 2003〔民 92〕
　　面；　公分. --（NEO 系列；12）
參考書目：面
ISBN　957-818-535-9（平裝）

1.組織（管理）

494.2　　　　　　　　　　　　92012137

## 關係管理──企業的虛擬發展與人本再造 NEO 系列 12

著　　　者☞ 居延安
出 版 者☞ 揚智文化事業股份有限公司
發 行 人☞ 葉忠賢
總 編 輯☞ 林新倫
執 行 編 輯☞ 吳曉芳
地　　　址☞ 台北市新生南路三段 88 號 5 樓之 6
電　　　話☞（02）23660309
傳　　　真☞（02）23660310
郵 政 劃 撥☞ 19735365　戶名：葉忠賢
登 記 證☞ 局版北市業字第 1117 號
印　　　刷☞ 鼎易印刷事業股份有限公司
法 律 顧 問☞ 北辰著作權事務所　蕭雄淋律師
初 版 一 刷☞ 2003 年 10 月
定　　　價☞ 新台幣 350 元
I S B N☞ 957-818-535-9
網　　　址☞ http://www.ycrc.com.tw
E-mail☞ yangchih@ycrc.com.tw